ドキュメンタリスト
牛山純一
テレビは男子一生の仕事

Documentalist Ushiyama Junichi

鈴木嘉一
Suzuki Yoshikazu

平凡社

テレビは男子一生の仕事　ドキュメンタリスト牛山純一◉目次

テレビは男子一生の仕事　ドキュメンタリスト牛山純一

装幀　日下充典

序章　最後のインタビュー

「テレビの一期生」の自負

「テレビは男子一生の仕事」とはいささか古風な言い方である。今や「男子一生の仕事」という言葉自体が聞かれなくなったし、テレビ局やさまざまな番組の制作現場でも女性たちの姿が当たり前になったからである。

しかし、牛山純一が海のものとも山のものともつかないテレビ界に飛び込んだ当時、番組作りの現場は圧倒的に男たちの世界だった。NHKがテレビ放送を開始し、日本テレビ放送網が民放テレビ局の第一号として開局した一九五三年（昭和二十八年）、牛山は早稲田大学第一文学部史学科を卒業し、日本テレビに新卒の一期生として入社した。牛山はことあるごとに「テレビは男子一生の仕事」という言葉を口にした。この口癖には「テレビの一期生」として番組を作り続けた自負も込められていたのではないか。

読売新聞記者だった私が死去の三か月ほど前に会った時も、牛山からその言葉が飛び出した。牛山にとっては「最後のインタビュー」になった夏の日の話から始めたい。

一九九七年は消費税が三%から五%に引き上げられた年である。山一證券や北海道拓殖銀行の経営が破綻し、金融不安が始まった。野村證券などの四大証券会社と第一勧業銀行(現・みずほ銀行)が総会屋グループに不正な利益を供与していたことが発覚し、トップの辞任や逮捕が相次いだ。バブル経済の崩壊で日本経済は長い「不況のトンネル」に入り、出口はまったく見えないままだった。

池袋駅から西武池袋線で二つ目の東長崎駅に降り立つと、午後四時を過ぎても日差しはまだ強かった。七月十四日の月曜日、私は目白通を突っ切り、牛山の自宅を探し歩いた。木造二階建ての家にたどり着いた時は、汗だくになっていた。

牛山が率いるテレビ番組制作会社「日本映像記録センター」は二十年以上、東京都新宿区新宿六丁目のビルを拠点としていた。本人は「社長」ではなく、「代表」という言い方を好んだ。

事務所は五階建ての建物を改装したもので、内部の構造は入り組んでいた。隣接するゴルフの練習場とともに日本テレビが所有しており、借り受ける形で使っていたが、毎月百二十万円の賃貸料が重くのしかかり、九七年三月末に引き払った。取材を申し込んだら快諾され、事務所を兼ねた自宅を訪ねたのである。

日本映像記録センターの組織と制作体制が縮小傾向をたどったことは風の便りに聞いていたが、詳しい事情は知らなかった。久しぶりに会ったポロシャツ姿の牛山はやせていて、私は一瞬、言葉を失った。ほおはこけ、首まわりも細くなっていた。まばらになった頭髪は真っ白である。

それでも、いつものだみ声で「やあやあ、道わかりましたか」と人懐っこい笑顔を見せながら、テーブルのある広い応接間に通してくれた。夏の日差しが照りつけるガラス越しに、芝生の庭が見えた。後で知ったことだが、半地下のスペースは膨大な蔵書を納める書庫になっていた。

牛山は日本テレビで政治記者から出発し、六二年にはプロデューサーとして民放初の本格的なドキュメンタリー番組『ノンフィクション劇場』を始めた。カンヌ国際映画祭テレビ部門でグランプリに輝いた『老人と鷹』をはじめとして、多くの秀作を生んだ。六五年、自らサイゴン(現・ホーチミン)に飛び、ベトナム戦争を取材した『ベトナム海兵大隊戦記』は、自民党政権からクレームをつけられ、第二部と第三部の放送が中止されるという憂き目を見た。この大きな挫折を経て、牛山が「世界の異文化を理解するために」と企画した海外取材のドキュメンタリー番組『すばらしい世界旅行』は六六年から九〇年まで二十四年間も続き、貴重な「テレビ民族誌」として国内外から高く評価された。

制作局次長だった七一年暮れ、「管理職でいるより、現場で番組を作り続けたい」と独立し、日本映像記録センターを設立した。テレビ界の誰もが「番組は局員でなければ作れない」と思っていた時代だった。TBS(現・TBSテレビ)を集団退社した萩元晴彦、村木良彦、今野勉《つとむ》らが設立した「テレビマンユニオン」と並んで、独立系の番組制作会社の草分けとなった。

牛山は引き続き『すばらしい世界旅行』を制作しながら、日本テレビの『知られざる世界』などのプロデューサーとして科学・社会教養ドキュメンタリーの分野も切り開いた。一貫して「アジアと戦争」というテーマを掲げ、還暦の前後に日中戦争や太平洋戦争を題材にした三部作では、自ら監督を務めた。このうち、満州(現・中国東北部)の日本人開拓村の悲劇を掘り起こした『真相・消えた女たちの村』（九〇年）は、放送界で伝統のあるギャラクシー賞（放送批評懇談会主催）の大賞に輝いた。

草創期のテレビは、プロレス中継が「街頭テレビ」で人気を集めたように見せ物として出発し、娯楽メディアと見られていた。しかし、牛山は当初からテレビ報道の重要性を自覚し、ニュース番組や政治討論番組などの開発に力を入れるとともに、「テレビ報道にとってニュースとドキュメンタリー番組は車の両輪」というのを持論とした。『ノンフィクション劇場』のプロデューサーとして、「新聞の署名記事のように、制作者の視点や署名性を明確に打ち出そう」と、大島渚、土本典昭《のりあき》、黒木和雄ら気鋭の映画監督にも参加を呼びかけ、NHK流のドキュメンタリーとは異なるスタイルを確立したことは特筆される。

さらに、『すばらしい世界旅行』をとおして文化人類学の泉靖一・東京大学教授ら国内外の学者や映像作家と知り合い、国際的な文化交流にも取り組んだ。「日中テレビ祭」の開催に尽力する一方、アメリカの文化人類学者マーガレット・ミードらとともに「映像人類学」を確立した。早くから国際化を先取りしていた本物の国際人だった。

七九年、世界の優れた映像作品を収集し、一般公開するために設立した「日本映像カルチャーセンター」は、「ビデオライブラリー」の先駆け的存在となった。今で言う「映像アーカイブス」である。牛山は「放送番組は貴重な文化的資産」という信念から、〝送りっ放し〟にされていたテレビ番組の保存・収集・活用を訴え、「公共的ビデオライブラリー」の設立運動にも携わった。これは今、横浜市にある「放送ライブラリー」として日の目を見ている。

牛山が手がけた作品は、川崎市市民ミュージアムや茨城県龍ケ崎市立中央図書館の一コーナー「牛山純一記念ライブラリー」でも保存・公開され、無料で視聴できる。

長年にわたるドキュメンタリー制作とともに、放送文化を高めるこうした活動が評価され、芸術選奨文部大臣賞や日本記者クラブ賞、放送文化基金賞、紫綬褒章などを受けた。

制作者の著作権を重視し、『すばらしい世界旅行』や『知られざる世界』などの膨大な日本映像記録センターの番組は著作権を確保したうえで、栃木県に建てた収蔵庫で保管してきた。これらのストックは後に、NHKの衛星放送やBS朝日で二次利用された。

「放送人の会」発起人代表

九七年七月に牛山宅を訪れた目的は、年内に設立される「放送人の会」について取材するためだった。

「今のテレビは、自分たちがめざしたのとは違う方向に向かっているんじゃないか。制作者が横断的な交流を図って現場レベルで議論し、お互いに啓発し合おう」。NHKの看板番組『NHKスペシャル』で九三年に発覚した『奥ヒマラヤ　禁断の王国・ムスタン』などの「やらせ」問題や、TBS社長の引責辞任に発展したオウム真理教絡みの坂本堤弁護士インタビュービデオ問題など、放送界を揺るがす不祥事が続発したため、テレビの草創期から活躍してきた第一世代を中心にして、こうした声が挙がるようになった。

牛山のほか、元『NHK特集』編集長で制作会社「クリエイティブ・ネクサス」社長の藤井潔、

TBS出身の演出家・プロデューサー大山勝美、テレビマンユニオンの専務だった今野勉らは、NHK、民放、地方局、制作会社の枠を超えて、プロデューサーやディレクターが個人の資格で参加する会をつくることで一致した。年長の牛山はその発起人代表に推された。

設立のいきさつについて、牛山は「民放各局も昔は視聴率至上主義をそれほど表に出さなかったが、今は視聴率と収益至上主義を前面に出し、視聴率競争をあおりにあおっている。その風潮はプロダクションにも波及し、過剰なショーアップややらせ問題が相次いで起きている。不祥事のたびに叫ばれる放送倫理を建前だけで終わらせず、放送人としての倫理とは何かを現場レベルでもっと論じていいと思いましてねえ」と説明した。

「テレビの現状がこのままでいいとは誰も思っていないし、自分たちの役割とは何なのか、相互理解と相互批判の場が必要じゃないか。たとえば、テレビドラマについて今野勉や和田勉《べん》（NHK出身の演出家）がしゃべってもいい。現場の制作者が自分自身を引き締めるため、発言の機会を増やしたい。社会に向かって発言し、一定の重みを持つ会にしたいんですよ」

放送界には、いくつもの組織や団体がある。日本民間放送連盟（民放連）は全国の民放テレビ・ラジオ局で構成され、全日本テレビ番組製作社連盟（ATP）には日本映像記録センターやテレビマンユニオンをはじめとする制作会社が加盟している。脚本家や放送作家の団体としては、日本放送作家協会や日本脚本家連盟、日本シナリオ作家協会がある。放送批評懇談会のような批評家・研究者らの団体のほか、テレビの技術者や美術家などの職能別団体もあるのに、第一線で番組を作る制作者たちの団体はまったくなかった。

牛山自身は、日本ペンクラブのような組織を思い描いていた。「藤井潔さんは『俳優を含めた実演家も入れたらいい』と言うように、それぞれ考えていることが違うけれども、僕は親睦団体ではなく、入会資格を厳しくして、実績のある人たちに集まってほしいんですね。研究者が入ってもいいが、番組を作り、放送を心底から愛している人が中心にならなくちゃねえ。プロダクションの経営者でも役員でも、放送や番組にかかわっている人であればいい。放送局のOB、現役を問わず、あくまでも個人としての参加が大前提ですよ。ある問題に対して、日本ペンクラブのように声明を出すことも考えていいですなあ」と強調した。

具体的な活動としては、プロダクションの若手や中堅クラスを対象にした研究会、タイムリーなテーマを取り上げるシンポジウムの開催を挙げた。会の財源については「テレビのプロたちが集まるんだから、みんなで番組を作って、活動資金に充てるってのはどうですかね」というアイデアも披露した。

ただし、「僕が会長になるのは困る」と漏らした。今にして思えば、日本映像記録センターの今後や健康面の不安があったからかもしれない。

不思議なことに、自宅にもかかわらず牛山の家族の気配はなく、日本映像記録センター創設以来のメンバーである杉山忠夫だけがいた。いつものように牛山の話は次第に熱を帯び、私は時間がたつのを忘れた。気がつくと、庭には夕闇が忍び寄っていた。牛山は「そろそろいいでしょ。少し飲みますか」と言い、「おーい、寿司頼んでくれ」と大声で杉山を呼んだ。

出前が届くまでの間、「編集中の番組、ちょっと見ませんか」と私を二階に誘った。一室を改

カンボジアのアンコールトム遺跡を訪れた牛山純一（1997年2月）

装し、編集室として使っていた。カンボジアの内戦で荒廃したアンコール遺跡群の現状に危機感を抱いた牛山は、何度も現地に足を運んだ。NHK衛星第二テレビでその年の秋に放送される予定の『推理ドキュメント アンコール遺跡盗難事件』を杉山と編集中だった。テレビドキュメンタリーの分野で名をはせた人物が自宅の片隅で編集をしている姿には、胸を衝かれる思いがしたが、アンコール遺跡や番組の狙いについて熱心に説明してくれた。

　私たちは応接間に戻り、ビールを飲み始めた。日本テレビの氏家齊一郎《せいいちろう》社長の方針で古巣との縁が切れた事情は小耳にはさんでいたので、何気なく水を向けた。

　氏家は読売新聞経済部の敏腕記者として鳴らし、読売新聞常務から日本テレビ副社長に転出した。社長含みの人事だったが、ある言動が読売新聞の代表取締役名誉会長として君臨していた務《む》台《たい》光雄の逆鱗《げきりん》に触れて失脚し、本人が後に「閉門蟄居《へいもんちっきょ》七年」と表現する不遇の時期を過ごした。旧制東京高校以来、東京大学、日本共産党の「細胞」（学内党組織）、読売新聞でともに歩み、「生涯の盟友」とも言うべき渡邉恒雄（現・読売新聞グループ本社代表取締役主筆）が読売新聞社長に上り詰め、務台が九十四歳で死去した後の九二年六月、日本テレビに副社長としてカムバックした。その五か月後には社長に就任した。

バブル崩壊後の広告不況下にあって、冷徹な氏家は日本テレビグループの不採算部門を切り捨てるリストラを断行した。その一環として日本映像記録センターへの出資を解消し、牛山たちが株を引き取ることになったのである。

「氏家さんの経営判断でね」。牛山のあっさりとした口調は、氏家への非難や愚痴めいた響きをまったく感じさせなかった。むしろ、「もう済んだことだ」とでも言うように、サバサバとした表情が記憶に残っている。「テレビを男子一生の仕事とする人間がいてもいいんじゃないか」という口癖も飛び出し、終始元気なように見えた。

私は八五年からずっと放送界の取材を続けてきた。ドキュメンタリーの現状をめぐる取材で牛山の知遇を得て以来、何度もインタビューに応じてもらった。

牛山とは年齢が二十歳以上離れていたが、新宿の中華料理店で開かれる日本映像記録センターの忘年会には、牛山が懇意にしていた新聞記者の先輩たちとともに招かれた。事務所での取材が一段落すると、まだ外が明るいにもかかわらず、牛山は「一杯どうですか」と、秘書にウイスキーとグラスを持ってこさせた。取材の後、新宿にある行きつけの飲み屋に誘われた夜もある。

私はその日も、牛山の好意に甘えた。迂闊《うかつ》なことに、好々爺《こうこうや》然としながらも意気軒昂《けんこう》な様子からは、体調の悪さを少しも想像できなかった。牛山宅を辞したのは夜八時ごろだったので、三時間以上も会話を交わしたことになる。会うのはそれが最後になるとは思ってもみなかった。

牛山にとっては、それが最後のインタビューになってしまった。

番頭格の複雑な思い

牛山宅にいた杉山忠夫は、牛山とともに日本テレビを退社して、日本映像記録センターの旗揚げに参加した七人の部下の一人だった。制作体制の縮小などで創設メンバーや社員、契約スタッフたちは次々に去っていったが、杉山は牛山の死まで行動をともにした。

その年の十月に牛山が亡くなった後は、残務処理に当たる社長を引き受け、これまで制作してきた番組のフィルムやビデオテープの保存、著作権の管理などをほとんど一人で担ってきた。日本映像記録センターの一部始終を知り抜いているキーマンの一人である。

牛山は『すばらしい世界旅行』のプロデューサーとして、アフリカ、アジア、南米、オセアニアなどの各地域を市岡康子らのディレクターに分担させ、一年の半分は現地で生活しながら撮るという現場主義を徹底させた。日本テレビ時代の編集マンからディレクターに転じた杉山はアフリカに通い続けた後、南米担当に代わった。

千葉県市川市で暮らす杉山は、牛山の七回忌を前にした二〇〇三年七月から、地元で『すばらしい世界旅行』などの作品を上映する「民族誌ビデオを見る会」を始めた。この番組に協力した社会人類学者の石川榮吉《えいきち》・東京都立大学（現・首都大学東京）名誉教授は同じ市内に住んでいたこともあって、講師を務めた。

石川の没後も、市川市真間《まま》の「相田みつをギャラリー　サロン・ド・グランパ」を会場とし、杉山が独力で毎月一回開催している。三十分弱の番組を二本上映した後、杉山が撮影・制作時のエピソードを披露し、ナレーターを務めた久米明や稲葉寿一カメラマンら関係者をゲストとして招く場合もある。毎月、第一日曜に開かれ、一六年二月には百五十回を迎えた。

私は牛山の評伝を書くため、杉山の自宅に何度も通った。がっしりした体格で、以前と同じく頭髪を短く刈り、口ひげを生やしている。日本テレビの社員だった妻の和子も牛山のことは知っていて、「ギューさん」という愛称で呼ぶ。しかし、杉山と話しているうち、牛山の呼び方が話の文脈によって微妙に変わることに気づいた。「牛山さん」だけではなく、「ギューさん」と言うかと思えば、「牛山」と呼び捨ての場合もあった。

「民族誌ビデオを見る会」で語る杉山忠夫

ある人が他人をどう呼ぶかで、二人の関係性はおのずから明らかになる。しかし、杉山の三通りの呼び方には、牛山という人間への複雑な感情や葛藤がにじんでいるような気がした。

牛山は一九三〇年（昭和五年）生まれ、杉山は一九四〇年生まれだから、ちょうど十歳違った。杉山にとっては日本テレビ時代の大先輩、上司に当たり、日本映像記録センターでもその関係は変わらなかった。

「ギューさん」と言う場合は親愛の情がこもっているが、常識的には「牛山さん」が無難だろう。

それでは、呼び捨てにはどんな思いが込められているのか。一つには身内意識が考えられる。他人に家族や身内同然の人物の名前を出す際は、敬称を略すことが多い。また、牛山が亡くなってから二十年近くたち、放送史に大きな足跡を刻んだ歴史上の人物として客観的に語ることもありうる。しかし、杉山の口調には冷静に故人と距離を置き、あえて言えば突き放すような、微妙なニュアンスも交じっていた。

杉山は横浜市で生まれ育った。父親の秀夫は戦後まもなく、今のJR根岸線桜木町駅に近い盛り場の野毛《のげ》で洋画専門の映画館「マックアーサー劇場」を開業した。一般公募によるこの劇場名は連合国軍総司令部（GHQ）を率いたマッカーサー元帥からつけられ、演芸や歌謡ショーも公演した「横浜国際劇場」と並んで横浜市民に親しまれた。ちなみに、昭和の大歌手だった美空ひばりは横浜市に生まれ、十一歳の時、横浜国際劇場で本格デビューした。

「小学生の時から映画館に入り浸りました。映画館同士が家族パスを発行していたんで、それを使って邦画もかなり見ましたよ。映画界を志望して、中学生のころには大学は日芸（日本大学藝術学部）の映画学科と決めていた。でもね、テレビの勢いに押されておやじの映画館はつぶれ、斜陽化した映画会社は新規採用を減らしたんです。日芸時代、外資系のニュース配信会社でアルバイトをしていたら、日本テレビを紹介されたんですよ」

六二年に入社した杉山はフィルムの編集をする編集課に配属され、後に日本映像記録センターの創設に加わる池田龍三の下で鍛えられた。二十五歳の時、編集助手として『ノンフィクション劇場』のチームに参加して以来、牛山が亡くなる当日まで、実直な「番頭」のように寄り添った。そんな杉山は真顔で「牛山さんと過ごした三十二年間は僕の人生のすべてなんです」と断言したかと思うと、「プロデューサーとしての牛山はものすごく尊敬しているが、なまじいろいろな面を見すぎたせいか、人間としての牛山は尊敬できないんですよ」と、意外な本音を吐露した。

それはなぜか。杉山の複雑な思いは、この評伝で明らかにすべきテーマの一つである。

肝臓がんで緊急入院

その杉山から「鈴木さんが来たあの日、実は……」とこんな話を聞かされ、驚かずにはいられなかった。

インタビューを終えた私が牛山とビールを飲みながら雑談をしていた時、西新宿にある東京医科大学病院の医師から電話があり、杉山が受話器を取った。

牛山は八九年に食道がんと診断され、東京医科大病院で手術を受けた。ヘビースモーカーだったが、「ちくしょう、これでタバコを吸えなくなっちゃったよ」とこぼしながら、すっぱり禁煙した。同じくヘビースモーカーだった杉山は「かわいそうだから」と牛山の前では喫煙を控えた。

杉山は手術から五年ほどたったころ、「いまだに何ともないから、もう転移はないだろうな」と安心したような牛山の表情を覚えている。しかし、牛山は九七年に入ってから、腰の痛みを訴えるようになったため、杉山が東京医科大病院に診てもらうよう強く勧めていた。

医師は血液などの検査結果について、牛山の身内同然と知っていた杉山に「相当（悪い）です」

と切り出した。「がんですか?」という杉山の問いには直接答えず、「重病だと思ってください。急を要しますので、すぐに入院させてください。病室は押さえておきますから」と言った。杉山はピンと来て、「今はお客さんがいるんで、後で本人に伝えます」と返事をした。

私が去った後、杉山は牛山から「おい、一緒に飲まないか」と声をかけられた。医師からの電話の内容を伝えると、牛山は「いったい、何だろう」と首をかしげた。杉山は動揺を悟られないようにして、「検査入院だと思いますよ」と手短に答えながらも、「ああ、これが最後に飲むビールになるかもしれないな」と思った。

その直感は当たった。

三日後、牛山は入院した。病院では「肝臓がんで、骨髄まで転移している。すでに手遅れ。年内いっぱいもつか、どうか」と診断された。牛山の家族と杉山は本人に真の病状を伏せた。

牛山は病室で杉山にあれこれ指示し、『推理ドキュメント アンコール遺跡盗難事件』を完成させた。入院生活は三か月近くに及び、一歩も病院から出ることはなかった。九月二十八日にNHK衛星第二テレビで放送された後、十月六日夜、肝不全のため死去した。六十七歳だった。

十月九日正午、新宿御苑に近い太宗寺《たいそうじ》で告別式が営まれ、通夜と併せて約八百人が参列した。喪主は、NHKでディレクターをしている長男の徹也だった。私は七月に会った時の様子を思い浮かべつつ、告別式に臨んだ。

当日の読売新聞朝刊の文化面には、「牛山純一氏を悼む 『現場主義』貫き通す 『日本のテレビ史』重ねた生涯」という見出しを掲げた私の署名記事が掲載された。追悼記事は通常、故人と親しかった有識者らに依頼する。文化部にいた私はまだデスクでも編集委員でもなく、放送取材班のキャップにすぎなかったが、話のわかる文化面担当のデスクに「どうしても書かせてほしい」と直談判し、紙面を飾らせてもらった。

杉山の自宅で「あれが最後のインタビューであり、最後に飲んだビールになった」と知らされた私は、長時間にわたり話を聞き、酒まで飲んだことを悔いた。しかし、杉山は「それは気にしなくていいでしょう。牛山はそのころ、腰の痛みを和らげるため、いつも昼すぎからワインを二本も空けていたんです。鈴木さんが来た日のことはよく覚えている。牛山は実に楽しそうだったし、病院から電話があったのもその日でしたからね」と言ってくれた。

牛山が発起人代表を務めていた「放送人の会」は、牛山が死去して二か月後の九七年十二月に旗揚げし、報道からドキュメンタリー、ドラマ、バラエティー番組まで各分野で活躍する四十人が発起人に名を連ねた。ＮＨＫ会長を二期六年間務め、七月末に退任したばかりの川口幹夫が会長に納まった。

この設立に先立つ八月、東京・日比谷の日本プレスセンタービルで開かれた記者会見で、川口は「会の幹事会の方々から『テレビはこのままでいいと思いますか』と言われ、引き受けましてね。テレビ界は今、どん詰まりに来ているという感じがします。現場の一人ひとりに『これ以上は踏み込んでいけない。これだけは守らなければいけない』という自律的な心構えが必要ではないか。この会が少しでもその役に立てばいいと思っています」と抱負を述べた。

また、幹事会のメンバーである今野勉は「番組と作る人を大切にしていくことが会の原点です。

放送界で何か事件が起こると、会社の利害をおもんぱかった声ばかり挙がり、制作者の意見が聞こえてこないのはおかしい。番組を作るのはあくまでも個人なんですからね。僕らはかつて映画、文学、美術の人たちとジャンルを超えて、新宿ゴールデン街などの酒場で盛んに議論したもんです。高名な作家から自分の番組を批評され、それが大きな励みになったこともあります。ベテランが若い人たちに対して一方的に文句を言うのではなく、世代を超えてお互いに刺激し、学び合う場としたい」と、会の趣旨を説明した。

放送人の会はその後、川口が会長を退いてからTBS出身の大山勝美、今野勉が代表幹事を務めた。会員は二百人を超え、年度ごとに活躍した作り手たちを顕彰する「放送人グランプリ」や公開セミナー「名作の舞台裏」、ベテラン制作者や放送局OBらの回想を映像で記録する「放送人の証言」、二〇一五年秋の韓国・釜山大会で十五回目を数えた「日韓中テレビ制作者フォーラム」など多彩な活動に取り組んできた。

一三年には任意団体から一般社団法人に移行し、今野が会長に就任した。牛山の遺志は今野たちによって受け継がれている。

牛山は日本のテレビの歴史とともに歩み、最後まで現場主義とジャーナリスト精神を貫いた。テレビドキュメンタリーの開拓者としてだけではなく、時代の先を見通す高い見識と行動力でも放送界に大きな足跡を残した。公私両面で牛山の仕事と人柄に接してきた私にとって、その評伝をまとめることは積年の宿題となった。

日本映像記録センターはドキュメンタリー退潮というテレビ界の潮流の変化で縮小を強いられ、

制作会社としての活動は牛山の死で事実上幕を閉じた。日本映像記録センターより一年早く旗揚げした独立系プロダクションの草分けであるテレビマンユニオンが、今日も番組制作会社のリーダー格としての地位を保ち続けているのに対し、日本映像記録センターはなぜ、牛山一代で終わったのか。この評伝では、中国でいう大人《たいじん》を思わせ、懐が深かった牛山の人間的な魅力、その光と影とともに、『ベトナム海兵大隊戦記』放送中止事件の真相や日本映像記録センターの明暗も描きたい。

第一章　龍ケ崎から早稲田へ

山岡鉄舟の孫弟子

東京都豊島区駒込は、ソメイヨシノの発祥の地である。幕末から明治初期にかけて旧染井村の植木職人が、オオシマザクラとエドヒガンの交雑種を「吉野桜」として売り出した。奈良県の吉野山のヤマザクラとまぎらわしいため、「染井吉野」と命名された。接ぎ木がしやすく、生長も早いとあって、明治から大正時代にかけて全国に広まった。

牛山純一の末弟の牛山高歩《たかゆき》は駒込のマンションで妻と暮らしている。二〇一三年三月、自宅を再訪した時は、沿道のソメイヨシノが早くも見頃を迎えていた。

五人きょうだいの末っ子で三男の高歩は、一九三八年（昭和十三年）に生まれ、長男の純一とは八歳違いだった。慶應義塾大学経済学部を卒業し、日立製作所に就職した。主に生産管理や経理・財務部門を担当した後、関連会社の日立ソフトウェアエンジニアリング（現・日立ソリューションズ）の取締役や監査役を務めた。六十五歳で退任してからは、経営コンサルタントとして活動している。

高歩に面と向かうと、目のあたりが純一に似ている。広いリビングの壁には、書棚が並ぶ。純一は蔵書家であり、読書家だったが、弟もかなり本が好きなようである。

「ご両親のこともお聞きしたい」という取材の趣旨に対し、両親らの足跡をまとめたものに加え、牛山一族の家系図のコピーまで用意していて、周到さに感じ入った。

家系図は詳細を極め、没した年月日、享年に加え、読みにくい名前にはルビまで施している。作成したのは、埼玉県南部に位置する朝霞《あさか》市膝折《ひざおり》の牛山家十四代目当主・三都男《みつお》である。

膝折は川越街道の宿場町だった。純一・高歩きょうだいらのいとこに当たる三都男は一九二〇年（大正九年）生まれで、特定郵便局だった膝折郵便局の局長を務めた。高歩は「朝霞の本家は江戸時代から膝折村の名主を務め、広大な田畑を持っていた。陸上自衛隊の朝霞駐屯地の大半はもともと、本家の土地でした。調査好きの三都男さんは長野県にも足を延ばし、お寺の過去帳まで調べたようです」と語る。

家系図には、平家が栄華を極めた平安末期、以仁王《もちひとおう》の乱を企てた源頼政から数えて五世の孫・市正が牛山太郎と称したのを源流とし、牛山氏は代々、信州諏訪氏の家老職を務めたとある。清和源氏までさかのぼると言い伝えの域を出ないかもしれないが、牛山姓が長野県に多いのは確かである。

江戸の初期、諏訪の牛山宝蔵の次男が武蔵国足立郡に住み、牛山八兵衛と称して以降、名主を世襲した。八代目は八五郎とあるように、直系には八のつく名が目立つ。明治時代に入ると、十一代目当主の八郎右衛門が初代区長に選ばれた。

牛山家の当主は地元の名士として、特定郵便局の局長を兼ねてきた。純一・高歩らの父親の栄治は一八九九年（明治三十二年）、十二代目当主を継いだ八郎と古都《こと》の次男として誕生した。長男の八一郎をはじめ三男五女の八人きょうだいのなかでは、家父長制度の下でいずれは独立し、自分で生きる道を探さなければならなかった栄治と、三男の平八郎が異色の存在に映る。

高歩は「父は厳しかった祖父とはあまり合わなかったらしい。向学心が強く、弟の平八郎さんとは仲が良かった」と聞いている。教育者の道に進む栄治にとっては、山岡鉄舟の高弟だった小倉鉄樹《てつじゅ》との出会いが大きかった。

鉄舟は一八三六年（天保七年）、六百石の家禄を持つ旗本の小野家に生まれた。鉄舟、作家の子母沢《しもざわ》寛が『逃げ水』で描いた幕臣の高橋泥舟《でいしゅう》とともに、「幕末の三舟《さんしゅう》」と呼ばれた勝海舟の家が四十石余りだったのを思えば、かなりの大身である。鉄舟は千葉周作の道場などで剣の修行に励み、同じ旗本の山岡家の婿養子となった。槍の達人だった泥舟は、鉄舟の義兄に当たる。

幕末の激動期、鉄舟は清河八郎らと尊王攘夷党を結成するなど国事に奔走する。鳥羽伏見の戦いで旧幕府軍が敗れた後、ひたすら恭順の姿勢を取る徳川慶喜の意を受け、駿府に進軍した東征大総督参謀の西郷隆盛を訪ね、談判した。勝と西郷の会談にこぎ着け、江戸を戦火から守った史実は広く知られている。

明治維新後、鉄舟は静岡藩権大参事や茨城県参事などを経て、西郷らの要請で明治天皇の教育係として出仕した。宮内省には十年間勤め、宮内少輔《しょうゆう》を最後に自ら身を退いた。後に学習院初等科の校舎が建てられる四谷の私邸に「春風館道場」を開設し、青年たちの精神修養に努めた。剣では、一刀流の流れを受け継ぐ無刀流の一派を開くとともに、禅の道も究めた。達筆で知られ、多くの書を残している。子爵に叙《じょ》せられた後、五十三歳で没した。墓は、自ら創建した東京・谷《や》中《なか》の全生庵《ぜんしょうあん》にある。

小倉鉄樹の足跡は、牛山栄治編著の『山岡鉄舟の一生』でたどろう。

一八六五年（慶応元年）、現在の新潟県糸魚川市の渡辺家で生まれた伊三郎は、二松《にしょう》学舎で学んだ後、鉄舟の門をたたいた。鉄舟は、内弟子として三年間過ごした伊三郎に「鉄樹」という名を与え、京都の禅寺で修行するよう取り計らった。鉄樹は京都で師の訃報に接した。

日清戦争で従軍した後、神戸の実業家・小倉家に婿養子として入るが、二年足らずで妻に先立たれた。禅の道での精進を決意し、鎌倉の円覚寺の塔頭《たっちゅう》に身を寄せた。全国を行脚《あんぎゃ》し、苦行を重ねた末、神道の流れをくむ東京・牛込河田町の「美曾岐《みそぎ》教会」で修行中、東京帝国大学（現・東京大学）ボート部の学生たちと知り合う。鉄樹は、薫陶を受けた学生たちが中野の野方町に建設した「一九《いちく》会《かい》道場」で、十五年間にわたり指導に当たる。鉄舟の春風館道場の現代版で、歴代の門下生は五百人を超えた。

晩年は、古希を祝う弟子たちの尽力で北鎌倉に庵《いおり》を結び、「鉄樹庵」と名づけた。来訪者のなかには、女性で初めて日本美術院の同人になった日本画家の溝上《みぞうえ》遊亀《ゆき》がいた。彼女は三十歳も離れた鉄樹の人格に惹《ひ》かれ、四十三歳の時に結婚した。小倉遊亀は後に日本芸術院会員、文化功労者に選ばれ、上村松園《うえむらしょうえん》に次いで女流画家として二人目となる文化勲章を受けた。

鉄樹は太平洋戦争末期の一九四四年に没した。清貧を貫いた七十九年の人生だった。

牛山栄治は鉄樹を「生涯の師」と呼び、「鉄舟の孫弟子」を自任した。ちなみに、自分の三男につけた名前は、鉄樹に「鉄舟先生の諱《いみな》をいただいたら」と勧められ、山岡鉄太郎高歩《たかゆき》から取ったものである。

教育の道を全うした父

十一歳で母親と死別した栄治は、東京の師範学校に在学中だった十七歳の時に父親も亡くした。著書の『修行物語』で鉄樹との邂逅《かいこう》を回想している。

鉄樹はその当時、武蔵野の平林寺《へいりんじ》の「半僧坊」という堂宇《どうう》で堂守《どうもり》をしていた。父の死で意気消沈した栄治は、学校の寄宿舎から家に戻って無為の日々を送る。毎日のように近くの平林寺を散歩していると、粗末な身なりの男に「よかったら、あがって話していかないか」と声をかけられ、簡素な部屋でうどんを振る舞われた。それから何とはなしに鉄樹を訪ねるようになり、ある日こう諭された。

「親子の情愛は人倫の根本だから、君も泣けるだけ泣くがいい。しかしね、人生の不幸は志を立てる転機にもなる。中途半端な気持ちで、親の死を口実にしてぶらぶらしているのは親不孝でもある。明日から学校に戻るんだね」

栄治少年は「無類にやさしい理解者と思っていた老人の手きびしい訓戒」を素直に受け止め、すぐ東京の寄宿舎に帰った。無事に卒業し、四谷の小学校で教員生活の一歩を踏み出した。「小倉老人がどんな経歴をもった人なのか、偉い人なのか偉くない人なのか、私は全く知らなかった。

ただその人間的な魅力にいつか引きつけられてしまった」と書いた栄治は出会ってから二十七年間にわたり、師として仰ぎ続けた。

栄治は鉄樹の談話をまとめ、一九三七年（昭和十二年）に『山岡鉄舟先生正伝　おれの師匠』を自費出版した。『山岡鉄舟の一生』は戦後、これを新たに編著したもので、南條範夫の『山岡鉄舟』などの小説の参考文献になっている。栄治は続いて、新人物往来社（現・KADOKAWA）から『山岡鉄舟　春風館道場の人々』や『定本山岡鉄舟』を上梓した。

鉄舟の高弟の小倉鉄樹老の門下生となり、鉄舟について教えられたが、以来六十年、鉄舟の生涯を男の生き方としてこの上なく美しいものと思いこむようになってきたのである。

鉄舟は一生涯を厳しい修行で鍛え上げ、清潔無比に生き抜いた人物である。ことに、完成された晩年の鷹揚《おうよう》な人柄は、鬱然として茂った大樹を思わせるものがある。

『大樹枝を交えて廕《いん》（樹木などの下陰）を成《な》し、百鳥憩う』という語があるが、鉄舟は教育者的な風格が旺盛で魅力に富み、人生の師として、多くの人に影響を与えている。

『定本山岡鉄舟』のまえがきで、栄治はこう書いている。これらの著書は、鉄樹の回顧談や多くの史料に基づいて、鉄舟の軌跡と人間性を平易な文章で生き生きと描いた。特に、鉄舟の教育者としての側面も掘り下げたのは、教職の道を選んだ者として春風館道場や鉄樹の一九会道場に理想の教育を見たからだろう。その一方、栄治は鉄舟と女、酒にも言及しており、単なる堅物ではなかったようである。

高歩は「もうおばあさんでしたけれど、鉄舟の娘さんがよくうちに来て、泊まられたこともあります。おやじは小倉遊亀さんとも親しかったですね」と懐かしそうに話した。

『修行物語』によると、栄治は小学校に勤務しながら、日本大学商学部の夜間講座に通った。埼玉県深谷市が生んだ実業家の渋沢栄一とは県人会などで顔を合わせる機会が多く、その影響を受けた。卒業後、日本大学の助手に転じ、講師に昇格したが、派閥抗争に嫌気がさして心機一転、神田で「出版書肆《しょし》牛山堂」という出版社を興した。

末弟の平八郎は文芸の道を志し、俳人の水原秋桜子《しゅうおうし》が主宰する『馬酔木《あしび》』の同人になった。書店を営みながら、「一庭人《いっていじん》」と号して句作に励み、石田波郷《はきょう》らと親交を結んだ。句集『耳袋』や『わが徒然草《つれづれぐさ》』といった著書がある。

栄治が全三巻の『俳句新講座』など俳句関係の本を出し、波郷や加藤楸邨《しゅうそん》ら若き俳人と交流したのは、平八郎の縁からだろう。D・H・ロレンスの『息子と恋人』や『チャタレイ夫人の恋人』を出版しようとしたが、資金不足で挫折した。ある出版記念会には、川端康成、林芙美子、窪川（後の佐多）稲子、中条《ちゅうじょう》（後の宮本）百合子、芹沢光治良《こうじろう》、有馬頼義《よりちか》らの作家が参加したという。しかし、「私の出版業は失敗業であって、これから約十年、私は経済的には数々の苦汁をなめた」と、自ら認めている。

戦時色が強まるなか、二十歳未満の勤労青少年を対象にした青年学校が制度化され、栄治は四谷や江戸川などの青年学校の校長を務めた。そして、四十代半ばに終戦を迎えた。

戦後、マッカーサー元帥が率いるGHQの占領下で、日本の民主化を進めるさまざまな改革が実施された。学校教育制度の改革もその一つで、一九四六年三月に来日した米国教育使節団は勧告書を出した。その年の八月、第一次吉田茂内閣で「教育刷新委員会」が発足し、栄治は全日本青年学校長会会長として三十八人の委員の一人に選ばれた。委員長は前文部大臣で哲学者の安倍能成《よししげ》、副委員長は東京帝大総長の南原繁（後に委員長）だった。委員のなかには、後に首相となる芦田均、文部大臣を務める高橋誠一郎、森戸辰男、天野貞祐《ていゆう》のほか、マルクス経済学者の大内兵衛《ひょうえ》、哲学者の谷川徹三らの名前もある。

元国土庁官房審議官で南原繁研究会幹事の山口周三は、『資料で読み解く 南原繁と戦後教育改革』で栄治のことを高く評価している。「青年学校による機会均等運動を指導し、六・三制の実現に大きく貢献した。昭和二一年三月南原繁初め日本側教育家委員会の委員に陳情した際、『学校教育制度改革私見』を提出しているが、これは六・三・三・四制の必要性を述べた先駆的な文書である」と。

学制改革で新制中学が発足した一九四七年四月、栄治は志願して牛込第一中学の校長になった。生徒とともに新たな船出をした日々は著書の『新制中学校の一年間』に詳しく、全日本中学校長会会長も務めた。

定年退職後、栄治は旧友の古田重二良《じゅうじろう》・日本大学会頭に招かれ、日本大学商学部教授に転じた。付属の豊山《ぶざん》学園長を兼務し、豊山女子高校の創設に尽力した。その後、群馬女子短期大学（現・高崎健康福祉大学）学長に迎えられ、退任後も名誉学長として週一回の講義を担当した。

「おやじが出版社を始めたのは間違いだったと思う。やはり、経営者よりは教育の現場が向いていたんでしょう。新しいものを開拓しようとする精神で志を高く掲げ、死ぬまでロマンを追い求めたんです。兄貴にもそういう面がありました。バイタリティーがあり、思い立ったら徹底的にやりましたね」

高歩がこう父と長兄の共通点を挙げるように、栄治は教育者として、純一はテレビの制作者として、最後まで第一線に立ち続けた。

家族の肖像

総門を抜けると、古びた茅葺《かやぶ》きの山門が目に入った。その先の高野槙《こうやまき》は幹が二つに分かれ、樹齢は五百年とある。桜などの木々の樹皮は苔《こけ》むしている。梅雨時とあって訪れる観光客は少なく、古刹《こさつ》は静寂に包まれていた。白いカシワバアジサイや青のガクアジサイがそぼ降る雨に濡れて、しっとりとした情趣を醸し出している。

埼玉県新座《にいざ》市野火止《のびどめ》にある平林寺は、臨済宗妙心寺派の禅寺である。四十三ヘクタールに及ぶ広大な境内には、武蔵野の面影をとどめるコナラ、クヌギなどの雑木林が広がり、禅修行の専門道場もある。紅葉の季節にはさぞかし見事なことだろう。

平林寺は南北朝時代、岩槻城主の太田氏が建立し、豊臣秀吉の岩槻城攻めで伽藍《がらん》の多くが焼失した。徳川幕府の老中で、「知恵伊豆」と呼ばれた川越藩主松平信綱の遺命によって、岩槻から野火止の地に移転、再建された。分家した大河内松平家の霊廟になっている。信綱が総大将として鎮圧した島原の乱の幕府軍戦死者の供養塔を経て、松平家の廟所に向かうと、信綱をはじめ歴代当主の墓が石灯籠とともに整然と並んでいる。

十七歳の牛山栄治は、この境内で小倉鉄樹と出会った。地元の旧家の次男に生まれた栄治が平林寺で新たに墓を求めたのは、こうした縁からだった。

牛山家の墓は、杉やヒノキの林に囲まれた霊園にある。誰が手向《たむ》けたのか、まだ新しい白菊が二輪供えられていた。純一はここで両親とともに眠っている。牛山高歩は「農村の名主の家に生まれた父親と、武家の血を引く母親は対照的な性格でした」と追想する。

牛山純一の父親・栄治

高歩の自宅で、両親の写真を見せてもらった。栄治は柔道五段と聞いたとおり、体格ががっしりしている。書棚をバックにした背広姿でも、丸顔に丸い眼鏡をかけているせいか、鷹揚で柔和な印象を与える。結婚前の写真だろうか、縦縞《たてじま》の和服を着込んだ貞《さだ》は、目鼻立ちの整った細面《ほそおもて》の美人である。

栄治より二歳下の貞は一九〇一年（明治三十四年）、東京・小日向《こひなた》の平井家で生まれた。小倉藩小笠原家の家老を務めた祖父は幕末の第二次長州征伐で、長州藩の高杉晋作が率いた奇兵隊などに攻撃され、小

牛山純一の母親・貞

倉城落城で自刃した。東京に出た父は病弱のため就職せず、英語の翻訳などで生計を立てた。三人の息子は医者、陸軍軍人、高校教師になるというインテリ一家だった。

三女の貞は東京府女子師範学校（現・東京学芸大学）を出て、伝統のある誠之《せいし》小学校（文京区）に勤めた。同じく教師だった栄治との結婚で退職し、家庭に入った。

高歩は「うちのおやじは教育を生涯の仕事と考え、生徒と盛んに交流したようです。話好きで、いつもニコニコしていた。家に遊びに来た教え子が、塗ったばかりの壁に手の跡をつけるいたずらをしても、けっして怒らなかったそうです。生徒からは『陽気で優しい先生』と思われたんじゃないですか。母は武家の家系に誇りを持っていた。ずっと和服で通し、厳格な面がありましたね」と言い、両親のこんな思い出を披露した。

酒好きの栄治は後輩の教師たちをしばしば自宅に招き、酒を酌み交わしては騒いだ。貞は「もっと品良くしてほしいのに……」と嘆いたという。

栄治は七九年、胃がんのため七十九歳で死去した。日本テレビの『ノンフィクション劇場』に参加して以来、純一と親交を結んだ大島渚監督が、西落合の牛山家で営まれた通夜に駆けつけた。二階で大島と酒を飲んでいた純一は話が盛り上がり、親類たちに「みんな、大島さんが面白い話をしているから、上がって来いよ。いいんだよ、おやじはにぎやかなことが好きだったんだから」と声をかけた。二階から聞こえてくる談笑に対し、貞は「私がこんなに悲しんでいるのにねえ」と周囲にこぼした。

翌日の告別式は、山岡鉄舟ゆかりの全生庵で行われた。元自民党幹事長の中曽根康弘も純一との縁で参列した。それから三年後の八二年、念願の首相の座に就いた中曽根はしばしば全生庵に足を運び、座禅を組んだというエピソードがある。

故人には「教照院栄山牛歩居士《きょうしょういんえいざんぎゅうほこじ》」という教育者らしい戒名がつけられた。「牛歩」とは、栄治の雅号だった。ちなみに、貞が九十一歳で大往生を遂げた際も、告別式は全生庵で行われた。戒名の「智光院貞山妙敬大姉《ちこういんていざんみょうけいだいし》」は、知性と教養が豊かな女性を思わせる。

栄治は『修行物語』で純一にこう触れている。「鉄舟先生の伝記を書いたとき、放送会社でドキュメンタリーを手がけていた長男が『鉄舟先生は映画にはなりませんね』という。『何故かね』ときくと、鉄舟にはエロとチャンバラの要素が乏しいからだという」

父親の通夜での様子もそうだが、純一のざっくばらんな性格とともに、お互いに構えない親子関係がうかがえる。ただし、高歩は「兄貴は仕事熱心のあまり、部下に対して非常に厳しい面もあったと聞いています。あれは母親譲りでしょうか」と話す。

純一は一九三〇年二月四日、栄治と貞の長男として生まれた。五人きょうだいで、二歳上の姉・治子と妹、二人の弟がいた。末っ子の高歩は「純ちゃんに劣らず優秀だったのが、今もフランスで暮らしている一番上の姉」と言った。

治子は幼いころから、絵や文章が上手だった。家のふすまに絵を描いても、栄治は放任していた。それどころか娘の才能を伸ばすため、小倉遊亀のもとに通わせた。治子は女子美術専門学校（現・女子美術大学）で日本画を学んだ後、中学校の美術教師になった。

やがて、絵より文筆の道への関心を強めていく。女性記者がほとんどいなかった時代にもかかわらず、朝日新聞社の採用試験を受け、最終面接まで進んだ。しかし、「結婚したらやめるのか」という質問に戸惑い、合格には至らなかった。映画が好きで、特にフランス映画にあこがれた。川喜多長政・かしこ夫妻が切り盛りしていた東和映画（現・東宝東和）に出した映画評論が認められ、パリのソルボンヌ大学に留学した。一年の期限が過ぎても「フランスでもっと勉強したいから」と、通訳などをしながら独力で滞在を続けた。結局、現地で知り合ったフランス人男性と結婚し、三女をもうけた。

高歩は、純一が早稲田大学に在学中、東京・戸山の自宅にやって来た純一の友人たちと治子が一緒に議論していた姿を覚えている。「姉は勝気で、弁が立ちました。しゃべり出したら止まらないところは、おやじによく似ていましたね。社交も好きでした。手紙などの文章はユーモアがあって、面白いんですよ。キャリアウーマンをめざす姉にとって、日本の男たちの古臭い意識が嫌だったんでしょう」。そういえば、純一もしゃべり始めたら止まらない一面があった。

次男の正明は明治大学商学部に進み、ラグビーに打ち込んだ。卒業後は生命保険会社に勤務した。その息子の真一はテレビ界に入り、フリーのディレクターとして活躍している。

高歩は都立戸山高校から大学に進学する際、経済学を学びたいと考えた。慶應義塾大学経済学部と早稲田大学政治経済学部のどちらがいいか、純一に相談すると、「経済を勉強するんだったら、やはり慶應だな」とアドバイスされ、慶應を選んだ。早稲田OBの純一は、偏狭な母校愛から自由だったと言える。

　高歩は就職先の選択についても、頼りがいのある長兄に相談した。大学四年の時、ゼミの教授に「朝日新聞から推薦の依頼が来ている。新聞記者になるつもりはないか」と勧められた。日本テレビで報道の仕事に携わっていた純一には「新聞記者というのは大変だよ。本当にやりたいなら、いいけどね」と言われた。熟考の末、日立製作所に決め、ビジネスマンの道を歩く。

　その入社式の前日、高歩や川村隆（後に日立製作所会長兼社長）らの新入社員は、上野駅に集合させられた。大学卒の新入社員はざっと千人に上ったため、貸し切り列車で茨城県日立市に向かった。創業者の小平浪平《おだいらなみへい》の名前を冠した小平ホールで入社式が行われた。

「高度経済成長の波に乗り、日立自体がどんどん大きくなる時期でして、同期生の多さには驚きましたよ。兄貴は日本テレビの第一期生だったから、何かにつけてやりやすかったんじゃないですかね」

　純一は六六年から『すばらしい世界旅行』を始めた。日本映像記録センター設立後も引き続き制作を担い、番組は九〇年まで続いた。二十四年の長きにわたり、単独提供してきたスポンサーが日立グループだった。

「宣伝部が担当するので、私はまったく関係しなかった。番組が始まった当時の駒井健一郎社長は小柄ながら、太っ腹というか、立派なトップでした。『視聴率のことは気にしなくていい。こういう番組こそ、日立のまじめな社風にふさわしい』と後押ししたそうです。弟としてうれしかったですね」と、高歩は述懐する。駒井は、「重電の日立」を総合電機メーカーへと飛躍させた三代目の社長である。

伯母宅へ転地療養

茨城県の南部に位置する龍ヶ崎市は牛久沼を抱え、取手市や牛久市、つくば市などと隣接している。市内には、利根川の支流で、昔から「暴れ川」と呼ばれている一級河川の小貝川が流れている。竜ヶ崎ニュータウンが首都圏のベッドタウンとして造成されてから人口は倍増し、現在は八万人近くを数える。

牛山純一は小学校高学年から茨城県立龍ヶ崎中学校（現・竜ヶ崎第一高校）を卒業するまで、稲敷郡大宮村で診療所を開いていた伯母夫婦の家で過ごした。大宮村は一九五四年（昭和二十九年）、龍ヶ崎町など一町五村と合併し、龍ヶ崎市になった。

夏のある日、車で市内を回った。中心市街地は人通りが少なく、車だけが行き交い、照りつける日差しの下でまどろんでいるように見えた。あちこちで田んぼと全国チェーンの飲食店などが目に入る。いずこも同じ都市化の波打ち際の光景である。

牛山の一周忌に当たる一九九八年十月、龍ヶ崎市立中央図書館は牛山純一記念ライブラリーを一階に開設した。日本映像記録センターから寄贈された『すばらしい世界旅行』や『知られざる世界』など約六百本の番組のＤＶＤが、館内のブースで視聴できる。

二階のギャラリーには、牛山をしのぶコーナーもある。カンヌ国際映画祭テレビ部門でグランプリに輝いた『老人と鷹』をはじめ、文化庁芸術祭賞やギャラクシー大賞などの受賞作の記念品、賞状、海外取材時などに撮られたスナップ写真が展示されている。

龍ヶ崎市立中央図書館の２階には、牛山純一の受賞作の記念品や写真が展示されている

牛山作品の上映会も定期的に開催している。もっとも、司書の鈴木理恵は「参加するのは中高年が中心ですね。時には映像の勉強をしている若い人も市外から来ます。若い世代に牛山さんのことを知ってもらいたいんですが……」と言葉少なだった。貴重なライブラリーをもっと活用する方法はないのだろうか。

牛山栄治・貞夫妻は東京・麴町の借家に住み、純一は番町尋常小学校に通った。都立高校に学校群制度が導入される一九六〇年代後半までは、番町小学校から麴町中学校、日比谷高校を経て、東京大学に進学するのが東京の典型的エリートコースだった。

小学五年生の時、純一に大きな転機が訪れた。結核菌による肺浸潤《はいしんじゅん》を患い、大宮村に転地療養したのである。貞のすぐ上の姉が嫁いでいた医師の中村信一宅に預けられた。

純一の末弟の高歩が「兄貴と仲が良かったおふくろは『いい空気を吸って栄養をつければ、一年くらいで戻ってこられる』と考えていたんでしょう。実際、田舎は食べ物が豊富なので、兄貴は丈夫になった。ヤギの乳を飲み、卵を食べる。お米は村の人が持って来てくれますしね。ところが、戦争が長引き、結局は旧制中学を卒業するまで暮らすことになった。独立心が早く育ったんじゃないか」と語るように、純一にとって龍ヶ崎は忘れがたい故郷になった。

太平洋戦争の戦況が悪化し、本土空襲の恐れが高まると、牛山一家は栄治を東京に残して茨城の伯母宅に疎開し、高歩も終戦までの三年間を過ごした。診療所を兼ねた中村家の住まいは広かった。ほかの親類たちも受け入れ、多い時には十数人が面倒を見てもらった。

高歩によると、中村医師はどんな村民にも分け隔てなく接し、後に顕彰碑が建てられた。この夫婦には子どもがなく、純一を養子に迎え、医学部に進んで跡を継いでほしいと願った。しかし、栄治が「うちの長男だから」と断ったという。

純一の幼なじみの大野隆夫は、つき合いが五十年を超えた。転校先の大宮尋常小学校で出会って以来、旧制の龍ヶ崎中学、早稲田大学でも一緒だった。純一に誘われて、大和運輸（現・ヤマト運輸）から日本映像記録センターに移り、取締役・総務部長を務めた。

大野の父親は小学校校長として、日本の統治下にあった台湾に単身赴任していた。大野は小学五年生の時、東京から大宮村に縁故疎開し、純一の同級生になった。「地元の級友は『だっぺ』という方言丸出しでした。純ちゃんには同じ都会っ子ということで親近感を抱き、僕らは東京の言葉で通しました。小学校時代は大人しく、穏やかな性格だったが、体が大きくて、地元の子どもたちにいじめられることはなかったですね」

大野は純一から、中村の話をよく聞かされた。「うちの伯父さんは貧しい患者からおカネを取らないんだ。急患が出ると、夜中でも自転車で往診に行った。そんな時、田んぼに落ちたこともあるんだよ」と、心から尊敬している口ぶりだった。

一九四一年（昭和十六年）四月、従来の小学校は改組され、「国民学校」が発足した。翌四二年春、純一と大野は大宮国民学校を卒業し、そろって龍ヶ崎中学に入学した。旧制中学に進む子どもは、一クラス五十人のうち一割程度だった。一学年が四学級だった龍ヶ崎中学でも、二人は同じクラスになった。

前年の十二月八日、日本はハワイの真珠湾を急襲し、太平洋戦争が始まった。日本軍はマニラ占領、シンガポール陥落、ジャワ上陸と破竹の進撃を続け、戦線は一気に拡大した。戦時色は国民生活全般に及び、中学生の制服も黒から国民服風のカーキ色、制帽は戦闘帽に変わった。

元衆議院議員の中山利生《としお》は四二年春、純一とは入れ違いで龍ヶ崎中学を卒業した。自転車で小貝川に差しかかった時、橋の上から川を眺めている二人の中学生に対し、「これが新しい制服か」と声をかけた。その一人が純一だった。中山が「兄弟以上のつき合い」と形容した五歳下の純一との長い交遊は、ここから始まった。

戦後、中山は後輩の古橋広之進を擁して黄金時代を築いた日本大学水泳部で副主将を担った。古橋が自由形で「フジヤマのトビウオ」として世界に名をはせ、後に日本水泳連盟会長、日本オリンピック委員会会長などを歴任したのは言うまでもない。中山は日大卒業後、衆議院議員の父・栄一の秘書を経て、衆議院議員を九期務めた。自民党の同期当選組には小沢一郎、羽田孜《はたつとむ》、森喜朗らがいる。宮澤喜一内閣では、防衛庁（現・防衛省）長官に起用された。

中山と純一は水泳仲間でもあった。九八年十月、龍ヶ崎市文化会館で開かれた「牛山純一記念ライブラリー作品寄贈式・上映会」では、来賓としてこんな思い出話をした。

「牛山君とは暗くなるまで小貝川で泳ぎ、堤防の草のにおいが鮮やかによみがえる。戦後は、復活した野球部で練習に励んだ。ネット裏にプールがあり、牛山君たちは練習が終わると、プールで泳いだ。『野球部員は水泳をしてはいけない』という厳しい掟《おきて》を平気で無視し、猛烈な勢いで頭から飛び込んだ。早稲田大学に進んでからもしょっちゅう龍ヶ崎に戻り、学校のプールに泳ぎに来たもんです。牛山君は強烈な個性の持ち主だった。彼が長い間蓄積してきた映像を一人でも多くの郷土の子どもたちに見てもらいたい」

龍ヶ崎市栄町で婦人科のクリニックを営む五十嵐栄治は、龍ヶ崎中学に入学し、純一と同じクラスになった。最初は背丈で席順が決められ、途中から成績順に並ばされた。試験の点数が良ければ最後列、悪ければ最前列に座らされ、成績の順位は一目瞭然だった。後ろから二列目の五十嵐と三列目の純一は席が近く、親しく言葉を交わすようになった。

五十嵐家は地主で、夏ミカンやイチジクなどの食べ物がたくさんあり、純一はたびたび自転車で遊びに来た。同じく土地持ちの一年先輩が近くにいて、三人で語り合った。早くから医者を志望していた五十嵐は、よく文学的な話をしていた二人に対し「戦争の役に立たない話なんかするな」と言った覚えがある。

弓道部に入った純一は、教科の銃剣術にも熱を入れた。五十嵐は「体は大きかったが、入学当初は大人しくて、それほど目立たなかった。銃剣術で配属将校にほめられてから運動にのめり込み、自信と体力をつけたんじゃないかな」と推察する。

戦争の長期化につれて、生徒は勉強どころではなくなった。

『龍ヶ崎市史　近現代編』によると、純一たちが入学した一九四二年から、龍ヶ崎中学の体操競技大会は「鍛錬大会」と改称され、軍事教練的な種目が目立った。勤労奉仕の時間が増え、出征者を出した家族や遺族の慰問や援農作業、「報国農場」と呼ばれた開墾地でのサツマイモ作り、利根川河川敷でのアシ刈り作業、軍需工場の羽田《はねだ》精機での作業などに駆り出された。アシは兵士の非常食用ビスケットに利用された。このほか、小貝川の堤防の補強工事、阿見の第一海軍航空廠《しょう》での戦闘機の塗装はがし、海軍の土浦航空隊を拡張するための整備作業などに従事した。グラウンドは、銃剣術用のわら人形や城壁の模型など国防競技用の備品が並ぶようになり、野球部などの練習風景は姿を消した。

五十嵐たちも三年生になると、羽田精機でブルドーザーの部品造りに明け暮れた。「校舎には高射砲部隊が駐屯していた。工場は二つあり、もう一つの工場では高射砲の弾を造っていた。鹿島灘に現れた米軍の戦艦から飛び立ち、東京を空襲する戦闘機の飛行ルートになっていて、警報が鳴ると山中に避難しました。機銃掃射で亡くなった工場の人もいましたね。田んぼに墜落したB29を見に行ったこともあります」と回想する。

土浦などの海軍航空隊では、海軍飛行予科練習生（予科練）を受け入れた。『龍ヶ崎市史　近現代編』には、純一の二学年上で十四人、一学年上では三人が予科練を志願したとある。

純一は軍国主義に傾斜しなかったのか。五十嵐は「本人から『軍人になる』という話は聞いたことがない。戦争が終わって授業が再開されたころ、牛山はよく図書館に通い、本を読んでいた。授業中に鋭い質問をして、先生を立ち往生させたこともあり、びっくりした」と思い起こす。

復活した野球部の主将

牛山純一が少年時代を過ごした旧大宮村宮渕を訪れた。伯父の診療所は今、別の医院になっている。母屋の造りは往時のままだろうか。路地を抜けると、緑の田んぼが広がっていた。

車のナビゲーターが四・五キロ先を示す竜ヶ崎一高に向かった。白幡台という高台にあり、「石段登る六十余　一足ごとに踏みかため　心を鍛え身を練りて　忠良有為の基たてん」という校歌の一節のとおり、急な石段を登ると正門に至る。

この日は休日とあって、部活動の生徒くらいしか見かけず、セミの鳴き声が静寂を際立たせる。大きな石には「校訓」として、「誠実　剛健　高潔　協和」の文字が刻まれている。合宿もできる白亜の白幡会館の前には、一九九一年の全国高校野球選手権大会出場記念に植樹されたモッコクが、大きく生長している。学校全体から「文武両道」を掲げる伝統校の気風が伝わってきた。

牛山は五年間、中村信一宅から中学や勤労動員先まで自転車で通った。体の鍛錬につながっただろうが、自転車通学は恵まれた部類に属する。

東京の立正中学校（現・立正大学付属立正高校）に通っていた鷹羽《たかば》龍麿《たつまろ》は米軍機の空襲が激化したため、母親や妹とともに源清田村《げんせいだ》（現・河内町《かわち》）の伯父宅に疎開し、龍ヶ崎中学に転校した。毎朝六時に家を出て、片道十キロの道を二時間かけて歩いた。

一九四五年八月十五日に終戦を迎えた後、牛山ら四年生の進路は二つに分かれた。百三十四人は四年での繰り上げ卒業を選択し、五十嵐は慶應義塾大学医学部の予科に合格した。牛山や鷹羽ら三十三人は「戦争中はろくに勉強ができなかったから、勉強したい」と学校に残り、五年生のクラスは一つになった。

龍ヶ崎中学では明治後期に野球部が創設され、夏の全国大会には五回出場する名門校だったが、戦争中はこの大会自体が途絶えた。牛山たちが五年生に進級した四六年春、教師の勧めで野球部を復活させる話が持ち上がった。五年生からは、立正中学で軟式野球の経験がある鷹羽、牛山ら五人が参加した。体格がいい牛山は、キャッチャーと主将に推された。

鷹羽は四番打者で、サードを守った。「古いグローブやボールをかき集めて修理し、まずキャッチボールから始めた。ボロボロのグローブで硬球を受けると、手がはれました。野球部のＯＢたちが監督やコーチを引き受けて、僕らはあたりが真っ暗になるまで猛ノックを浴びた。ＯＢを中心にした地元の人たちがユニホームを作ってくれて、他校との練習試合に行く時は、トラックに乗せてもらいましたよ」と懐かしむ。

牛山については「顔つきからして大人びていた。面倒見が良く、親分肌の男でした。それでいて神経は細やかで、頭もいいから、級友に一目置かれていた。野球では、肩が強かった。夏の県大会の前にお寺で合宿をしたら、牛山は風呂からあがって一糸まとわず部屋に来た。そんな豪快な面もありました」と親愛の情を込める。

大宮国民学校から牛山とともに龍ヶ崎中学に進んだ大野隆夫も、野球部に参加した。「純ちゃんは僕と同じく、数学が苦手だった。勉強より運動を得意としましたね。中学生になると、弓道や水泳に打ち込んだ。野球部では先頭に立って部員たちを引っ張り、『こらッ、それじゃダメだぞ』と大声を出すようになった」と、牛山の変化を語った。

胸を患い、療養のため茨城の農村で暮らさざるをえなかった都会育ちの少年は、大切に育ててくれた伯母夫婦と田舎の食料事情に恵まれて、たくましく成長した。旧制中学に進むと、仲間たちと一緒に体を動かし、汗を流す運動に励み、次第に統率力を身に着けていく。後にテレビプロデューサーとして発揮するリーダーシップの下地は、ここで形成されたと思われる。

五十嵐らが四年で龍ヶ崎中学を卒業してから四十年後の一九八六年、『石段登る六十余』と題した同期生の記念文集が刊行された。

九十人が寄稿した第二号では、元教師の岩佐正治が『茫々七十年』と題した特別寄稿のなかで、「先日、編集者の連絡により、NHK『テレビ自由席』を見た。牛山君の大写しの顔が写し出された。彼のスピーチはとどまる所を知らず、十五分間一気にしゃべりまくったという感じであった。何の遅疑する所もなく、日頃の蓄積した知識・経験が、ほとばしり出たという感じであった。わが教え子もさすがだなあと感心したことであった」と、牛山に言及した。

寄稿者の三分の一は龍ヶ崎中時代の思い出を書き、羽田精機への勤労動員などの戦争体験にも触れた。野球部員だった鷹羽は、県南代表として出場した県大会の準決勝で強豪の水戸商業に敗れた際の思いを「水商に惜敗したその口惜しさに涙があとから、あとから流れてくるのが不思議であった。野球にかけた青春の一頁が終わったからなのか、それとも明日からきびしい練習から解放される安堵感からなのか、今でもわからないことの一つである」と書いている。

鷹羽は茨城大学経済学部を出て、中学校の社会科教師になった。日本テレビのプロデューサーとして活躍していた牛山に「日帰りの研修旅行で東京に行くんで、みんなにテレビ局の様子を見せたい」と申し出ると、「ああいいよ、お前の頼みじゃ断れないな」と受けてくれた。「牛山は僕らのリーダーであり、出世頭でした。惜しい男を亡くした」と早い死を悼んだ。

記念文集の『石段登る六十余』では、まもなく定年を迎える世代として余生の過ごし方や趣味を題材にする人もいるなか、『アジア旅行見聞記』と題して、最長の七ページに及んだ牛山の文章は極めて異色だった。

今、五十代半ばにして人生を振り返ると、もの心ついて以来、いつも私の心の片隅に巣食って、私の人生を喰《く》いつぶしてきた元凶は「アジア」だった。

私たちの少年時代、「大東亜の解放」「アジア民族の自立」などのスローガンは、小さな体内の血を湧《ママ》かせたものである。大学を卒業してテレビ報道の仕事に入ってからも、機会を捉えては、アジアを取材した。（中略）そういう私の想いをこめて、今私は、茨城県の小さな町で、少年の季節を共有したなつかしい友達に、私のアジアの旅のいくつかを報告したい。

こう前置きして、中国雲南省やパプアニューギニア、韓国の漁村の暮らしや風習などを紹介している。世界各地を飛び回る様子とともに、最後は「これからも、アジアの旅を続け、いつも『アジア』を考えてゆきたい」と結んだように、「生涯現役」を貫く姿勢が読み取れる。

牛山が九七年十月に死去した後、龍ヶ崎市の広報紙『りゅうほー』は二ページにわたって追悼記事を特集し、龍ヶ崎中学の同級生だった長谷川次雄へのインタビューも掲載した。

毎年夏、牛山は高校野球の県大会が近づくと竜ヶ崎一高のグラウンドに足を運び、後輩たちを激励した。九〇年と九一年、二年続けて全国大会に出場すると、甲子園へ応援しに行った。母校から講演を頼まれると、謝礼をそっくり野球部に寄付した。また、水泳部の育成にも尽力し、物心両面で支えた。長谷川は「昔から年下の人間に慕われていましたね。進級が危ない後輩たちの家庭教師役を買って出たり。短所をけなさず、長所を思い切りほめてその人間を伸ばすのが彼のやり方でした」と語っている。

「六・三・三・四制」の新しい学校教育制度の発足を間近に控えた一九四七年三月、牛山は龍ヶ崎中学を卒業した。世話になった伯母夫婦のもとを離れ、両親やきょうだいが暮らしている東京・戸山の自宅に戻った。農村での生活は七年ほどだったが、本人は終生、「龍ヶ崎は自分の故郷」と公言した。都会的なスマートさとは対極にある牛山の泥臭い一面が、茨城の風土によって培われたのは間違いない。

早稲田の森で

毎日新聞出身の政治評論家三宅久之は、親しい政治家や同年代の政治記者たちから「久《きゅう》ちゃん」と呼ばれた。しかし、早稲田大学時代の友人の間では「三《さん》ちゃん」で通っていた。牛山と三宅は〝早稲田の森〟で出会って以来、「三ちゃん」「ギューさん」と呼び合い、お互いに認める無二の親友だった。

三宅は二〇一二年三月、レギュラー出演していたテレビ朝日の『ビートたけしのTVタックル』や読売テレビ放送（本社・大阪市）の『たかじんのそこまで言って委員会』を降板し、執筆や講演などの評論家活動からの引退を表明した。慢性間質性《かんしつせい》肺炎を患い、外出時には車イスと携帯用酸素吸入器が不可欠になったからである。その年の夏、取材を申し込むと、「牛山のことだったら」と快諾され、東急東横線の祐天寺駅に近い自宅を訪れた。

二時間半のインタビューでは、半世紀近くに及んだ交遊の一部しか聞けず、一週間後に再訪した。たまたま八月十五日の終戦記念日に当たったことから、話は六十七年前の思い出から始まった。牛山と同じく一九三〇年の早生まれの三宅は、日立製作所の技術者を父に持ち、四人兄弟の末っ子だった。泥沼化する日中戦争と太平洋戦争の時代に成長し、多感な十五歳の時に終戦を迎えた世代である。

府立第十九中学校（現・都立国立《くにたち》高校）四年生だった三宅も戦争末期、勤労動員で海軍の飛行機工場に駆り出されたが、胸を患い事務の仕事に回された。阿佐ヶ谷の自宅は強制疎開のため取り壊され、家族は高井戸に引っ越した。宮城に疎開した叔母一家の留守宅を借りていた。

「あの日は家にいて、玉音放送を聞きました。私らは教育勅語などを暗唱させられ、漢文の素養があったので、内容はわかりましたね。海兵（海軍兵学校）や予科練に行った同級生のような軍国少年ではないから、涙は出なかった。むしろ、『これで兵隊にならずに済む』と半ばほっとした覚えがあります。学校に配属された職業軍人は実に粗暴で、教養のない男たちでした。強い反感を抱いていたから、『もうあいつらに従属しなくていい』という解放感もありましたねえ」

三宅と牛山は一九四九年四月、十九歳で早稲田大学第一文学部に入学した。牛山一家が暮らしていた麴町の借家は戦争中、空襲で焼けた。戦後、早稲田大学理工学部に近い戸山ハイツに敷地五十坪の家を持ち、家族七人で住んだ。牛山の末弟の高歩は「子どもが五人もいたので、家は手狭でした。純ちゃんは夏休みや冬休みになると、龍ケ崎の家に行きっぱなしでした。そのくらいあっちの居心地が良かったんでしょう。水泳も好きでしたしね」と言う。

牛山は東洋史を学ぼうと史学科を選び、「総合文化研究所」というサークルを設立した。独文科の三宅は学内の劇団「自由舞台」に入り、演劇に打ち込んだ。自由舞台では後に、劇作家の別《べつ》役実《やくみのる》、演出家の鈴木忠志、俳優の加藤剛、演出家の渡辺浩子、劇作家の秋浜悟史らを輩出した。

三宅は牛山とどこで知り合ったのか。「誰かの紹介で一年生の早い時期に知り、気が合った。牛山は劇団仲間とも顔なじみになり、よく飲みに行ったもんです。彼は酒が弱く、一杯飲むと顔が真っ赤になったけれど、酒の席の雰囲気は嫌いじゃなかったね」と回想した。

「口から先に生まれたような連中が多いなか、口数が少なく、聞き上手でした。大人びていて、老成した感じすらある牛山が発言すると、たいてい話がまとまった。生い立ちや家族のことはあまり語らなかったので、友人の多くは龍ヶ崎生まれと思い込んでいた。一緒に龍ヶ崎の伯父さんの家に泊まりに行った時などに、ポツリポツリと身の上話をしていましたよ」

同い年にもかかわらず、三宅が「ギューちゃん」ではなく、「ギューさん」と呼んだ理由が何となくわかる。

ＴＢＳ出身のドキュメンタリスト吉永春子は一九五一年、日本女子大学付属高校から早大教育学部に入学し、自由舞台に勧誘された。入団早々、フランスの反ファシズムの作家ロマン・ロランの『愛と死の戯れ』を大隈講堂で上演することになり、三年生の三宅から「お前、切符を売ってこい」と、五十枚の束を渡された。日本女子大に進学した友人たちに売りに行くと、「春子さん、お気の毒ね」と同情され、買ってもらった覚えがある。

「三ちゃんはとにかく、えらそうだったわよ。顔を合わせれば、『おい、お春、カネ持ってるか』ですからね。話題がクルクル変わり、しゃべりまくる三ちゃんと違って、ギューさんはもの静かでした。『そうか、そうか』とこっちの話に耳を傾けてくれたんで、安心して相談できた。よく言えば鷹揚、悪く言えばモサッとしていたわね。茨城出身と聞いて、『やっぱり田舎の人』って思いましたよ」

卒論で日本の資本主義の変遷をテーマにした吉永にとって、牛山は「中国の事情に詳しい」と映った。自由舞台公演の幕間《まくあい》に登壇し、中国問題を論じた姿が印象深い。

吉永は五五年、ラジオ東京（現・ＴＢＳ）に入り、一貫して報道畑を歩んだ。「六〇年安保闘争」を主導した全学連（全日本学生自治会総連合）委員長の唐牛《かろうじ》健太郎と、活動資金を提供した右翼の大物・田中清玄《きよはる》の関係をすっぱ抜いたラジオ番組『ゆがんだ青春　全学連闘士のその後』で名をはせた。旧日本軍の石井部隊による生体実験を暴いたテレビドキュメンタリー『魔の七三一部隊』も、大きな反響を呼ぶ。太平洋戦争の戦場で精神障害を患った未復員兵の問題や臓器売買の実態、後にオウム真理教による殺人事件と判明する坂本堤弁護士一家失踪事件なども手がけた。調査報道の手法で社会の暗部を執拗に追及する姿勢から、「突っ込みのお春さん」という異名を取った。

八四年には、牛山の提唱で始まった日中テレビ祭に誘われ、牛山たちと一緒に訪中した。九一年にＴＢＳを退社し、制作プロダクション「現代センター」を設立した。その代表として、ＴＢＳの『ドキュメントＤＤ』などの報道系ドキュメンタリーを作り続けた。

久しぶりに会った吉永は相変わらず早口で、元気だった。「テレビは男子一生の仕事」という牛山の口癖について、「テレビを軽々しく見るな、というプライドからじゃないの。ギューさんは先見の明があり、番組を次々に成功させた。真の意味でのプロデューサーでした」と評した。

左右を問わずつき合う

早大でも戦後まもなく、サークル活動が再開され、学生たちによって組織された「文化団体連合会」（文連）が四九年一月、大学側に公認された。その年の十一月、初の「早稲田祭」が開かれて恒例行事となり、全国有数の大学祭に発展していく。

自由舞台代表の三宅は文連委員長に選ばれ、早稲田祭実行委員会委員長を兼ねた。牛山も文学部自治会委員長になり、幼なじみの大野隆夫が保管していた資料のなかには、「早稲田大学文学部祭実行委員長」という牛山の名刺もあった。学外の人と交渉する際に用いたと思われる。

「牛山は気前が良く、飲みに行くとたいてい自分で払った。龍ヶ崎にたびたび帰り、小中学校時代に預けられた伯父さんから小遣いをもらっていた」と言う大野から、こんな話も聞いた。牛山や三宅たちは文学部祭で、劇作家の木下順二、木下の戯曲『夕鶴』に主演する女優の山本安英《やすえ》、俳優の久米明らが結成した劇団「ぶどうの会」の『山脈《やまなみ》』公演を主催したが、前売り券収入を飲み代に充ててしまった。牛山が日本テレビに入った後、局内で久米とたまたま顔を合わせたら、「やあ、しばらくでしたね。あの時のおカネは？」とやんわり問い質されたという。

学生ならではのエピソードだが、牛山らは必ずしも牧歌的な学生生活を送ったわけではない。第二次世界大戦後の国際情勢の下、国内の政治・社会情勢も激しく揺れていた。

GHQは占領下の日本で財閥解体、農地解放、婦人解放、労働運動の促進などの民主化政策を進めた。しかし、ソ連をはじめとする共産主義陣営との対立が深まるにつれ、米国は対日政策を転換させる。東西両陣営の「冷戦」が深刻化していた五〇年には、朝鮮戦争が勃発した。吉田茂内閣は米軍に協力する姿勢を示し、マッカーサーの指令で警察予備隊が発足した。これは保安隊を経て自衛隊となり、今日に至る。

さらに、政府機関やマスコミ、基幹産業から日本共産党の党員や同調者を追放する「レッドパージ」の嵐が吹き荒れた。五〇年、共産党は徳田球一、野坂参三らの主流派と志賀義雄、宮本顕治らの反主流派の対立が激しさを増した。翌五一年、対日講和条約とともに日米安全保障条約が調印され、この賛否をめぐって日本社会党は左右両派に分裂した。

五二年四月二十八日、サンフランシスコ講和条約と日米安保条約の発効によって、日本は主権を回復し、独立国家として歩み始めた。その直後の五月一日、使用不許可の皇居前広場に入ったデモ隊と警官隊が衝突し、二人が射殺、千二百人以上が検挙される「血のメーデー事件」が起きた。この前後、「極左冒険主義」に走った共産党の活動家による火炎びん闘争が激化し、世情は騒然としていた。

メーデー事件の余波は、東京大学と並んで学生運動の一大拠点と言われた早大にも及んだ。その一週間後、事件の関係者を調べるため、構内に入り込んだ私服刑事たちが学生に見つかり、取り囲まれた。抗議集会が開かれていた翌日未明、約三百人の警官隊が踏み込み、無抵抗の学生たちのなかから多くの負傷者が出た。

牛山高歩は映画館でニュース映画を見ていたら、逮捕された学生たちの釈放を求める長兄の姿が映っていたのを覚えている。

後に熊本県の水俣病をテーマとする記録映画を撮り続ける映画監督の土本典昭は、この「(第二次)早大事件」で渦中の人になった。牛山純一や三宅より二歳上の土本は四六年、早大専門部法科(現・法学部)に入り、共産党に入党した。全学連中央執行委員会の副委員長に選出されるバリバリの活動家だった。早大事件の際、抗議集会のリーダーを務めた土本は、大学側から無届け集会の責任を問われ、除籍処分を受けた。その後、共産党の指導による武装闘争集団「山村《さんそん》工作隊」に加わり、逮捕された。

三宅は「私は土本と顔見知り程度の関係だったが、牛山は親しかった」と語る。牛山が日本テレビで『ノンフィクション劇場』を始める際、大島渚監督たちとともに岩波映画製作所出身の土本にも声をかけたのは、学生時代の縁からだった。

東京タイムズ記者、田中角栄の政策担当秘書を経て、政治評論家となる早坂茂三《しげぞう》も早大時代、同い年の牛山、三宅と共通の友人だった。牛山たちより一年遅れて政治経済学部に入学した早坂もまた、共産党員として学生運動にのめり込んだ。

保守陣営による「逆コース」に対抗して、左翼勢力の労働運動や学生運動が盛り上がり、土本のように一部の活動家が先鋭化するなか、牛山や三宅は左傾化しなかったのか。

牛山高歩は「兄貴の本棚にはマルクスやレーニンの全集、野坂参三の本も並んでいました」と話すが、三宅はこう証言した。

「早稲田の文学部は共産党の拠点の一つでした。党員はごく一部でも、学生は桃色（共産党シンパ）が多く、あとはノンポリでした。私も牛山も共産党の洗礼は受けなかった。党の細胞は当時、学習会を公開していたんです。リーダーらしき男が『レーニンはこう言っている』などとまくし立てる姿を見て、『記憶力のいいやつが威張っているのか。なんだ、あほらしい』と思ったね。牛山は左右を問わずつき合い、顔が広かったですよ」

学費値上げに対する反対運動の際、共産党系の学生たちが谷崎精二・文学部長（作家谷崎潤一郎の弟）を取り囲み、つるし上げた。牛山と三宅らは「監禁はやめろ」とその場に乗り込み、谷崎学部長を解放させたことがある。

後年、早大ＯＢの政治家やマスコミ関係者らが「人生劇場の会」という親睦団体を設立し、懇親会が年に一回、内幸町の日本プレスセンターで開かれた。『人生劇場』は早大出身の作家尾崎士郎の大河小説で、村田英雄らが歌った同名のヒット曲は「早稲田の第二校歌」とされる。

自民党の政治家を輩出した「雄弁会」のＯＢでは、首相の座に就く海部《かいふ》俊樹、小渕恵三、森喜朗のほか、藤波孝生らが出席した。左翼系が主流を占めた学生自治会のＯＢたちも顔を見せた。会のメンバーだった三宅は「牛山は両方ともつき合いがあるので、呼びかけ人には必ず名前を入れた。みんなに『ギューちゃん』と呼ばれていました」と振り返る。

牛山と同じ一九三〇年生まれの作家野坂昭如《あきゆき》は五〇年、早大仏文科に入学し、二歳下の作家五木寛之は五二年、露文科に入ったが、二人ともアルバイトなどに追われていた。旧制麻布中学校（現・麻布高校）から一緒に早大文学部に進んだ俳優の小沢昭一、加藤武もほぼ同じ世代に当たる。学内のどこかですれ違ったかもしれないが、三宅は野坂、五木の中退組だけではなく、小沢、加藤もまったく知らなかったという。

一方、放送評論家の草分けとなる志賀信夫は文学部で牛山、三宅と共通の友人だった。三宅は早大時代、ノンフィクション作家の澤地久枝、日本女子大学を卒業した後、早大国文科に入り直した脚本家の橋田壽賀子とも面識があった。

牛山はテレビプロデューサーとして、政治的な立場やイデオロギーなどの違いを超え、各界に幅広い人脈を築いた。その原型は、激動の時代状況を背景にして、さまざまな思想や価値観が交錯した学生時代に見いだされるのではないか。

第二章　テレビの一期生

テレビの先陣争い

吉田茂首相の失言に端を発した「バカヤロー解散」と衆議院議員選挙があった一九五三年（昭和二十八年）は、日本の〝テレビ元年〟だった。ＮＨＫが二月一日、初のテレビ本放送を開始し、半年後には民放テレビ局第一号の日本テレビも開局した。

その年の三月、早稲田大学文学部を卒業した牛山純一は、新卒の一期生として日本テレビに入社した。「テレビの一期生」であり、テレビの歴史とともに年齢を重ねてきた牛山の話に入る前に、かつて取材した五人の証言でテレビ放送が始まった当時の様子をつづりたい。

五三年二月一日午後二時、東京・内幸町にあったＮＨＫ放送会館での記念式典は、そのまま生中継された。冒頭であいさつに立った古垣鉄郎《ふるかきてつろう》会長は、途中でしばしば絶句した。編成局長だった春日由三《かすがよしかず》にとっては、その場面が印象深かった。「あいさつのうまい古垣会長がつっかえちゃうんだから、よほど感激したか、興奮したんでしょう」。後に専務理事を務める春日も、歌舞伎の尾上菊五郎劇団による祝賀プログラムを見ているうち、それまでの苦労が脳裏をかすめて涙を抑えられなかった。

読売新聞の元社長・正力松太郎が率いる日本テレビとNHKの先陣争いは、周波数の帯域幅《たいいきはば》をめぐる「六メガか、七メガか」という技術論争などで熾烈《しれつ》を極めた。政府から独立し、放送を所管していた「電波監理委員会」は任期の最終日に当たる五二年七月三十一日深夜、日本テレビだけに予備免許を与える決定を下し、古垣会長らNHKの経営陣はショックを受けた。春日はその悔しさを「戦前からずっとテレビの研究を積み重ねてきたのに、トンビに油揚げをさらわれた」と表現した。

「こうなったら本放送で日本テレビの先を越せと、急ぎに急いだ。『ラジオの受信料をテレビに使ってはいけない』という制約があったんで、テレビ事業のおカネのやりくりや送信施設の問題などを次々にこなしたよ」

平日の放送時間は、正午から午後一時半までと、午後六時半から九時までの計四時間だった。普及率が六〇%以上のラジオに比べて、テレビの制作費はごくわずかしかない。そこで当初は、音楽番組の『今週の明星』やクイズ番組『二十の扉』といったラジオの人気番組をスタジオから中継することが多く、局内では「ラ・テ番組」と呼ばれた。

独自に開発された番組もあり、『ジェスチャー』はその代表格だった。落語家の柳家金語楼《きんごろう》と松竹歌劇団の第一期生だった水の江滝子の両キャプテンら出演者が、身振り手振りで表す内容を当て合った。子どもからお年寄りまで誰でもわかる単純なゲームは、「目で見て、楽しむ」というテレビの特性を生かした番組として親しまれた。

元NHK会長の坂本朝一《ともかず》は戦前の実験放送で、日本初のテレビドラマ『夕餉前《ゆうげ》』の制作にかかわった。本放送が始まった時は、文芸部演芸課長を務めていた。「ラジオ時代からつき合いのある劇作家や新劇俳優が何かと協力してくれた。おカネはかけられないから、『ジェスチャー』のようにアイデアで勝負しました。日本テレビの街頭テレビにはかなわないなと思いながら、僕らは家族で楽しめる番組作りをめざした」と懐かしんだ。

東京で衣料問屋を経営する村上重三郎は、一枚の古いはがきを大切に保存してきた。NHKテレビの受信契約第一号を示す通知書である。本放送が始まった二月一日、村上は十五歳の誕生日を迎えた。その二日後、NHKから「八百六十六人の契約者のなかから抽選で第一号に選ばれた」という連絡が入り、中学校を早退して報道陣の取材を受けた。

NHKが実験放送をしていた五二年夏、母親が「子どもの教育に良さそう」と十七型のアメリカ製受像機を買い、早世した夫の代わりに長男の名義でNHKと契約した。大学卒の初任給が一万円に届かない時代に二十八万円もしたから、多くの国民にとっては高嶺《たかね》の花だった。

夜になると、受像機が置かれた十畳間は見物に来た近所の人たちで埋まり、母親がよく「みんなにお茶を出すのが大変」とこぼしていた。大相撲中継では見物客が部屋に入りきれず、ふすまを外さなければいけないほど込み合った。画面でアナウンサーがおじぎをすると、年輩の人はつられてテレビにおじぎをするのが、子ども心におかしかった。

その一方、日本テレビではアメリカに発注した送信機などの主要な機器がなかなか届かなかった。予定より四か月以上も遅れて八月二十八日、ようやく開局にこぎ着け、平日で計六時間の放送を始めた。

民放テレビ局の設立には、「広告の鬼」と呼ばれた電通社長の吉田秀雄をはじめ、時期尚早論を唱える関係者が多かった。「受像機がある程度普及しなければ、採算は取れない」という常識に対し、日本テレビ社長の正力は「テレビの宣伝価値は受像機の数ではなく、見る人の数で決まる」という大胆な発想で挑戦した。

元中京テレビ放送副社長の大森茂は日本テレビ開局の一か月前、神奈川県庁をやめて入社した。業務局事業部に配属され、正力に「放送開始までに、人が集まるところに五十台の受像機を設置せよ」と厳命された。NHKなどから「テレビは家で見るもの」と邪道視されながらも、「成功しなきゃ食べていけない」と思い、首都圏の駅頭や広場に受像機を置いた。正力に「街頭テレビ日報」を提出すると、「ここは人が少ない。別の場所に移せ」などと細かく指示された。

大きな手応《てごた》えがあったのは、五三年十月二十七日に行われた日本人初のプロボクシング世界チャンピオン白井義男の防衛戦である。新宿では、一目見ようとする群衆のせいで都電が止まる騒動が起きた。翌五四年二月から始まったプロレス中継が街頭テレビの人気を決定づけ、「空手チョップ」で相手を倒す力士出身の力道山《りきどうざん》を時代のヒーローに押し上げた。

最盛期の五五年には二百か所以上に設置された街頭テレビのアイデアについて、元日本テレビ専務の柴田秀利は回顧録で「来日した米国の技師がヒントを出した」と書いているが、大森は「正力さんだからこそ、あそこまで熱心にやれた。いわばコロンブスの卵」と強調した。

日本テレビは生放送の臨場感や同時性をテレビという新しいメディアの特性ととらえ、人気が高かった東京六大学野球やプロ野球の巨人戦はもとより、劇場や寄席などの中継に重点を置いた。編成局企画部長の加登川《かとがわ》幸太郎がこの路線を敷いた。

「スポーツも芝居も入場料を払って見るもの。それをただで見せれば当たるんじゃないかと考えた。他人のふんどしで相撲を取るようなもんで、映画にも目をつけた。NHKのようにラジオの経験がなく、番組を作る力は乏しかったからね」

加登川は太平洋戦争中、陸軍中佐として南方戦線に赴き、終戦の一年後に復員した。語学力を生かして、GHQの歴史課で三年間働いた後、「日本芸能連盟」（芸連）に移った。

芸連は五一年、株式会社として設立された。「芸能人の民主的結合」を目標に掲げ、芸能界や洋楽界の諸団体が設立運動を展開し、要請に応《こた》えて正力が会長に就任した。日本テレビの社史『テレビ 夢 50年』に興味深い記述がある。

正力社長は、「番組づくりは日本芸能連盟、放送は日本テレビ」と考えていたフシがある。正力は、放送会社というのはハードの会社、電波発射会社だと思っていた。正力の認識では、放送会社とソフトの会社、すなわち制作会社は別ものであった。その考えに従い、開局に先立って日本芸能連盟をつくり、「ここが制作会社である。だから娯楽番組は皆そこからもらう。そこがつくって持ってきたものを放送すればよい」と社員に語っていたという。

開局早々、「ハード・ソフト分離論」が唱えられたことは注目される。正力の眼中にあったのは、大衆に強くアピールするテレビの媒体力であり、番組制作は二の次だったのか。

加登川は芸連から、五二年十月に設立された日本テレビに移った。開局準備のため渡米し、米三大ネットワークの一つNBC、受像機メーカーのRCAなどの視察は三か月に及んだ。正力に買われたのは語学力だけではないだろう。

私が西武新宿線の上井草駅に近い加登川の自宅を訪れたのは九五年だった。八十五歳になっても日本テレビ時代の記憶は鮮明で、元職業軍人らしく折り目正しかった。編成局長を最後に退職し、『帝国陸軍機甲部隊』『三八式歩兵部隊　日本陸軍の七十五年』『中国と日本陸軍』などの著書や訳書を出した。『陸軍の反省』と題した上下巻を刊行した翌年の九七年、この世を去った。

「将来のNHK会長候補」と嘱望された春日は専務理事を退任した後、郷里の新潟県十日町市の市長、日本エッセイストクラブ理事長などを歴任し、私がインタビューしてから十か月後に死去した。NHKで生え抜き初の会長に就任した坂本も、すでにこの世にない。

正力が好んだ「自我作古」

牛山は早稲田大学卒業を翌年に控えた五二年、ジャーナリズムの世界に進むか、大学に残って勉強を続けるか迷っていた。早大大学院の政治学科に合格したが、毎日新聞社の入社試験には落ちた。「日本テレビが職員を募集するらしい。アメリカではテレビが影響力を強め、将来は新聞を抜くかもしれない」という話を聞き、日本大学教授の父・栄治から財界の大物を紹介された。

初代衆議院議長中島信行の長男として生まれた中島久万吉《くまきち》は、古河財閥で重きをなした。日本工業倶楽部《くらぶ》を設立し、一九三二年（昭和七年）、斎藤実《まこと》内閣の商工大臣に起用された。しかし、皇国史観で「逆賊」とされた足利尊氏を評価する論文が物議を醸し、辞任した。続いて、斎藤内閣を総辞職に追い込んだ一大疑獄「帝人事件」に連座した。最終的に無罪となったが、政財界の一線からは身を退き、社会教育に力を入れていた。教育者だった牛山栄治はこの時期に中島の知遇を得て、師事した。

日本商工会議所会頭などを務め、財界のリーダー的な存在だった郷誠之助《ごうせいのすけ》は、「番町会」という勉強会を主宰していた。中島久万吉と正力は、この会を通じて親しくなった。

牛山純一は日本工業倶楽部に中島を訪ね、「日本テレビの入社試験を受けたいんです。正力さんに推薦していただけないでしょうか」と頼んだ。これに対し、中島は「君のお父さんのことはよく知っているから、紹介してやってもいい。ただし、正力君は読売新聞の立て直しやプロ野球などでは成功したけれど、テレビは事業として成立するはずがない。必ず失敗するから、やめたほうがいい」と忠告した。

それでも、牛山は「テレビは新しく、面白そうだ」と魅力を感じた。五二年十二月、法政大学で行われた入社試験を受け、合格した。日本テレビ労働組合の初代委員長となる北川信《まこと》も、この試験で採用された一人である。

海軍少将を父親に持つ北川は牛山と同じ一九三〇年、東京で生まれた。府立第一中学校（現・都立日比谷高校）、第一高等学校（現・東京大学教養学部）、東大法学部と典型的なエリートコースをたどった。

もっとも、太平洋戦争中の四五年四月、府立一中から長崎県佐世保市の海軍兵学校予科に入り、八月の終戦を迎えた。「おやじは『軍人にならなくてもいい』と言っていたが、戦局が悪化すると、フィリピンから『お前も戦争に協力してくれ』と便りを寄こしました。海軍の軍人として死ぬつもりでいたから、終戦で拍子抜けした。十五歳にして『第二の人生はおまけみたいなもの』と思いながら、一中の四年生に戻りましたよ」

就職先として海軍と縁の深い三菱造船を志望したが、入社試験の競争率は高く、面接で落ちた。父から「テレビ局ができるというから、受けてみたらどうだ」と勧められ、父の友人の郵政省職員を介して正力に会い、「受験しますからよろしく」とあいさつした。当初の入社試験は公募ではなく、受験者は限られていた。

テレビドラマの女性ディレクター第一号・せんぼんよしこ（千本福子）の場合、早大文学部四年生として芸連の講座に通ったことが、テレビ界入りにつながった。

加登川は芸連時代、GHQで教育・文化政策を担当した民間情報教育局（CIE）の図書館からテレビに関する英文資料を借りて、片っ端から翻訳した。芸連は各大学の学生を対象とする初歩的なテレビ講座を開き、これらの資料をテキストに使った。学生たちはこの講座で、日本テレビの入社試験を受験する資格があると告げられた。映画監督を志望していたせんぼんは、映画界が女性への門戸を閉ざしていたため、日本テレビを受験する気になった。

バラエティー番組の名プロデューサーとして知られた井原高忠も、第一期生のなかに含まれるケースが多いが、厳密に言えば異なる。慶應義塾大学文学部に在学中だった井原は、五三年八月の日本テレビ開局に音楽班のアルバイトとして立ち会った。翌年、大学を卒業すると無試験で正式に入社し、バラエティーショーの草分けの『光子の窓』や『九ちゃん！』を手がけた。七〇年前後には、今も伝説的に語り継がれる『巨泉×前武　ゲバゲバ90分！』をヒットさせた。

井原とともに『11PM《イレブン》』で深夜の時間帯を開発した後藤達彦も、学生アルバイトを経て入社した、広い意味の一期生である。プロ野球担当のディレクター時代は、三台目のカメラを導入し、プロ野球の中継方式を確立した。

一方、公共放送のメンツをかけてテレビ本放送の一番乗りを果たしたNHKには、放送開始から二か月後の五三年四月、テレビ史に名前を刻む名ディレクターたちがそろって入局した。吉田直哉、和田勉、岡崎栄らである。

日本テレビ開局時の社員名簿には、正力社長以下百九十七人が名を連ねている。新聞社からの出向者、映画・演劇畑やNHKからの転職者ら種々雑多な人々が集まり、そのなかには牛山をはじめ新卒一期生の若者たちも交じっていた。

正力は揮毫《きごう》をする際、「創意」「自我作古《じがさっこ》」という言葉を好んだ。「我より古《いにしえ》を作《な》す」は中国の『宋史』に見られる語句で、「前人未到の分野にあえて挑む」という気概が込められている。

まだ未知数だった日本のテレビは、こうして始まった。

政治記者として出発

牛山がプロデューサーとして制作したテレビ番組は、ゆうに二千本を超える。日本テレビで二十四年間続いた『すばらしい世界旅行』だけを取っても、千十回（本）に上るので、この数字は必ずしも誇張ではない。

多忙な番組作りの合間を縫うようにして、牛山は健筆を振るった。寄稿先は総合雑誌から放送専門誌、一般紙まで幅広い。新聞では、長期の連載を二度手がけた。

東京新聞では一九九〇年六月から九二年一月まで、『素晴らしきドキュメンタリー』と題したエッセーを毎週二回、計百五十五回も連載した。ドキュメンタリー作りのエピソードをとおして、放送人としての軌跡や国内外の多彩な人脈をつづった。牛山のテレビ人生を物語る貴重な資料と言える。

もう一つの連載は、日本経済新聞で九四年七月から九五年十二月まで週一回掲載され、七十七回に及んだ『地球儀の旅』である。こちらは『すばらしい世界旅行』で訪れた世界各地の取材記が中心になっている。

生前のインタビューや東京新聞の連載を基にして、牛山と草創期の報道現場を描きたい。

現在は日本テレビの麴町分室となっている旧社屋は、千代田区二番町にある。もともとは貴族院議員や南満州鉄道（満鉄）総裁などを務めた早川千吉郎の邸宅で、戦前から太平洋戦争中、「鉄鋼王」と称された大谷重工業社長の大谷米太郎《よねたろう》が所有していた。正力はここを本社社屋の候補地に決め、同じ富山県出身のよしみで大谷から土地を譲り受けた。ちなみに、大谷は六四年の東京五輪で来日する外国人向けの宿泊施設として、紀尾井町にホテルニューオータニを建設し、日本を代表するホテルの一つにその名をとどめている。

牛山は日本テレビに入社したが、社屋がまだ建設中なので、自宅待機を余儀なくされた。五月に呼び出され、アメリカのNBCから開局指導で来日した男性の手伝いなどをさせられた。

正力は初の民放テレビ局設立に際し、出身母体の読売新聞社はもとより、ライバルの朝日新聞社、毎日新聞社にも声をかけ、一千万円ずつ資本金を出してもらうことに成功した。これをきっかけにして有力企業も出資に応じるようになり、短期間で一千万円以上の大口株主を六十二社も集めた。読売、朝日、毎日の三社からは社員たちが均等に出向し、読売新聞の福井近夫（後に日本テレビ社長）は業務部門、朝日新聞の久住悌三《ひさずみていぞう》は編成部門（後に日本テレビ取締役）、毎日新聞の大西隆（後に日本テレビ取締役）は総務部門を統括した。

「本社のスタジオはまだ内装工事が終わったばかりで、アメリカのRCAに発注した放送機器はまったく届いていなかったですね。勤めてすぐにわかったのは、新聞社やNHK出身者に加え、映画、演劇関係者らの寄り合い所帯ということです。新聞からの出向者の間では『早く新聞社に戻りたい』という空気が強かった。朝日新聞から来た上司には『テレビなんかうまくいくわけない。朝日の採用試験を紹介してやるよ』と勧められましたね」とは、牛山の回想である。

七月に入ると、志望どおり編成局報道部に配属された。二十三歳の牛山にとっては、社会班担当デスクだった磯田勇との出会いが大きな意味を持った。毎日新聞出身の磯田は後に報道局長や常務を歴任し、牛山の強力な後ろ盾となる。

日本テレビは五三年八月二十八日、放送を開始した。開局日に流れたCMの第一号は、記念すべき日本初のテレビCMだったが、放送史に残る大失態も演じた。正午の時報を提供した精工舎

（現・セイコーホールディングス）のフィルムが、裏返しで放送されてしまったのである。

この不名誉なエピソードについて、七八年に刊行された社史『大衆とともに25年』はいっさい触れていない。しかし、二〇〇四年刊行の『テレビ 夢 50年』は率直に明かし、「当時、この種の失敗や事故は多く、そのたびに営業部員がスポンサーのところに駆けつけ、深々と頭を下げて回った」と書いている。テレビの草創期はこうした失敗や珍談奇談にこと欠かなかった。

牛山は報道部で政治班に属し、国会議事堂に通った。新聞各社やＮＨＫなどで構成される記者クラブへの加入から始めて、国会審議などの撮影を許可してもらう交渉まで担った。

「どの記者クラブでも当初は、『テレビカメラや録音機が入ったら、政治家のオフレコ発言が出なくなる』などと反対されましてね。まだ国会中継をしていなかったＮＨＫと組んで、『アメリカでもイギリスでも、国会は公開されている』とはったりをかましたら、すぐＯＫになりました。自由党や改進党（第二保守党）の記者クラブには何とか加入を認めてもらい、最後に残ったのが官邸クラブです。『取材活動の妨げになる』と強く抵抗され、記者会見の冒頭だけ撮影することで落ち着きましたよ」

スポーツ担当を除く報道部員は十人ほどで、政治担当は二人しかいなかったから、記者として原稿を書く仕事だけでは済まなかった。閣議のある日は朝八時すぎに首相官邸へ行き、閣議後の記者会見に出席する。その後、ＮＨＫとともに廊下で官房長官への共同インタビューを撮影し、フィルムをオートバイ便に託す。国会中継のディレクターも務め、フィルムが現像されたころに帰社し、その編集までこなした。

開局当初のニュース番組は自社制作の『NTVニュース』、読売、朝日、毎日の三大新聞社から原稿と写真を提供された『3社ニュース』、夜の『テレニュース』の三本で、いずれも十〜十五分と短かった。テレビニュースのあり方をめぐって、新聞社出身の上司たちと牛山は意見が異なった。「テレビはお祭りとか、〝絵〟になる話題を取り上げればいいんだよ。国の予算などの難しいテーマは新聞に任せればいいじゃないか」と言われても、テレビ独自の報道スタイルを模索する牛山は納得できなかった。

記者クラブでは、各新聞社の政治部記者たちから多くを学んだ。クラブ内で麻雀やオイチョカブにつき合ううち、特ダネ記者として鳴らした読売新聞の渡邉恒雄、朝日新聞の三浦甲子二《きねじ》（後にテレビ朝日専務）らの知遇を得て、政治家を紹介されたり、夜に取材相手の自宅を訪れる「夜回り」に同行させてもらったりもした。

東京新聞の連載『素晴らしきドキュメンタリー』では「私にとって放送記者は、第一に日本の政治や社会の生きた仕組みを教えてくれた。第二に取材活動の方法やテクニックを学んだ。第三に社会の第一線で活躍している多くの人々に触れ合うことができた。第四に自分が取材したことを文章にまとめたり話したりする技術を身につけた」と認めつつ、「しかし、私は新聞記者を超える放送記者になろうとは思わなかった。学術の知識、演劇の理論、映画の方法、新聞記者の取材経験などを、新しいテレビメディアに打ち込んで発酵させてみたい。若者はそんなことを考えていた。だから、積極的にスタジオ座談会や中継放送のディレクターを担当した」と書いている。

生涯にわたってテレビジャーナリズムの確立をめざした牛山の初心がうかがえる。

ドキュメンタリーの処女作

牛山は入社二年目の五四年六月、早くも三十分のドキュメンタリーを作った。『特集 第十九国会』である。

この年、片山哲と芦田均の短命政権をはさんで四六年から七年余り続いた吉田茂内閣が幕を閉じ、鳩山一郎内閣に代わった。法案の国会審議や融資割り当てをめぐって、海運・造船業界から自由党や運輸省の幹部に贈賄工作の容疑がかけられた「造船疑獄」が、吉田政権崩壊の引き金になった。佐藤栄作・自由党幹事長の逮捕請求に対し、吉田首相の意を受けた犬養健《いぬかいたける》法務大臣が指揮権を発動し、東京地検の捜査は行き詰まった。通常国会では、保安隊を自衛隊に拡充強化する防衛庁法と自衛隊法などが成立したが、警官隊を導入しての会期延長や強行採決によって大混乱し、「乱闘国会」とも呼ばれた。

吉田内閣から鳩山内閣に変わる政治的な激動期だっただけに、衆参両院の本会議や各委員会、政局の動きなどを撮影したフィルムの使用量は一日十時間分に迫ることもあった。一日平均二時間としても、四か月間では二百四十時間分になる。毎日の定時ニュースのために編集した分だけを使えば楽だが、それでは細切れのニュースの羅列にすぎない。ニュース映像の前後に撮影された政治家の動きも後で重要な意味を持つと考えた牛山は、定時ニュースでは使わなくても、カメラマンに「撮っておいてよ」と頼むことが多かった。だから、膨大なフィルムに目を通す作業ではフラフラになったという。

こうして作られた牛山のドキュメンタリーの処女作には、当時の政局や大物政治家たちの言動が生々しく映し出されている。一過性のニュースで終わらせず、歴史的な局面として記録しようとした若きテレビジャーナリストの視線を感じさせる。

『特集　第十九国会』の放送から三か月後の九月二十六日、津軽海峡を往復する国鉄（現・JR）青函連絡船「洞爺丸《とうやまる》」が台風15号のために沈没し、死者・行方不明者は千百人を超えた。牛山はこの海難事故で大きな失敗をしでかした。

洞爺丸に乗っていた日本社会党の菊川忠雄衆議院議員も遭難し、国会で追悼演説が行われることになった。牛山は国会議事堂から本社に電話をし、菊川議員の顔写真を用意するよう頼んだ。追悼演説に合わせて顔写真が出ると、NHKのディレクターが飛んできて、「あの写真は参議院の菊川孝夫議員ではないか」と指摘した。菊川忠雄夫人がテレビを見て、「主人とは違う」とNHKに抗議したらしい。間違えられた菊川孝夫議員のもとに駆けつけた牛山は「周囲の人に『テレビで殺されたから、かえって長生きするんじゃないか』とからかわれたよ」と憤慨され、平謝りした。

日本テレビで報道部長や事業部長などを務めた浅野誠也は、牛山の同期生の一人である。新制の都立小山台高校から東京教育大学（現・筑波大学）に進み、後に革新系の東京都知事となる経済学者・美濃部亮吉教授のゼミで学んだ。大卒の同期入社組のなかでは最年少で、「旧制中学卒と新制高校卒では、月給が千円くらい違ったね」と笑った。牛山によれば、入社時の月給は八千円だったというから、この差は大きい。

浅野も報道部を志望した。最初は天気予報を担当させられ、『3社ニュース』の送出にも携わ

牛山純一（中央）と漫画家の近藤日出造（左）は『日曜記者会見』という番組で一緒に仕事をした。右は毎日新聞記者時代の三宅久之（1961年）

った。「僕は社内での仕事が多かった。一日の放送が夜九時すぎに終わると、制作や営業、技術の連中と一緒にビールを飲みながら、『こういう番組を作ったらどうだろう』と話し合ったもんです。外を飛び回っていた牛山君は、自分のことをあまり語らなかったね」

五六年から始まった社会時評番組『目で聞く話題～雨・風・曇』では、プロデューサーを務めた。漫画家の近藤日出造、漫談家の徳川夢声、中国文学者の奥野信太郎・慶應義塾大学教授らがレギュラー出演し、テーマに応じて撮影された映像を見ながらトークを交わした。三年後に『春夏秋冬』とタイトルが変わり、八三年まで続く長寿番組となる。

また、五八年から四年間続いた『二十世紀』も手がけた。歴史、社会風俗、動物、科学をテーマにして、フィルム映像で構成する一種のドキュメンタリー番組である。童話作家の関屋五十二《いそじ》が司会を務め、子どもから大人まで幅広い層に親しまれた。

牛山が日本映像記録センターを設立する際、浅野は「ドキュメンタリー作りにはおカネと時間がかかる。独立してやっていけるのか」と案じた。

開局時の話に戻ると、正力社長は徹底した経費削減策を敷いた。「紙は裏も使え」「鉛筆は一センチ半になるまで捨てるな」と涙ぐましい節約を社員たちに課した。大方の予想に反して、二年目の五四年度には千三百万円の利益を確保した。五五年度には五千百万円、五六年度には二億三千万円と急増し、早くも黒字経営が定着した。

五五年、正力は郷里の富山二区から衆議院議員選挙に出馬して当選し、鳩山一郎が率いる日本民主党に入党した。保守合同後の第三次鳩山内閣でいきなり北海道開発庁長官に起用され、日本テレビ社長の座を専務の清水與七郎《よしちろう》に譲った。しかし、一年三か月後に会長として復帰し、事実上のトップに変わりはなかった。

正力は何でも最初でないと気が済まない人物だった。五六年八月、夏休みを終えた牛山は出社するなり、報道部デスクの磯田勇に呼ばれた。「おい、大変なことになった。正力さんから、他局に先駆けて朝の放送を始めろという大命が下った。制作や技術からも人を集めてプロジェクトチームを作り、七時から九時までの二時間放送しろと言うんだ。君も手伝ってくれ」

当時のテレビはＮＨＫと、五五年に開局したＫＲＴ（現・ＴＢＳ）も含め、正午から二時間、夕方から夜にかけて五時間程度しか放送していなかった。正力が命じた開始日まで準備期間は十日ほどしかなかったから、むちゃくちゃな「大命」だった。

定時ニュースや天気予報、ニュース解説、テレビ体操などが編成案として浮かんだ。各局のニュース番組ではアナウンサーが顔を出さずに原稿を読んでいたが、牛山は「ニュースは誰が伝えるかが重要なので、顔を出してはどうですか。ただ原稿を読むのではなく、自分の言葉で伝えられる専門家を起用したらいい」と新聞記者の起用を提案した。今で言う「ニュースキャスター」を思い描いていたのは、牛山の先見性を物語る。

最終的に「顔出し」は認められたものの、局のアナウンサーが交代で担当することに決まった。放送を見て、「これではトーキング・マシンじゃないか」と失望した牛山はその三年後、キャスターによるニュース番組を実現させることになる。

「新聞社からの出向者は放送機器に弱かった。先輩もいないから、記者、ディレクター、編集と、何から何まで一人でやりましたよ。しんどさよりは、自分で道を開拓する楽しさのほうがはるかに大きかったですねえ。道というのは最初に歩いた人間の後にできる。だから、絶対に人のまねはしなかったですよ」。牛山のこの言葉は、テレビの一期生たちに共通する思いではないか。

「世紀の祝典」中継

一九五九年（昭和三十四年）四月の「皇太子（今上天皇）ご成婚」は、テレビが普及する大きな起爆剤になった一大イベントとして語り継がれている。「世紀の祝典」のテレビ中継に際し、牛山が日本テレビで総指揮に当たったのは、自身の結婚からちょうど一年後のことである。

牛山は日本テレビに入ってから五年後の五八年四月、植竹真理子と東京・上野の精養軒で結婚式を挙げた。新郎は二十八歳、新婦は二十一歳だった。二人が知り合ったのは、牛山が小学校高学年から旧制中学卒業まで過ごした茨城県龍ヶ崎市である。

真理子は三七年、東京帝国大学工学部出身の技術者の長女として生まれた。太平洋戦争中、東京の東中野から父親の郷里の龍ヶ崎に疎開し、戦後は地元の中学校で水泳部活動に打ち込んだ。牛山は早稲田大学文学部に進んでからも、世話になった伯母夫婦の家にたびたび〝帰省〟していた。竜ヶ崎第一高校野球部のOBとして後輩たちの面倒を見るだけではなく、旧制龍ヶ崎中学の先輩に当たる中山利生や水泳部員らと高校のプールで泳いだ。

牛山高歩によると、真理子の兄が竜ヶ崎一高の水泳部に所属していて、真理子は兄や水泳をとおして牛山と知り合った。その後、家族とともに東京に戻り、東京で初めての府立高等女学校を前身とする都立白鷗高校を卒業した。牛山と結婚し、代々木八幡の公団住宅に新居を構えたという。

1958年に結婚した牛山純一と真理子

結婚を間近に控えた五八年の年明け早々、報道部で政界の取材を担当していた牛山は、磯田勇部長から「しばらく政治と離れ、皇太子班のキャップをやってくれ」と言い渡された。皇太子妃候補をめぐってマスコミ各社は取材班を編成し、特ダネを狙っていた時期だけに大役だったが、牛山はしぶしぶ引き受けた。後に「政治家の夜回りはまだ楽しみがある。学習院や聖心のお嬢さんの品定めにうつつをぬかし、夜両親を訪ねては、うさんくさそうに追い払われる毎日は情けないことだ」(『放送文化』七五年三月号)と書いたのは、いかにも硬派の男らしい。

過熱するばかりの取材合戦に対して、東宮御教育常時参与だった経済学者の小泉信三・元慶應義塾大学塾長は各社に「宮内庁が正式に発表するまで報道を控えてほしい」と要請した。これを受けて日本新聞協会は五八年七月、「内定の動きがあっても、正式発表まではいっさい報道しない」という報道協定を自主的に結んだ。

これに拘束されない米誌『ニューズウィーク』と『週刊明星』は十一月七日、「皇太子妃に正《しょう》田《だ》美智子さん内定」という大スクープを飛ばした。それでも、新聞社や放送局は十一月二十七日の皇室会議決定と正式発表まで、報道を自粛した。日清製粉社長正田英三郎の長女が民間から初めての皇太子妃に決まった。報道合戦の火ぶたが切って落とされ、日本じゅうに「ミッチー・ブーム」が巻き起こった。

この一翼を担ったのが、五〇年代後半に相次いで創刊された週刊誌である。新潮社が五六年に『週刊新潮』を創刊した後、五七年には主婦と生活社の『週刊女性』、五八年には光文社の『女性自身』と集英社の『週刊明星』、五九年には講談社の『週刊現代』と文藝春秋の『週刊文春』、平凡出版(現・マガジンハウス)の『週刊平凡』などが続いた。敗戦から十年が経過し、どん底から立ち直りつつある日本は、大衆が前面に出る新しい時代を迎えようとしていた。

新聞社が発行する週刊誌とは異なり、出版社系の週刊誌はゴシップ記事などで特色を出した。各誌は競って美智子のファッションをグラビアで紹介したり、長野県軽井沢町のテニスコートで出会った二人のなれそめを「テニスコートの恋」と呼んで特集したりと、大々的に取り上げた。週刊誌の発行部数は五九年、月刊誌の四億六千万冊を抜いて五億二千万冊に上った。

五九年四月十日に決まったご成婚をめぐって、総合プロデューサーに指名された牛山は二つの作戦を立てた。一つは、祝賀パレードの沿道にできるだけ多くの中継地点を設けることである。撮影機材がまだ少ない時代だったので、計十三か所の中継地点を確保するため、局のスタジオや「サブ（サブコントロール）」と呼ばれる副調整室の機材を取り外したうえ、地方局から四台の中継車をかき集める算段をつけた。

もう一つは、なるべく見晴らしのいい場所にカメラを置くことだった。宮内庁がパレードのコースを発表した二月初め、牛山は五十万円もの札束を持って沿道を歩き、移動中継に用いるトロッコのレールを敷く空地や角地のビルの屋上などを早々と押さえた。

そのころ、中継放送の実力を持っていたのはＮＨＫと日本テレビ、ＫＲＴの民放二系統だけだった。五九年二月に開局した日本教育テレビ（ＮＥＴ、現・テレビ朝日）はＫＲＴ、三月に開局したばかりのフジテレビジョンは日本テレビに頼り、機材や要員面で協力した。三月になって動き出したＫＲＴ系の中継地点は十一か所で、ＮＨＫは十か所を確保した。撮影ポイントの陣取り合戦はすさまじく、日本テレビは他局から文句をつけられて数か所を譲った。

「ギューさんは俺のお師匠さんだったよ」と言う元日本テレビ取締役の池松俊雄は、牛山の右腕としてご成婚中継に携わった。

池松は、毎日新聞の政治部長、論説主幹を経て、後に中部本社代表を務める父親の文雄から「これからはテレビの時代だ。テレビ局を受けたらどうだ」と勧められた。早稲田大学を卒業した五七年、日本テレビに入社した。「お父さんが新聞記者だから」という、わかったような、わからないような理由で報道部に配属され、二歳上の牛山と出会った。皇太子班として宮内庁の記者クラブに所属すると、そこでは各新聞社社会部のエース記者たちが水面下で皇太子妃候補を取材し、しのぎを削っていた。

五九年に入ってから、牛山や池松ら二十人前後のスタッフは麴町の日本テレビ局舎の近くにある旅館に泊まり込み、演出プランを練った。ビルの屋上などに据えつけたカメラでパレードの全容を切れ目なく映し、ヘリコプターによる空撮も予定していた。

しかし、牛山は本番を翌日に控えた四月九日の朝、この方針を根本から覆す大きな決断をした。それから半世紀以上たっても、池松にとって当日の記憶は鮮明である。

牛山は旅館に泊まっていたスタッフを集め、「これまでの演出プランはダメだ。ごめん、俺が間違っていた。テレビはクローズアップじゃないか。みんなが見たいのは美智子さんの顔のアップだ」と切り出した。ただちにビルの屋上に据えたカメラなどの機材を地上におろし、皇太子妃の表情をとらえやすい沿道に設置するよう指示した。

「重い機材を移すのは大変だったけれど、ギューさんの迫力ある演説に気圧《けお》されて、誰も文句を言わなかったね。ギューさんは久住（悌三）編成局長や磯田部長から全面的に任されていたし、チームワークも良かった。土壇場でテレビの本質に気づき、それを実行に移したギューさんの判断は、今でもすごいと思うよ」。池松は敬意を込めて、こう振り返る。

何が起こるかわからない中継では、台本を作れないのがそれまでの常識だったが、牛山は報道番組として初めて台本を用意した。突然の演出プラン変更に伴い、池松らは手分けして、アナウンサーたちが実況中継で読む台本の修正作業に取り組んだ。土砂降りの雨の音を聞きながら、未明までこの作業に当たった。

四月十日の午前五時ごろ、池松は牛山と一緒に旅館を出て、パレードのコースになっている四谷見附や半蔵門まで歩いた。雨はすっかり上がり、朝焼けがまぶしかった。池松は「きょうのパレードは大丈夫だ」と胸をなでおろした。

牛山はどの時点で「テレビはアップだ」と直観したのだろうか。『〝花嫁さん〟の表情中継に全力』と題した『放送文化』七五年三月号で、次のように書いている。

中継の数日前、改めて全中継地点を見回った。カメラの配置は見晴らしの良いビルの屋上を重視していた。

しかし私は、ふと思ったのである。

「視聴者はこのテレビ中継で何を見たいのだろう。それは花嫁の顔ではないか」「我々は美しく古式豊かなパレードの全容をとらえようとして、パレードの本当の中心である『花嫁さん』という単純な対象を見落としているのではないか」

私は決心した。

パレードの前日、今までビルの屋上にあった多くのカメラを道路に引きおろし、皇太子妃のクローズアップをねらうこと、そしてヘリコプター中継をやめることを決心した。

皇太子妃をアップで撮れ

祝日とされたご成婚の当日、東京の気温は二十五度を上回り、初夏を思わせる陽気になった。

各放送局は早朝から深夜まで終日、特別編成で臨んだ。日本テレビ系では森永製菓が八時間、KRT系では松下電器産業（現・パナソニック）が十二時間に及ぶ民放テレビで初の長時間、単独スポンサーとなり、ご成婚を祝う番組が放送された。

「菊のカーテン」で固く閉ざされていた皇居賢所《かしこどころ》にテレビカメラが入るのは、ご成婚の儀式が初めてだった。頑強に拒む宮内庁に対し、NHKと民放は「国民は国家的行事を見る権利がある」と迫った結果、NHKが代表取材をする妥協案で合意し、民放は分岐された映像を流した。ただし、許可されたのはカメラ二台だけで、カメラマンはモーニング着用という条件をつけられた。新聞社は各社から一人ずつが認められた。

「結婚の儀」は午前十時から、賢所で始まった。NHKは盃が交わされた時点で、「美智子さん」から「妃殿下」「美智子さま」へと呼び方を変えた。昭和天皇・香淳《こうじゅん》皇后両陛下と正式に対面する「朝見《ちょうけん》の儀」の後、午後二時半から五十分間のパレードが始まった。NHKと民放が競い合う最大の山場である。

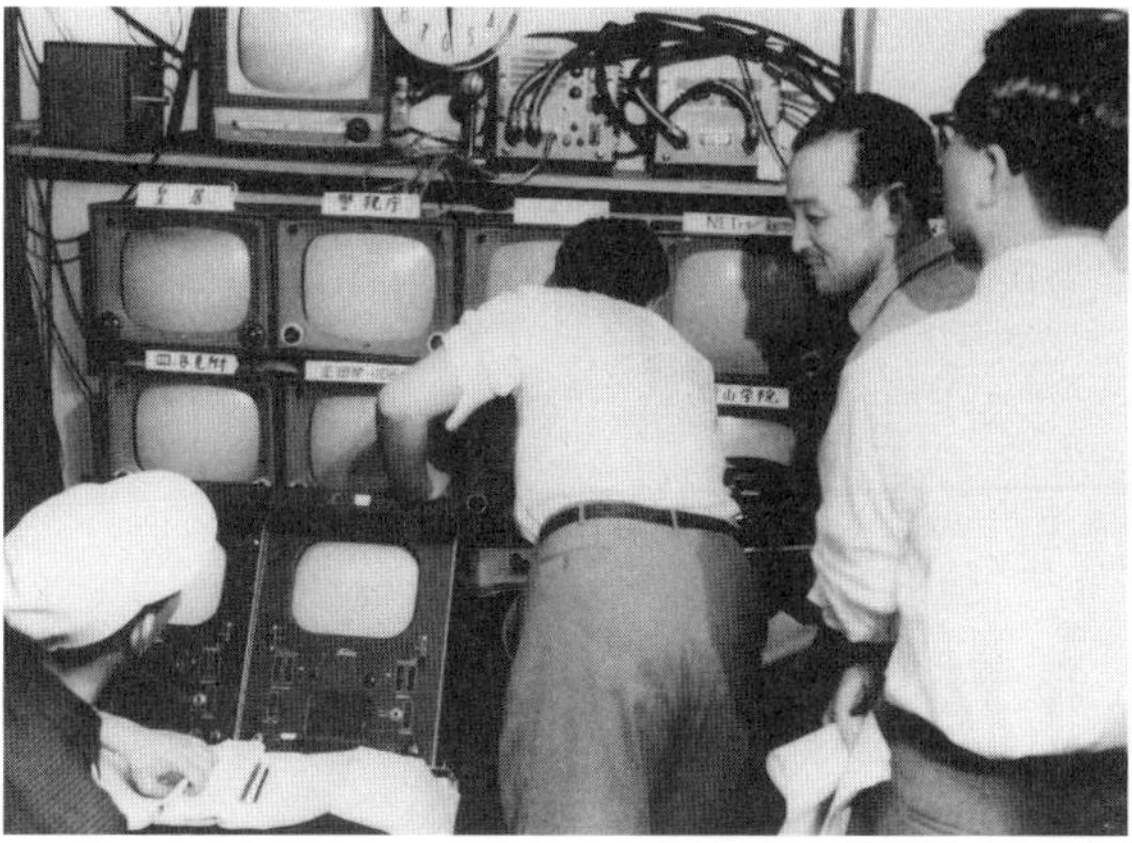

日本テレビの副調整室で皇太子ご成婚中継の陣頭指揮に当たる牛山純一（右から２人目）

二重橋前に六頭立て、四頭びきの儀装馬車が現れた。菊の紋章の皇太子旗が翻《ひるがえ》り、皇太子と美智子妃がにこやかな表情で手を振ると、皇居前広場を埋め尽くした十八万人の群衆から大歓声が沸き起こった。本社に特設された副調整室のテレビモニター画面でその光景を見ていた牛山は、思わず「さあ、いくぞ」と声を張り上げた。

前後を百四十頭の騎馬隊に守られながら馬車が進んでいくコースは、二重橋から三宅坂、半蔵門、四谷見附、神宮外苑、青山車庫、渋谷の常磐松にある東宮仮御所までの九キロ弱だった。出発直後の皇居前広場では、群衆のなかから少年がお二人の馬車に投石し、飛び乗ろうとするハプニングが起きた。少年はすぐさま警官に取り押さえられ、ことなきを得たが、この瞬間をとらえたのは日本テレビだけだった。パレードの列は時速十二キロで、ゆっくり進んだ。

空前の規模となった各局の中継態勢については、NHK編の『20世紀放送史』が細かい数字を並べている。NHKはカメラ三十台、中継車十一台、移動用レールが三か所でのべ五百五十メートル、ヘリコプター一機で、スタッフは最も多い約五百人を動員した。

日本テレビ系は現在のネット局の札幌テレビ放送や読売テレビ、南海放送（松山市）などのほか、東海テレビ放送（名古屋市）、関西テレビ放送（大阪市）、テレビ西日本（福岡市）、九州朝日放送（福岡市）など他系列も含めた十三局が臨時のネットワークを組んだ。カメラは三十六台と最も多く、中継車は九台、クレーン車一台、移動用レールは一か所三百メートル、要員は約三百人だった。十七局からなるKRT系はカメラが三十四台、中継車十一台、クレーン車一台、移動用レールが三か所でのべ三百五十メートル、ヘリコプター一機、要員は約二百人を数えた。

読売新聞芸能部編の『テレビ番組の40年』によると、日本テレビの駆け出しディレクターだった渡辺みどりはその日、コース沿いの青山学院大学前に陣取っていた。道路をはさんで向こう側には、KRTの中継班がいて、どちらが美智子妃の素顔を長く映せるかが勝負となった。日本テレビは青山学院大学グリークラブに協力してもらい、『ハレルヤ』の大コーラスで馬上のお二人の気を引く作戦に出た。

渡辺の役目はパレードの一行が差しかかった時、合唱開始の合図をすることだった。「お二人は歌声が流れる方向に振り向かれ、四十五秒間アップで映し続けた」と詳しい数字を挙げるほど、鮮明に覚えている。沿道の観衆は合計で六十万人に上り、一万四千人の警察官が雑踏の警備に当たった。「春の日差しに染め上げられた美智子さまの健康美は鮮烈でした。あの日、テレビが映し出したのは開かれ始めた皇室、新しい民主主義への期待感だったんです」。渡辺はその後、数々の皇室番組を手がけた。文化女子大学（現・文化学園大学）教授に転身してからも、皇室ジ

日本テレビは横断幕をつけた「花バス」を皇居前に出し、ご成婚を祝った

ャーナリストとして皇室を見つめ続けた。

NHKと民放二系統の総力戦の結果はどうだったのか。KRTは、十一台の中継車や限られた機材ではカバーできない空白の場所が三か所ほど生じるため、パレードの予行演習の馬車などを撮影し、本番ではそのフィルムを中継の映像に挿入して「空白の時間」を埋めた。しかし、『TBS50年史』は「苦い反省」として、「中継の画面に突然かぶせられたフィルムを見て、違和感を抱いた人が多かった。一段落して『調査情報』の座談会に出席したテレビ編成局報道部の今井俊部長は『あの中継の場面にフィルムを挿入したのは間違いだった』と率直に反省した」と記している。

テレビマンユニオン取締役・最高顧問の今野勉は五九年四月一日、KRTに入社した。研修中の新人はご成婚の当日、全員が手伝いに駆り出された。今野は神宮外苑に配置され、木製のイントレ（俯瞰《ふかん》撮影用のやぐら）を押し寄せる群衆から守る役目を与えられた。人々の頭越しにチラリと馬車を見ただけで、仕事は終わった。まだテレビ受像機を持っていなかったため、その後放送された他局の中継映像を比較できなかった。

一方、同期生の村木良彦（後にテレビマンユニオン社長）は四谷のビルの屋上に配置され、三台のテレビモニターで三系統の中継を同時に見る機会に恵まれた。今野は自伝的な著書『テレビの青春』で、日本テレビ（NTV）の模様を書いている。

村木の記憶によれば、NTVは、ある地点の中継カメラから馬車が去り、次のカメラに切り替えてもなかなか馬車が現れない空白の時間を、そのまま中継した。アナウンサーが、「馬車はまだ見えませんが、まもなく来ます」と実況を続けることでその空白の時間を埋めた。そのようにやってみれば、それは単なる空白ではなく、それこそ、まさにそこに起こっていること、なのであった。

その臨場感は、過去を記録したフィルムの比ではなかった。村木は、テレビの初仕事で、テレビの何たるかを衝撃的に知らされた。テレビ中継とは何か、テレビとは何か、についての考え方に、NTVに明らかに一日の長があったのである。

今野は村木の証言をとおして「牛山純一のこの判断は正しかった。地上に降ろされたカメラは、屋上のカメラに比べれば、やってくる馬車をとらえるのは遅かった。その空白を牛山は、待つ時間としてそのまま実況させた。そして、牛山のカメラは、美智子妃のアップをとらえた。とらえ続けた。牛山のNTVの圧勝だ、と村木は思った」と、演出プラン変更にも触れている。

『サンデー毎日』がお二人をクローズアップした三局の映像の長さを測ったところ、日本テレビは三百六十八秒、KRTは三百五十五秒、NHKは三百六秒だった。牛山の狙いどおり、日本テレビは最も長いが、KRTとの差はわずか十三秒に過ぎない。疑問を抱いた今野は『調査情報』の座談会を読んで、KRTが以前にお二人をアップで撮ったVTRを少なくとも二度使っていた事実を突き止める。

二十九歳の若さで中継チームを率いた牛山自身は「うちだけ中継の空白がなかった。三局を見比べていたシブチンの正力会長が、気を良くして特賞を奮発し、豪勢な打ち上げの飲み会を開きましたよ」と笑顔で述懐した。

家電メーカーは「ご成婚をテレビで見よう」と大いに宣伝し、NHKのテレビ受信契約数は前年の二倍の二百万件に達した。電通は、全国の千五百万人がテレビの生中継を見たと推計した。この年、テレビは放送開始から七年目にして早くも、広告費でラジオを抜き、電波メディアの主役交代を告げた。

翌年の六〇年二月、美智子妃は男子を出産した。浩宮《ひろのみや》、今の皇太子である。その七か月後、牛山も長男徹也の誕生で一児の父になった。

キャスターニュースに挑む

牛山はご成婚中継で総合プロデューサーの大役を果たした後、今で言うキャスターニュースの開発に当たった。放送界でもあまり知られていない話に入る前に、当時のテレビ報道事情に触れておきたい。

皇太子ご成婚という大イベントは、民放テレビがニュースのネットワークを結ぶきっかけともなった。

KRT系統の中継に参加した北海道放送、中部日本放送、大阪テレビ放送（現・朝日放送）、RKB毎日放送など十六局はニュースの取材で提携するため、五九年八月、初のニュース・ネットワーク「JNN」を結成した。その直後の九月下旬、東海地方を襲った伊勢湾台風では、中部日本放送を中心にしてJNN加盟局の協力で取材が行われ、民放で初の全国中継による災害報道を展開した。日本テレビをキー局とする「NNN」とフジテレビ系の「FNN」が誕生したのは七年遅れの六六年、NET系が「ANN」を結成するのはさらに遅れて七〇年のことだった。

「株式会社ラジオ東京」の略称であるKRTは六〇年十一月、兼営のテレビ放送事業が主流になったため、社名を東京放送に変更した。以降、英文名の略称TBSで通っているのは今さら言うまでもない。

これに先立ちNHKは五七年、ラジオ局とテレビジョン局というメディア別の縦割り部局を廃止し、報道局を独立させた。ニュースを強化するための要員や機材、組織の整備を着々と進め、六〇年四月には夜十時から二十分間の『きょうのニュース』を始めた。これに対し民放では、五

～十分程度のニュースは番組と番組の間の埋め草的に扱われ、「報道はカネ食い虫」とみられていた。娯楽番組偏重のなかでいち早く報道を重視し、ニュース・ネットワークを結んだKRTの方針は際立つ。「ドラマのTBS」と並んで、「報道のTBS」と呼ばれる大きな布石となった。

TBSは六二年十月、テレビ報道部とラジオ報道部、運動部を合体させて報道局に昇格させるとともに、テレビ報道で一時代を画するワイドニュース番組『ニューススコープ』を開始した。放送は月～土曜の夕方六時半から二十分間で、五分間のローカルニュース『TBSニュース』と五分間の天気予報が続いた。各局とも、子ども向けの番組を並べていた時間帯である。初代の報道局長には、『ニューススコープ』の開発にかかわった毎日新聞出身のテレビ編成局次長・橋本博（後に副社長）が就いた。

『ニューススコープ』では、アナウンサーがニュース原稿を読み上げるのではなく、取材経験の豊富なジャーナリストが持つ信頼感と説得力を期待して、アメリカの報道番組のアンカーマンに相当する「キャスター」方式を採用した。初代キャスターには、読売新聞出身の政治評論家戸川猪《い》佐《さ》武《む》と共同通信社文化部長だった田《でん》英夫（後に参議院議員）が起用された。二代目キャスターの古谷綱正は毎日新聞論説委員から転じ、十七年間にわたって親しまれた。このニュース番組は「報道のTBS」の看板番組の一つとして九〇年まで続く。NHK編の『20世紀放送史』は「日本における本格的なキャスターニュースの第1号」と位置づけている。

しかし、牛山はこれ以前からキャスターニュースの構想を温め、実際に『ニュースデスク』という番組でそれを実現していたのである。

皇太子ご成婚中継が終わった後、牛山は「これでやっと国会に戻れる」と政治記者への復帰を喜んだ。それも束の間で、磯田勇・報道部長から「夜十一時台に民放で最初のワイドニュース番組を作ることになった。すべて任せるから、やってみてくれ」と告げられた。

『ニュースデスク』が始まった五九年十月、日本テレビに報道局が設置され、外報班なども新設された。『TBS50年史』は六二年の報道局設置を「民間放送で最初の報道局の発足だった」と書いているが、実は日本テレビのほうが三年も早かった。読売新聞で政治部長や論説委員を務めた古田徳次郎が初代の報道局長に就任した。

テレビの報道番組について、牛山は「アナウンサーが放送記者の原稿を読み上げるだけでは説得力がない。『誰が伝えるか』が重要で、ジャーナリストが自分の言葉で語らなければならない」と考えた。エド・マローが出演し、評判を呼んでいた米CBCの『シー・イット・ナウ』のように、ジャーナリストのアンカーマンによる欧米の報道番組に影響を受けたと思われる。

経済評論家の小林七郎（後に社団法人「日本経済復興協会」理事長）と、東京大学法学部助教授だった国際法の寺沢一《はじめ》（後に東大名誉教授）が起用され、週に三日ずつ担当した。共同通信社出身で、後に三木武夫首相の秘書官を務める小林庄一が途中から加わった。午後十一時十五分からの十五分間となっていたが、放送はこの番組が最後なので、自由に延長できた。三十分以内に終わることは珍しかったという。

「ニュースデスク」には、大きく二つの狙いがあった。

第一は、ニュースキャスターを起用することによって、ニュースの送り手と受け手の間に親しい、人間的な関係をつくり上げようとしたのである。アナウンサーの、「儀式の司会でもしてるかのようなニュース朗読」のスタイルを脱皮して、楽しいニュースの時は笑みがこぼれ、緊張したニュースでは自然と表情がひきしまる「人間らしいニュース」を目指したのである。

第二は、テレビが可能なあらゆる制作方法を駆使することであった。スタジオでは、（米国の三大ネットワークの一つ）NBCの「ミート・ザ・プレス」のように、相手の言い分をうのみにしない批判と追究精神を大切にした。当時の地方局は、この番組に協力するほど制作能力をもたなかった。ネット番組は実験できなかったが、記者を、フィルムカメラを、中継車を現場に素早く送り込み、「生々しい現場情報を視聴者に伝達する」ことを心掛けた。

東京新聞の長期連載『素晴らしきドキュメンタリー』でつづった牛山のテレビニュース観は、今日では当たり前のことだが、半世紀以上も前の発想と思えば驚かずにいられない。

牛山とともに日本テレビを退社し、日本映像記録センターの設立に加わることになる結城利三は、この『ニュースデスク』にかかわった。

山形県出身の結城は東北大学に入学したが、途中で東京大学文学部に入り直した。胸を患って二年留年したため、大学を卒業するのに八年かかった苦労人である。日本テレビが初の公募で採用試験を開始した五六年秋に受験し、翌年四月に入社した。二千数百人に上る応募者のなかから選ばれた五十九人の新入社員は、局内で「公募一期生」と呼ばれた。

結城は報道部に配属され、デスクを兼ねていた一歳上の牛山と出会った。『ニュースデスク』について、「日本テレビでも知る人は少ないが、牛山さんが作った画期的な番組の第一号ですよ。取材した記者がスタジオでしゃべるんですからね」と、伊勢湾台風での体験談を披露した。

五九年九月二十六日、台風15号が愛知・三重両県に上陸した。暴風雨と高潮で五千人を超える死者・行方不明者が出て、明治以来最大の台風被害となった。そのちょうど一年前には、「狩野《かの》川《がわ》台風」と命名された台風22号が静岡県の伊豆半島を直撃し、千二百人以上の死者・行方不明者が出た。結城はニュースの新番組の企画として「狩野川台風から一年」を取材するため、伊豆に滞在していると、「台風15号で大きな被害が出ている。何とかして現地に入ってくれ」と本社から連絡があった。

鉄道は完全にストップしていたので、タクシーをチャーターしてカメラマンと名古屋方面に向かった。被害が大きかった愛知県半田市では、市営住宅が壊滅状態だった。牛山から電話で「いろんなものを撮る必要はない。一つの家族の様子をできるだけ追いかけろ」と指示され、五十代の父親が息子と一緒に行方不明の妻と娘を捜す姿を撮り続けた。

「NHKは何倍ものクルーを繰り出し、被災地の全体像をとらえようとしていたのに、僕らはカメラ一台しかなく、悔しい思いをしました。NHKの物量に対し、質で勝負しようと決めたんです。局に戻り、撮ったフィルムを三十分に編集しましたね」

報道部長の磯田や牛山は「どうだ、お前がしゃべらないか」と出演を勧めた。結城が「山形出身なので、なまりがありますよ」とためらうと、磯田に「なまりがあるからいいんだ」と諭された。結城が長靴をはいたままスタジオで現地の惨状を説明したのは、牛山のアイデアだった。

一つの家族やある個人をとおして社会問題や出来事を描くという牛山の方法論は、六二年一月から始まるドキュメンタリー番組『ノンフィクション劇場』で大きく開花する。

日本テレビの報道局に報道番組や中継を手がける社会部が新設され、牛山は社会部に異動した。定時ニュースは報道部の担当となり、『ニュースデスク』はわずか一年で終了した。

映像・音楽ソフト会社「バップ」は日本テレビの関連会社の一つである。その元会長の徳市愼治は、皇太子ご成婚を目前に控えた五九年四月、日本テレビに入社した。報道部に配属され、デスクの一人だった牛山に接した。「デスクが原稿に手を入れると、どうしても長くなりがちだったが、牛山さんは時間内に収まるようきちっと計算して直した。原稿を読むアナウンサーは喜んでいたでしょう。報道部からよその部署に異動すると、たいてい『出された』という意識を持つもんです。牛山さんの場合はそうではなく、自分から『出た』という感じでした。牛山さんとはそりが合わない新聞社出身の人が部長になり、同期の佐藤昭さんが筆頭デスクに昇格したことも多少関係していると思う」

徳市は人事局にいた一時期を除くと、ほとんど報道畑一筋に歩み、報道局ニュースセンター長、報道局長を務めた。ニュースの現場で生きてきた徳市は「牛山さんが番組の企画を出すと、誰もボツにできないから、牛山さんのわがままが通った。上層部に話をつけて、それが編成局に下ろされるんで、編成局の人は面白くないですよ。牛山さんは人事でも、自分の気に入った人たちを集めた。ベトナム戦争では報道局の協力を求めず、すべて自分たちで取材した。報道の仲間という感じはなかったですね」と一線を引いている。

牛山自身は『ニュースデスク』について「私が責任を持った〝最初で最後のニュース番組〟」と強い愛着を抱いていた。しかし、「私の個人のにおいが強い番組だったせいか、間もなく中止となった。まだ全般的にニュースキャスターや新しいワイドニュースの形式への関心は薄かった。むしろ私の考え方は、NHKの磯村尚徳《ひさのり》による『ニュースセンター九時《ママ》』で再生される」と残念そうに書いている。

「NC9《エヌ・シー・ナイン》」の略称で親しまれたNHKの『ニュースセンター9時』は、七四年四月から始まり、外信部長だった磯村が初代キャスターを務めた。原稿の棒読みではなく、自分の言葉で語りかけるようにニュースを伝え、番組の編集長も兼ねた。英語とフランス語に堪能《たんのう》で、世界の要人にもしばしばインタビューし、「官報のように硬い」と言われたNHKのニュース番組を一新させた。牛山の試行錯誤は線香花火で終わったが、先駆的な取り組みだったことは間違いない。

深夜の記者座談会

日米安全保障条約の改定をめぐって世論が二分された「六〇年安保」の六〇年三月、社会部に移った牛山は安保取材班の責任者となった。五月二十日、自民党は衆議院で新安保条約の単独採決を強行した。社会党議員の登院拒否、安保改定阻止国民会議や全学連などによる国会周辺でのデモ、六月十九日の新安保条約自然成立、七月十五日の岸信介《のぶすけ》内閣総辞職、七月十九日の池田勇《はや》人内閣成立《と》まで、毎日のように中継車を国会周辺に出動させ、常に中継できる態勢を取った。

また、『日本の空白をどうする』『後継首班を追って』と題したシリーズを企画し、深夜の時間帯で新聞社の政治部記者たちによる座談会を放送した。牛山が自ら「現場に徹し切った新聞記者らしい新聞記者」「個性的なにおいをまき散らして歩く男」として選んだのは、読売新聞の宮崎吉政や戸川猪佐武、渡邉恒雄、朝日新聞の三浦甲子二、毎日新聞では細川隆一郎や早稲田大学時代以来の親友・三宅久之らである。宮崎と戸川、細川、三宅はその後、政治評論家として独立した。牛山の目に狂いはなかった。

三宅は牛山から「三ちゃんも出てよ」と声をかけられ、「ああ、いいよ」と応じた。

「自民党の各派閥担当記者が集まって、『うち（の派閥）はなあ』とか『お前んとこ（の派閥）はどうだ？』なんて政局の行方を論じ合った。当時も一応、社外の仕事をする際は会社の了解を得るという就業規則があったけれど、了解なんかいちいち取らずに出ていたね。政治部長ぐらいには口頭で言ったかな。当時の深夜はスポンサーもつかず、番外地みたいなもんなんで、みんな言いたい放題でしたよ。読売のナベちゃん（渡邉）はそのころから論客でしたね。ギャラは一回三千円とか五千円程度で、そう高くはなかった。内職（アルバイト）の原稿料が確か、一枚（四百字）千円の時代でしたからね」

遅い時間帯の割には、週刊誌が取り上げるほどの話題を呼び、漫画家の近藤日出造は『サンデー毎日』で「日本一ガラが悪くて、日本一面白い番組」と評した。ガラの善し悪しはさておき、田原《たはら》総一朗の司会で三十年近く続いているテレビ朝日の討論番組『朝まで生テレビ！』の源流と言えるかもしれない。牛山は総合雑誌『世界』の七八年七月号に寄稿した『テレビジャーナリズムの25年』で、次のように振り返った。

この番組で、ある記者が「吉田（茂・元首相）など死んでしまえ」といったというウワサが正力さんの耳にはいり、当時の古田徳次郎報道局長が「少しは発言に注意したまえ」と注意された。政治記者出身のベテラン古田さんは「へえー、いくらバカでも、そんなことは言わないでしょう、と答えておいたよ」と笑っていた。自民党のいろいろな筋から抗議の電話がかかったことも知っているが、内容について古田さんは一言も言及せず自由にやらせてくれた。これが番組の成功に結びついたのだと思う。今は亡き古田さんに心から感謝している。

おおらかな時代だった。三宅が「新聞社から出向した連中の多くは仕事ができるのに、上司に煙たがられて追い出された。そういう人たちが若い牛山をかわいがった」と語るように、牛山は古田局長といい、磯田部長といい、新聞社出身の良き上司に恵まれた。

結城と同じく公募一期生の池松俊雄も、報道部で『ニュースデスク』チームに参加した後、社会部に移った。牛山プロデューサーの下で座談会のディレクターを担当した。

「週に一回のレギュラー番組になり、夜中の二時くらいまで放送したね。政界のトップシークレットに近い話がポンポン飛び出すんだよ。いちばん面白かったのは読売のナベさん（渡邉）。政治家への夜回り先で飲んでから局に来るんで、プーンと酒のにおいがしてね。『大丈夫ですか』

って聞くと、『大丈夫だよ、こんなもん』でした。でも、ライトが熱いスタジオでは酔いが進むから、見ていてハラハラしたよ」

池松は牛山から「ナベさんの話は面白いけど、いちばん危ねえな。ナベさんが危ねえ話をすると、俺たちも危なくなるから、お前が行って、切ってこい」と命じられた。引導を渡しに行くと、渡邉は「俺はクビか。わかったよ」とあっさりのんだ。

渡邉はずっと後の九一年、読売新聞社の社長に就任した。東京のホテルニューオータニで披露パーティーが開かれた際、池松は日本テレビ取締役として出席した。渡邉は池松の顔を覚えていて、「おう、来たか。俺はお前にクビにされたよな」と高笑いした。

日本じゅうが皇太子ご成婚で沸き立った五九年の大みそか、牛山は輪番制の民放共同企画として始まった『ゆく年くる年』の総合プロデューサーを務めた。毎月一回放送された一時間のフィルム構成番組『リレー構成にっぽん』は、この『ゆく年くる年』で全国各地を取り上げた経験を基に、全国から題材を集めた。時事を風刺するNHKラジオの『日曜娯楽版』をヒントにして、漫才コンビのコロンビア・トップとコロンビア・ライトが世相を映したフィルムを見てトークを交わす『カメラ日曜版』などの番組も手がけながら、牛山の胸にはドキュメンタリーの定時番組への思いが膨らんでいた。

第三章 『ノンフィクション劇場』誕生

ドキュメンタリー番組の草分け

一九六二年二月、東京都の人口は推計で一千万人を突破し、世界初の一千万人都市となった。日本は池田勇人内閣の「所得倍増」計画によって、高度経済成長時代へと突き進む。その一方、東京では過密や住宅難が深刻化するとともに、大都市部への人口流出で農村の過疎化が進み始めた。海外では、ソ連がキューバにミサイル基地を建設したのに対し、ジョン・F・ケネディ米大統領は海上封鎖でミサイルの輸送を阻止した。一触即発の「キューバ危機」で世界は核戦争の恐怖におののくが、ソ連のフルシチョフ首相のミサイル撤去声明で危機は回避された。

同じ年、NHKのテレビ受信契約数は一千万を超え、テレビの普及率は五〇%に迫った。視聴率調査会社「ビデオ・リサーチ」(現・ビデオリサーチ)が電通主導で設立され、機械式の視聴率調査を始めた。テレビ業界も経済成長の波に乗り、発展を続けていた。

日本テレビ報道局社会教養部の牛山純一がプロデューサーとして企画した『ノンフィクション劇場』は、その年の一月十八日から始まった。放送は木曜の夜九時十五分から三十分間、民放で

「ゴールデンタイム（アワー）」（夜七時から十時）と呼ばれるいい時間帯である。

日本のテレビドキュメンタリー番組の草分けとされるNHKの『日本の素顔』のスタートは、この五年前にさかのぼる。評論家の大宅《おおや》壮一が流行語となる「一億総白痴化論」を唱えた五七年に誕生した。

当時はラジオの全盛期だったが、テレビの受像機は倍々のペースで普及していた。街頭テレビではプロレス中継が人気を集め、ドラマやショーなどの娯楽番組が中心だったため、大宅はこの新しいメディアの低俗化を憂い、警鐘を鳴らした。

NHK教育局社会部は、録音構成の『時の動き』というラジオの看板番組を抱えていた。社会部長の吉田行範（後にNHK交響楽団理事長）が「カネはかかってもいいから、ラジオの録音構成のようにちゃんとした社会番組がフィルムでも作れないか」と発案した。『日本の素顔』は五七年十一月、日曜夜九時半からの三十分番組として始まった。

大宅の一億総白痴化論に強く反発し、この番組の中軸を担った一人が、東京大学文学部卒の吉田直哉である。NHKがテレビ放送を開始した五三年、同じく名ディレクターとして活躍する和田勉や岡崎栄らとともにNHKに入局した。牛山にとって〝同期生〟に当たる吉田は当時、ラジオの気鋭のディレクターから同じ社会部のテレビ班に転じていた。

「岩波映画製作所などで記録映画を作っている人たちからは、『こっちは三十分の短編を作るのに半年かかる。担当者がわずか三人で、毎週作れるはずがない』とあきれられました。カメラもカメラマンも足りないので、大卒の初任給が一万円前後の時代に、それぞれ一日三千円で外から借りてきた。フィルム代も高かったですね。無謀を承知でスタートし、湯水のようにカネを使った番組でした」

吉田直哉が創価学会や立正佼成会などをルポした十一月十日放送の『新興宗教をみる』で始まったものの、反響はさっぱりという状態が続く。手応えを感じたのは、吉田が博徒の実態を生々しく描いた第八集からだった。襲名披露や手打ちの儀式、入れ墨をする場面などを白日の下にさらした。侠客を代表する清水次郎長にちなんで、タイトルを『日本人と次郎長』とした点が、「仮説の検証」という独自のテレビドキュメンタリー論を掲げた理論家らしい。

「それまでの記録映画は、あらかじめ決まった結論を押しつけていた。僕はテレビのカメラを万年筆のように使い、思考の道具にしようと思ったんです。政界や学界にも親分子分の関係や義理人情のしがらみがあるのではないか。ヤクザの世界を日本人の縮図ととらえ、その仮説を現実のなかで実証する過程を見せたんですよ」。若き俊英が今で言う「潜入ドキュメント」と一線を画していたのは明らかである。

『日本人と次郎長』の放送が終わったとたん、視聴者から賛辞の電話が鳴り続け、翌日から取材の依頼も相次いだ。「取りあえず十本は自由に作ってみろと、吉田部長から言われていたので、あれで続けられるメドがついた。と同時に、視聴者にとって未知の題材を取り上げれば当たることも知った。あの続編としてテキ屋も取り上げました。怖い思いをした博徒の取材とは違って、香具師《やし》の口上《こうじょう》は面白かったですね」と振り返った。

二十代後半の吉田直哉は『全学連』『ある玉砕部隊の名簿』『隠れキリシタン』といった作品を

生む一方、羽仁《はに》進監督との間で「素顔論争」を展開し、論壇でも注目された。

皇太子ご成婚で沸き立った五九年、『中央公論』誌上で繰り広げられたこの論争は、羽仁が『テレビ・プロデューサーへの挑戦状』と題し、「『日本の素顔』の良さは映像美などには構わず、やたらに撮りまくる素人芸の果敢さにあったが、次第に映画的手法に傾斜してきた」と批判したことから起きた。吉田は「映画とテレビの違いさえ理解していれば、映画の手法をテレビに使ってもいいはずだ」と真っ向から反論した。

ずっと後に、吉田は私のインタビューに対し、「あの論争は『日本の素顔』のいい宣伝になりました。テレビといえばプロレス中継か〝電気紙芝居〟で、見せ物と思われていた時、いろいろ考えて作っている人間もいるんだということを世間に知ってもらえた」とほほ笑んだ。

NHKの名ディレクターとして活躍した吉田直哉

吉田より三歳上の小倉一郎も『日本の素顔』を語るうえで欠かせないディレクターの一人だった。「あの番組が果たした役割は、社会的な題材をテレビに持ち込んだこと。仮になかったら、僕らもテレビ界も貧しくなっていただろう。娯楽一色で、多様性がないからね。『日本の素顔』に触発された人間はＮＨＫの後輩はもとより、民放にも多かったと思う」と自負した。
この番組が始まった五七年当時、小倉はＮＨＫ大阪放送局社会課に在籍していた。まもなく大阪放送局も月に一本のペースで制作に参加し、若手の小倉たちも駆り出された。大阪放送局は『部落』『ある底辺～大阪のカスバ西成』など、地域にかかわりの深いテーマを積極的に取り上げた。翌五八年、小倉は東京に転勤した。教職員の勤務評定問題を扱った『嵐の中の先生』や、アイヌ人差別の実態に迫る『コタンの人々』といった小倉の作品のなかでは、五九年十一月に放送された『奇病のかげに』が注目される。

熊本県水俣市で多くの患者を出した病気は水銀中毒の疑いがある、と早い段階で指摘した。これは後に「水俣病」と名づけられ、大きな社会問題になる。「まだ公害という言葉もない時代で、風土病と受け止められていた。九州にゆかりのある同僚から話を聞き、現地に行ってみた。因果関係ははっきりしないが、状況証拠ではチッソ（新日本窒素肥料）が限りなく黒に近い。チッソ側にはそのころ、加害者意識はなく、『患者とこちらの双方を公平に取り上げてくれた』と言われた記憶があります」

小倉が吉田直哉との違いに言及した話も興味深かった。「吉田君は独特の映像理論を持っていたが、僕は現実のなかから状況のキーワードになる事実を見つけていった。表現者というよりは一種の記録主義というか、実証的に現実に迫ったんです」。小倉はその後、ヒューマン・ドキュメンタリー番組『ある人生』を開発した。

『日本の素顔』の評判が定着した六一年、この制作は教育局から報道局の担当に移された。吉田も報道局から声をかけられたが、「僕にとってのドキュメンタリーは、大勢が総がかりで作るもんじゃない。自分はドキュメンタリーのニュース化でもニュースのドキュメンタリー化でもなく、個人の企画力で何かを掘り起こしたい」という理由から断った。そして六二年四月、教育テレビで始まった新たなドキュメンタリー番組『現代の記録』のチームに参加した。

その後も、吉田の活躍はめざましかった。

自らの希望でドラマ部門に移って一年後の六五年、大河ドラマの三作目『太閤記』の演出を任され、新人の緒形拳を主役に抜擢した。「遠い昔のお話ではなく、現代人にも通じる内容にしたい」と、第一回の冒頭で開通したばかりの東海道新幹線を映し、「時代劇のはずなのに……」と視聴者を驚かせた。史実に基づき、歴史上の人物や出来事に現代を重ねる「歴史ドラマ」路線を確立し、今も続いている大河ドラマの基礎を固めた。翌六六年には尾上菊之助（現・菊五郎）主演の『源義経』も演出した。二年続けて大河ドラマを演出したディレクターはこの後にいない。

ＮＨＫで初のプロジェクトチーム方式による海外取材特別番組『明治百年』や大型企画『未来への遺産』では、文明批評的な視点を盛り込んだ。『ＮＨＫ特集』でも数多くの秀作や意欲作を作った。『ポロロッカ・アマゾンの大逆流』では驚異の自然現象を世界で初めて撮影し、柳田国男の民俗学や宮沢賢治の世界の映像化にも取り組んだ。ドラマとドキュメンタリーを融合させた「ドキュメンタリー・ドラマ」なども手がけ、終始、新たな映像表現を開拓し続けた。

本人はいつも穏やかな物腰で、柔和な笑みを浮かべていた。「先生」と呼ぶ後輩たちから「吉田先生がみんなやってしまったから」と言われると、「スイッチを切れば真っ白いキャンバスになり、次の描き手を待っている。それがテレビの魅力です」と説いた。専務理事待遇のディレクターとして、ＮＨＫで最後の作品となる『太郎の国の物語』では作家の司馬遼太郎と組み、「明治草創の精神」を新たな手法で映像化した。現場一筋のディレクターの〝卒業制作〟が当然視されていた時代だった。定年退職した九〇年には、新聞界や放送界で働くジャーナリストにとって栄誉とされる日本記者クラブ賞を受けた。

武蔵野美術大学に新設された映像学科の主任教授に迎えられた後、九四年に食道がんの手術を受け、声を失った。それでも執筆活動に打ち込み、『脳内イメージと映像』など一連の映像論をまとめた。エッセー集や小説などの著書は二十冊を超え、二〇〇八年、七十七歳で死去した。

日本テレビで労働組合結成

後藤英比古《ひでひこ》は、日本テレビ時代から日本映像記録センター創設を経て一九八七年に死去するまで、一貫して牛山と行動をともにした。牛山が深く信頼していた腹心と言える。

千葉・南房総地方の網元の家に生まれた後藤は早稲田大学出身である。日本テレビには五六年、報道部のアルバイトを経て正式に採用され、報道部員になった。五七年に入局した公募一期生の結城利三や池松俊雄らとともに、『ニュースデスク』チームに加わり、牛山を支えた。

結城は、報道部に配属された同期生九人のうち最年長だった。一年先輩の後藤とは同い年のため、「君付け」で呼び合う関係だった。

「後藤君は演劇が好きで、芸能局を希望していたが、報道部に回された。ロひげを生やしたり、底が二、三センチ高い靴をはいたりと、おしゃれでダンディーな男でした。人当たりは柔らかく、歌がうまかったですよ。はっきり言って、硬派のニュースを好むタイプではなく、報道部のデスクたちの評価は低かったけれど、ギューさんだけは買っていた。『自分にないものを持っている』と思ったんでしょう。実際、報道よりは番組作りに向いていた。ギューさんは人間の能力を見抜く目を持っていましたね」と評する。

「時間が短い定時ニュースでは、こちらのメッセージを伝えられない」と考えた牛山が、報道番組や中継を担当する社会部に異動した後、社会部は社会教養部に改称された。牛山は『世界』七八年七月号に寄稿した『テレビ・ジャーナリズムの25年』で、『ノンフィクション劇場』が生まれたいきさつを書いている。

私はなんとしても社会番組をゴールデンアワーに登場させたかった。ゴールデンアワーは視聴者の数も多いし、したがって番組への反響も大きい。制作予算も多いので時間をかけてじっくりと制作にとりくむことができる。しかし当時の社会番組は一般に地味で商品にならないと考えられており、ゴールデンアワーへの進出など誰にも相手にされないのが実情であった。

私はまず何回も企画書を練りなおした。当時のテレビ社会番組とは、その時々の話題のフィルム解説版であるか、自然風物を紹介する文化映画以上のものではなかった。（中略）企画はできたが番組の実現はいばらの道である。私の協力者だった後藤英比古と二人でどんなに何回も企画書を書き、やぶり捨てたことか。何度希望にもえてスポンサーの門をくぐり落胆して社に帰ったことか。

スポンサーの獲得は業務局営業部の役目だったが、牛山と後藤は自らスポンサー探しに奔走した。新番組のオーディション版を作ることになり、後藤はベテランの記録映画監督・西尾善介とともに、青森・下北半島にある小学校の分校で自然とともに生きる子どもたちを描く『クマの歌の学校』を作った。後藤は続いて宮崎県の都井岬《といみさき》に飛び、『野生馬デゴロー』を撮った。いずれも『木曜プレゼント』という枠で放送された。

交渉術にたけた後藤はある日、カネボウ（鐘淵紡績、現・トリニティ・インベストメント）の重役たちの前で企画意図を説明した際、青森の取材先で覚えた歌を大声で披露した。役員たちはその迫力に押され、単独での提供を決めたという。

牛山が『ノンフィクション劇場』の準備を進めていた六一年、社史に刻まれる出来事が起きた。六月九日、局内に労働組合が結成されたのである。中心人物は牛山の同期生の北川信だった。日本の労働組合は戦後に復活した左翼運動や革新勢力の中核を担い、その熱気は産業界全体に及んだ。民放ラジオ局が誕生してから二年後の五三年七月、「日本民間放送労働組合連合会」（民放労連）が旗揚げした。TBSでは、ラジオ単営時代の五三年三月、「ラジオ東京従業員組合」が結成され、五七年に「ラジオ東京労働組合」（現・民放労連東京放送労働組合）と改称された。

民放労連やTBS労組の働きかけで、日本テレビの若手社員の間にも組合結成の機運が高まったが、最大の問題は、自民党の衆議院議員でもある正力松太郎会長の出方だった。

有志たちが目をつけたのは、正力会長が出席する番組会議の時間だった。原則として毎日午後二時から三時半まで開かれ、経営陣と主な管理職が番組作りを中心とする当面の諸課題を話し合う。「御前会議」と呼ばれたこの時間帯を利用すれば、監視の目を恐れずに連絡を行き渡らせることができる。ひそかに結成を期した六月九日は、夕方六時に本社近くの自治労会館で大会を開く手はずを整え、午後二時十五分から各職場で一斉にビラをまいた。

ビラで「『明るい職場』『みんなの意見が活発に反映する職場』それは私達の手でつくり出さなければ永久に出来ないのです。今こそ団結すべきときなのです」と呼びかけた結果、当日の午後だけで組合員対象者千六十三人のうち七割を超す七百五十七人が加入した。その半分が参加した大会で役員を選出し、三十一歳の北川が初代委員長に就任した。ただちに「賃金体系の明確化」や「不明朗人事に反対」など六項目の運動方針を決定した。

日本テレビの社史『テレビ　夢　50年』は、組合幹部たちの苦労をこうつづっている。

　こうして無事に誕生した日本テレビ労組だが、いちばんの難関は会社への通告であり、それ以上に正力会長をどう納得させるかだったと言っていい。実際、組合員たちは「クビ覚悟」だったのである。ところが、翌10日に会社との第1回労使交渉をすませた後、12日に腹をくくった北川委員長が正力会長と会談したときの反応は、意外にも「組合ができたのは正しいことだ」というものだった。むしろ「社内の不正があるのなら言ってほしい」「社の特殊性をよく理解して活動してほしい」との要請もあり、組合員は皆一様に胸をなで下ろしたのである。

北川が「雲の上の人」と呼ぶ正力と言葉を交わすのは、これが初めてだった。正力から日本テレビの資本金を集める際の苦労話を聞かされ、「組合はいろいろ勝手なことを言っているが、この会社を興すのは大変だったんだぞ」というニュアンスを感じ取った。

海軍少将を父親に持つ北川は、少年時代から個人教授でバイオリンを習っていた。東京大学法学部在学中は、東大の管弦楽団でコンサートマスターを務め、作曲家をめざしていた。日本テレビに入ると制作部の音楽班に配属され、フランキー堺や中村メイコらが出演したミュージカル風コメディー『二人でお茶を』など何本もの番組をかけ持ちした。

「番組のテーマ曲は自分で作りましてね。やがてドラマのディレクターたちからも劇中で使う音楽の作曲を頼まれ、給料とは別にギャラをもらっていました。上司の加登川（幸太郎・制作部長）さんに知られ、『社員がギャラをもらっちゃいかん』と怒られましたよ」と苦笑する。

北川は「テレビ屋として頭角をあらわすにはドラマをやらなくちゃ」と考え、ドラマの企画を出し続けた。早川書房のミステリーを愛読していたため、サスペンスかアクションものを作りたかった。加登川部長から「電通が持ち込んできた企画だが、警察ものをやってほしい」と言われ、二つ返事で引き受けた。こうして五七年九月から始まった『ダイヤル110番』は、刑事ドラマの草分けとしてヒットした。

警察へ緊急通報する電話番号が「110」に統一された時期だったので、警察の全面協力を得ることに成功した。毎週、一人で演出を担当した北川は、スタジオ生放送が主流だった時代に十六ミリ・フィルムを使い、ロケを多用することで臨場感のある画面を作った。冒頭で「この番組は事実に基づいて構成され、資料はすべて警察庁、警視庁、全国警察から寄せられたものです」というナレーションが流れたように、実際に起きた事件を題材にした。番組が放送開始四周年を迎えた時、「緊急電話の110番を一般に周知させるとともに、捜査活動への正しい認識を広めた」という理由で、マスコミとして初めて警察庁長官賞を受けた。

「ギューさんは同期生といっても、セクションが違うからつき合いはなかったですね。絵コンテ作りから撮影までやらなくちゃいけないんで、会社に寝泊まりしましたよ。家に帰れる時も深夜にタクシーでした。とにかく忙しくて、テレビを見る暇もなかったですよ」。脚本家たちは新進ライターが多く、若き日の向田邦子もその一人だった。

労組の初代委員長を引き受けたのは「『ダイヤル110番』が成功し、職場全体の面倒も見なければいけないかな」と思ったからである。「六〇年安保闘争の後で、正力さんが労働組合に厳しいのはわかっていたけれど、テレビは急成長を続け、どの職場も人が足りなかった。労働組合がなかったら、テレビ局として世間に顔向けできないでしょう」

北川は後に日本テレビ専務、テレビ新潟放送網の社長、会長を歴任する。

『老人と鷹』がグランプリ受賞

『ノンフィクション劇場』のスタート当初、局内のスタッフは牛山と後藤英比古、報道部から引き抜いた結城利三と吉田実のわずか四人だった。

第一回の『南の島に米が降る』は、伊豆諸島の南端に位置する青ヶ島を取材した。東京都青ヶ島村は今、人口が百七十人を下回る「日本一小さい村」である。東海汽船の定期船で東京・竹芝から十時間四十分もかかる。

吉田が「年ごとに若者が減っていく孤島の苦しみを伝えたい」と企画し、劇団民藝に所属する森園忠《もりぞのただし》がディレクターを務めた。当時は東京からの定期船がなかったため、吉田らは漁船をチャーターして、一か月以上も島に滞在した。タイトルは、東京都の要請で自衛隊機がお正月用の食べ物を投下するシーンを撮影できたことからつけられた。

『ノンフィクション劇場』を始めるに当たって、牛山は劇映画の監督だけではなく、記録映画の監督にも作ってほしいと考えた。日本記録映画作家協会の機関誌『記録映画』で参加を呼びかけたところ、牛山より十五歳上の西尾善介が真っ先に名乗りを挙げた。

一九一五年（大正四年）、台湾で生まれた西尾は東京美術学校（現・東京藝術大学）洋画科を卒業した後、P・C・L（現・東宝）の撮影助手になった。戦後、演出に転じてフリーとなり、産業映画や記録映画を手がけた。立山連峰にはさまれた黒部峡谷の自然と、黒部川第四発電所の初期工事を記録した五七年公開の『黒部峡谷』、その続編の『黒部峡谷第二部 地底の凱歌《がいか》』で注目され、鹿児島・奄美諸島の沖永良部島《おきのえらぶじま》で四か月間ロケをした『エラブの海』も作った。西尾に続いて『ノンフィクション劇場』に参加したベテランの記録映画監督・野田真吉は、P・C・Lで西尾の同期生だった。

その西尾が演出した『老人と鷹』は、二回目に放送された。結城は牛山から「お前は山形の出身だから、西尾さんと一緒に山形に行ってくれ」と命じられた。「ロケハンは済んでいた。『ベテランの監督にくっついて、ドキュメンタリーの撮り方を勉強してこい』という意味だったんでしょう」と回想する。

豪雪地の山形県真室川町《まむろがわ》で暮らす沓沢朝治《くつざわあさじ》は、「日本で最後の鷹匠《たかじょう》」と呼ばれていた。毎日新聞出身で、「動物文学」という新分野を確立する直木賞作家の戸川幸夫《ゆきお》は、沓沢が「吹雪」と名づけたクマタカを飼いならす様子を『爪王《つめおう》』で描いた。『老人と鷹』はこの小説を下敷きにしていた。

山中の小屋で一人暮らしをしている沓沢はある日、一羽の獰猛《どうもう》なクマタカを捕らえた。この鷹から野性を取り除き、自分の意思に従わせようと努める。鷹は沓沢が与えるえさを毅然として拒み、何も口にしない。鷹匠と鷹の根競《こんくら》べの日々が続く。沓沢は「生きたえさなら食いつく」と考えて鳩を差し出すと、鷹は術中にはまり、鳩に襲いかかる。一度でも人間に屈服したら、手なずけるのはもう容易だった。沓沢が鷹にほおをすり寄せるシーンまで、画面は老人と鷹の息詰まる心理戦を映し出す。

『老人と鷹』のラストは、猛吹雪の山野を背景にして「この老人が死んだ時、鷹匠の伝統は絶える。その時、鷹は自由を取り戻して大空を駆けめぐるであろう」というナレーションが流れる。この語り手には、牛山が俳優座の名優東野英治郎《とうのえいじろう》を指名した。

結城は「『ノンフィクション劇場』の制作費は一本につき五十万円で、西尾さんには五万円払っていた。ナレーターのギャラは高くても一万円程度でしたが、東野さんには破格の五万円を払い、僕らはびっくりした。ギューさんはそれほどこの作品に入れ込んだんでしょう。海外の人にも見せるため、すぐさま英語版を作りましたからね」と証言する。

沓沢と鷹のシーンの多くは、今で言う「再現」の映像だった。結城は「西尾さんは人柄が良く、〝絵〟を撮るのはうまいが、テーマ性が弱かった。自然と人間、野性と人間というテーマに絞って編集したのはギューさんの力です」と付け加えた。

結城は第五回目の『中間世代』で、当時「ミドル・ティーン」と呼ばれた十四、五歳の少年少女たちが「不良」化する社会現象を取り上げ、ディレクターとして一本立ちした。若者や外国人が集う東京の六本木で遊んでいた少女が登場し、女優の加賀まりことして映画デビューを果たすという後日談がある。

牛山たちは「人間臭いドキュメンタリーを作ろう」と意気込んだものの、視聴率の低迷でスポンサーのカネボウが降板した。長崎の原爆をテーマにした四月五日放送の『長崎の女』を最後にして、番組はわずかワンクール（三か月）で打ち切られた。しかし、その一か月後に願ってもない朗報が舞い込んだ。

フランスのリゾート地カンヌで毎年五月に開催されるカンヌ国際映画祭は今や、最も権威のある国際映画祭として知られる。第十五回を数えた六二年当時は、カンヌ国際映画祭の一部門と位置づけられるテレビ番組コンクールがあり、ヨーロッパ放送連合が主催していた。欧米など二十三か国から四十五本が出品された五回目のこの年は、日本から初めて参加した『老人と鷹』が最高賞の「ユーロビジョン・グランプリ」に輝いた。

世界最古の映画祭であるイタリアのベネチア国際映画祭で五一年、黒澤明監督と主演・三船敏郎コンビの『羅生門《らしょうもん》』が最高賞の金獅子賞を射止め、日本中を沸かせたように、日本人が海外での評価に左右されるのは昔も今も変わらない。

（左から）池松俊雄、後藤英比古、村井允、牛山純一、結城利三ら『ノンフィクション劇場』の社内スタッフ（1963年）

結城によると、日本テレビからは誰もカンヌに行っていなかった。牛山と面識があり、映画祭に参加していた外国映画輸入会社「東和」の川喜多かしこから国際電話が入り、「おたくの受賞が決まったけど、誰か来ているの」と問い合わせてきた。日本テレビのパリ駐在員に連絡をしたが、受賞式には間に合わなかったという。

ブロンズ製トロフィーに描かれた純金製の七つの星は、ヨーロッパ放送連合の加盟国の数を表す。意外に小さく、小石のようにも見えるが、この受賞は重みがあった。レプリカ（複製）が作られ、日本テレビ幹部や牛山らスタッフに配られた。受賞を祝うパーティーも開かれ、カネボウの宣伝担当役員は「番組の値打ちがわからなかったのはスポンサーとして恥ずかしい。『逃した魚は大きい』ということわざを痛切に思い出しています」と率直にスピーチした。

「カンヌでの受賞は、『ノンフィクション劇場』が局内外で市民権を得る大きなポイントになった。局の上層部にドキュメンタリーの価値を認識させたんです。勘のいいギューさんはそれを見越して、海外に出品したんでしょう」。結城はこう推し量る。

牛山は古田徳次郎・報道局長や磯田勇・社会教養部長に『ノンフィクション劇場』の再開を強く訴えた。「これまで放送したものは準備期間が短かった。この種の番組は社会の出来事、人間の行動、自然の営みなどどれ一つ取っても、撮るのに時間がかかる。再開をめざしてじっくり取り組みたい」と要望し、スポンサーを探しながら十三本を制作する異例の予算を認めさせた。

『老人と鷹』は米三大ネットワークの一つABCで放送されただけではなく、国内でも高く評価された。日本民間放送連盟が主催する第十回民放大会賞（現・日本民間放送連盟賞）で、テレビ報道社会番組部門の最優秀に選ばれた。さらに、『ノンフィクション劇場』に対して、ラジオ・テレビ記者会が制定した第一回「ラジオ・テレビ記者会賞」が贈られた。こうした国内外の評価が番組の再開を後押ししたのは間違いない。

牛山は編成局や業務局と連携して、東京ガスを単独スポンサーとすることに成功し、番組は六三年四月十九日から再開された。

その第一作として選ばれた『軍鶏師《しゃもし》』は、利根川に面する茨城県河内村（現・河内町）の大野常太郎を主人公に据え、『老人と鷹』と同じく西尾と結城が密着取材した。闘鶏の世界では「美しい軍鶏は弱く、醜い軍鶏が強い」と言われるが、「美しくて、強い軍鶏」を育てようと挑戦する老軍鶏師の執念を描いた。放送時間は金曜の夜十時四十五分から三十分間で、第一シリーズより一時間半遅かった。それでも、視聴率は一五%を超え、幸先のいいスタートを切った。「二四目のドジョウはいる」という牛山の読みどおり、この海外版はベルリン国際映画祭テレビ部門の最優秀芸術作品賞に輝いた。

大島渚のドキュメンタリー

映画監督の大島渚にとって『忘れられた皇軍』は、テレビドキュメンタリーの代表作となった。『ノンフィクション劇場』が再開されてから四か月後の一九六三年八月十六日、つまり十八回目の終戦記念日の翌日に放送され、社会に衝撃を与えた。大きな反響を受けて、九月十三日にこの枠で再放送された。

「放送は〝送りっ放し〟と書くように、一回流せば終わり」というとらえ方がずっと支配的だったテレビ界で、牛山は再放送について独自の考えを持っていた。東京新聞の長期連載『素晴らしきドキュメンタリー』で「『ノンフィクション劇場』の良い点として書き残しておきたいのは、番組（シリーズ）内で毎月一回、評判の良かった作品の再放送を実現したことである。〝制作費〟が足りなかったので、月一回再放送の予算を他に配布することにした。これが当たった」と述べている。

『老人と鷹』が六三年五月に再放送されたのをはじめ、再開第一作の『軍鶏師』も七月に再放送された。『忘れられた皇軍』は再放送の三作目となった。再放送は初回の放送よりも平均五ポイント以上視聴率が高かったそうで、「よいものは二回、三回と放送してほしい」と書いた牛山の信念と先見性は注目される。

一九四五年の終戦まで日本の植民地だった朝鮮半島からは、多くの朝鮮人が兵士や軍属として駆り出された。戦争で傷ついた兵士たちに対し、日本政府は恩給法や援護法で年金を支払ったが、戦後、韓国籍になった傷痍《しょうい》軍人らはカネを受け取ることができない。大島監督は「元日本軍在日韓国人傷痍軍人会」のメンバーに密着取材し、彼らが日韓両国の間で苦しむ姿を直視した。

従軍中に両眼を失明し、右腕も失った主人公の徐洛源《じょらくげん》らは、日本政府から「韓国人だから韓国政府に陳情せよ」と言われ、韓国政府からも「それは日本政府が解決すべき問題」とまったく相手にされない。「眼なし　手足なし　職なし　補償なし」などと書かれた幟《のぼり》や横断幕を掲げて東京の街頭で窮状を訴えるが、通りすがりの人々は目をそむけるかのように関心を示さない。

何の成果も得られない彼らは、場末の飲食店の一室でささやかな酒宴を張る。しかし、仲間同士の口論が始まり、「この悲しい争い、仲間にしかぶつけることのできないやり場のない怒り。これは醜いか、おかしいか」という俳優小松方正《ほうせい》のナレーションが流れる。憤懣《ふんまん》やるかたない徐洛源が高ぶって思わずサングラスを外すと、眼球のない目から涙がこぼれる。クローズアップによるこのシーンは実にショッキングで、作品の評価を不動のものにした。

ナレーションには、大島の視点が明確に打ち出されている。主人公が韓国人・朝鮮人の遺骨安置所を訪れる場面では、「徐洛源には今きっと、生きている人間より死んでしまった人間のほうに自分は近いと思えるのではないだろうか」と感情移入する。同じ失明者の妻との貧しい家庭では、トランジスターラジオを聴きながら眠る様子を映し出し、「徐洛源、今唯一の楽しみは野球放送。国鉄(スワローズ、現・東京ヤクルト)のファン。金田(正一《まさいち》投手)の勝利がその喜び。もっと大きな喜びが与えられるべきではないのか」と語りかける。

ラストシーンでは、海水浴客でにぎわう海岸に傷病兵のような白衣《はくい》の徐が現れる。レジャーを楽しむ日本人と、戦争の傷跡を抱え続ける在日韓国人を対比させたのは大島の演出だろう。サングラスをつけた顔が大写しにされ、小松のナレーションは怒気を含んだ口調で「日本人よ、私たちよ、これでいいのだろうか、これでいいのだろうか」という問いを視聴者に突きつける。

テレビ放送開始から十周年を迎えた六三年四月、NHKでは大河ドラマの第一作『花の生涯』が始まるとともに、放送批評懇談会が「放送に関する批評活動を通じて、放送文化の振興を図り、放送の発展に寄与する」ことを目的として設立された。「日本資本主義の育ての親」とされる渋沢栄一の四男で、実業家・文化人として知られた渋沢秀雄が初代会長、劇作家の内村直也が理事長を務め、放送評論家らが選ぶ賞としてギャラクシー賞を制定した。

一年後、東京・丸の内の東商ホールで行われた第一回贈賞式では、『忘れられた皇軍』がテレビ教育教養部門のギャラクシー賞(当時の最高賞)に輝いた。テレビ芸能部門では、フジテレビの『シオノギ・テレビ劇場 山本富士子アワー』で放送された第一回『にごりえ』、テレビ報道部門ではNHKの三池炭鉱爆発・鶴見列車事故報道が受賞した。

『忘れられた皇軍』は民放大会賞社会報道番組部門の優秀にも選ばれ、『ノンフィクション劇場』の声価を高めた。

この題材はもともと、日本テレビ社会教養部の野口秀夫ディレクターが見つけ、調査を重ねてきた。大島は、白衣で街頭募金をしている傷痍軍人たちが在日韓国人と知って衝撃を受け、演出を買って出た。初回の放送では大島の名前しか出ていないが、再放送では大島と野口の共同演出と表示された。野口は後に牛山らとともに日本テレビを退社し、日本映像記録センターの旗揚げに参加する。

大島は『忘れられた皇軍』について、『大島渚著作集 第二巻——敗者は映像をもたず』でこう書いている。

『ノンフィクション劇場』の制作に参加した大島渚監督（中央）。左は結城利三（1961年）

> この人達の無残な傷口や、悲惨な生活をすべての日本人に見てもらいたいと思って、それを映像にとらえたのであるが、それらにもまして私が何としても映像にとらえたい、そしてその映像によってすべての日本人の胸に突き刺させたいと思ったのは、この人達の体の傷口や生活よりももっと無残でもっと悲惨なこの人達の心の傷口であった。その表現が、デモ行進の果ての酒宴における内輪げんかと、眼のない目からこぼれる涙になったのは、テレビを見てくださった人達は分っていただけると思う。しかし撮影の間に見聞きした事実の中にはもっとどす黒

いものがあった。ここではそれを言うことはできない。しかしただ一つ、この人達の口からこういう言葉さえしばしば聞かれたのである。「補償がもらえたら、こんな仲間と二度と会うもんか！」ああ！ 私はテレビの最後のナレーションをくり返すことを許してほしい。日本人よ、私たちよ、これでいいのだろうか？

この作品は映画評論家の評価も高かった。佐藤忠男は『大島渚の世界』で「テレビ用の短編であるが、大島渚の全作品中でも屈指の傑作のひとつである」と絶賛し、こう位置づけた。

この「忘れられた皇軍」は、おそらく、これまでに無数につくられている日本のテレビ・ドキュメンタリーのなかでも、もっともすぐれた作品のひとつに数えられるものであろう。そして、それは、そこに写されている人たちが、カメラの前で、なりふりかまわず、敢然と怒りを爆発させ、しかもそれをカメラに撮らせたためであるが、こういうことは、かなりの程度まで偶然であるにしても、写される人たちにそういう態度をとらせるなにか、が、大島渚自身の態度にもあったからだ、と言えるであろう。ただたんに、カメラマンや演出家を信用して写される者が正直に率直にふるまう、という以上に、怒りを共有する感覚、とでもいうべきものがそこに成り立ったわけであろう。（中略）

この作品は大島渚の作家としての歩みのうえでも重要な位置を占めている。のちに彼の劇映画のなかで在日朝鮮人が日本人を見る視点に自分を同化させせようとする試みがしばしば繰り返されるようになるからである。

「日本のテレビ・ドキュメンタリーのなかでも、もっともすぐれた作品のひとつ」とは、ほめすぎと思う人もいるかもしれない。しかし、六〇年代から七〇年代にかけて精力的に放送批評も手がけ、『テレビの思想』という著書もある佐藤の見方は、強い説得力を持つ。特に、「怒りを共有する感覚」という指摘は鋭い。

映像・比較文化研究家の四方田犬彦《よもた》も、『大島渚と日本』で『忘れられた皇軍』を重要視している。

徐洛源がサングラスを外し、「眼のない目から涙がこぼれる」シーンについて、「偶然から撮影されたこの部分は、大島のドキュメンタリーのなかで異常な緊張をもった突出点を形成している。そこではカメラの機能である見る・覗《のぞ》くという行為が、絶対的な視覚の不可能性に図らずも直面してしまい、視覚の凝固とでもいうべき閉塞状態に陥っているためである。わたしは彼を見ている。だが彼はわたしを見ることができない。この関係の不均衡性は映画に本源的に横たわる原理であると同時に、日本社会における日本人と在日朝鮮人の間に横たわる不均衡の隠喩《いんゆ》でもある」と考察した。

初の海外取材で韓国へ

大島渚は一九三二年（昭和七年）、京都府で生まれ、六歳の時に農林省の水産技師だった父親を亡くした。京都大学法学部在学中は学生演劇に打ち込む一方、学生運動にも参加し、京都府学生自治会連合（京都府学連）の委員長を務めた。

五四年、松竹大船撮影所に入り、『君の名は』の大庭《おおば》秀雄監督らに助監督として師事した。五九年、自らの脚本による『愛と希望の街』で監督デビューを飾った。この処女作のタイトルはもともと「鳩を売る少年」だったが、上層部の意向で甘いタイトルに変更された経緯がある。母子家庭の貧しい生活を詐欺的な商売で支える少年と、彼に同情した裕福な家の少女をとおして、階級間の格差と断絶を描いた。若き大島は小津安二郎監督らの名匠や、「松竹大船調」と呼ばれたメロドラマ路線に強く反発し、日本社会の現実や矛盾に目を向けた。

大島は二作目の『青春残酷物語』（六〇年）で若い世代の性と暴力を鮮烈に描き、第一回日本映画監督協会新人賞を受賞した。一期上の篠田正浩、一期下の吉田喜重《よししげ》といった若手監督らとともに、「松竹ヌーベルバーグ」の旗手と目された。

フランス語で「新しい波」を意味するヌーベルバーグは、ジャン＝リュック・ゴダールやフランソワ・トリュフォーら前衛的な手法を打ち出したフランスの若手監督たちを指し、日本でもジャーナリズムが大島をはじめ松竹の若手監督たちの台頭をこう呼んだ。しかし、大島が『〝ヌーベルバーグ〟撲滅論』を書き、吉田もこの呼称に対し「松竹ヌーベルバーグは虚妄」と発言し続けたように、それぞれが「一緒くたにするな」と反発したところは興味深い。

日米安全保障条約の改定をめぐって、大きな反対運動が起こった安保闘争の後の六〇年十月、結婚式場で学生運動のOBたちが激烈な議論を繰り広げる『日本の夜と霧』が公開された。しかし、日本社会党の浅沼稲次郎委員長が演説中、右翼の少年・山口二矢《おとや》に刺殺された日、「興行成績不振」という理由から封切り四日で突如打ち切られた。大島は同月末、松竹のスター女優だった小山明子と結婚した。『日本の夜と霧』の上映中止で会社との関係がこじれ、翌六一年に松竹を退社し、独立プロダクション「創造社」を設立した。大島、小山のほか、脚本家の田村孟《つとむ》と石堂淑朗《としろう》、俳優の戸浦六宏《ろっこう》と小松方正が参加し、その後、俳優の渡辺文雄、脚本家の佐々木守も加わった。あくの強い面々は「大島組」と呼ばれた。

しかし、いきなり自主製作は難しい。大島は「パレスフィルム」というプロダクションから声をかけられ、大江健三郎原作、三國連太郎、沢村貞子らの出演による『飼育』を撮り、十一月に公開された。続いて、東映京都で大川橋蔵主演の『天草四郎時貞』を作った。全盛期の東映時代劇にあって、中村錦之助（後の萬屋錦之介）とともに人気を二分していた大スターの大川に請われたからである。六二年三月に公開されたが、興行的に失敗した。大島は創造社の劇映画第一作『悦楽』が完成するまで三年半の間、映画を撮る機会を失った。

映画監督としては不遇だったこの時期、大島はテレビに活路を見いだす。牛山が始めた『ノンフィクション劇場』でドキュメンタリーに挑む一方、テレビドラマやラジオドラマも手がけた。TBSでは、後に映画監督となる実相寺昭雄《じっそうじ》が一話完結の『おかあさん』シリーズで演出したデビュー作『あなたを呼ぶ声』、同じく実相寺演出の単発ドラマ『いつか極光（オーロラ）の輝く街に』の脚本のほか、意外なことに森繁久彌主演の人気ホームドラマ『七人の孫』も一話分書いた。日本テレビの『愛すればこそ』や、開局したばかりの東京12チャンネル（現・テレビ東京）

『氷の中の青春』で北海道別海村を訪れた大島渚監督（左）

の『仰げば尊し』では、演出も兼ねた。

大島は松竹に在籍中の六〇年、『ノンフィクション劇場』の構想を温めていた牛山から声をかけられた。初対面では二十歳くらい年上に見えたが、話をしているうち二歳しか違わないと知って、驚いた。「日本映画を変えたいという気持ちが強く、そのために、ドキュメンタリーの手法を学びたいと思っていたから、二つ返事で引き受けました。時代や社会に潜む問題を切り取っていくのが、私の映画へのスタンスだった。テレビ番組もその延長線上で作った」と言う。

『ノンフィクション劇場』で作った一作目の『氷の中の青春』（六二年二月八日放送）は、オホーツク海に面した北海道別海《べつかい》村（現・別海町）で流氷と闘いながら漁をする若者たちを取り上げたが、社会性は乏しい。二作目の『忘れられた皇軍』で、大島流のドキュメンタリーのテーマと手法を確立したと言える。

日本テレビの報道部から社会教養部に異動した結城利三は、『氷の中の青春』で助手を務めた。大島が松竹をやめる経緯や尖鋭的な言動について関心を抱いていた結城は「高名な大島さんはあこがれの存在であり、個人的には大歓迎でした。大島さんの起用に対し、牛山さんが会社側から何か注文をつけられたという話はまったく聞かなかった。牛山さんはすべて任されていたんでしょう」と思い起こす。

六四年七月五日に放送された『反骨の砦』は、いかにも反体制的な大島好みの題材だった。熊本県小国《おぐに》町と大分県日田《ひた》市にまたがる筑後川水系津江川に建設される下筌《しもうけ》ダム工事に反対し、「蜂ノ巣城《はちのすじょう》」と呼ばれる砦に立てこもったリーダー室原知幸を主人公に据えて、ダム建設史上最大と言われた反対闘争を描いた。六月二十八日、警官隊による強制撤去で〝落城〟した後、室原は建設省職員たちに対してこう叫んだ。「いいか、お前らが一九六四年のこの日にやったことは、日本の歴史に汚点として残るんだぞ。永久にドキュメンタリーとして残るんだッ。日本の恥としてな……」。語り手は漫談家の徳川夢声が務めた。

この蜂ノ巣城をめぐる攻防に着目したのは結城である。『追われゆく鵜匠たち』(六四年二月放送)の取材で日田市を訪れたため、土地カンがあった。一人でタクシーをチャーターして上流に行き、対岸から蜂ノ巣城に向かって大声で呼びかけた。砦のなかに入れてもらい、室原に会って「私はあなたの敵じゃない」と取材意図を諄々《じゅんじゅん》と説いた末、「よし、あんたとカメラマンを入れよう」という約束を取りつけた。結城は「これで一本できる」と勇んで帰京した。しかし、報告を聞いた牛山から「そりゃいいな。その話は大島に向いているよ」と告げられた。

結城は「結果的には失敗作だったと思う。同行した吉田実ディレクターから聞いた話ですけれど、大島さんが『肥後もっこす』（「頑固者」を指す大分弁）の室原さんとけんかになっちゃってね」と苦笑いした。

日本の復興を世界にアピールする東京五輪を間近に控えていた六四年夏、大島はアジア初のオリンピックの熱狂に背を向けるかのように韓国を訪れて二か月間滞在し、芸術祭参加作品『青春の碑』（十一月放送）を作った。日本は韓国との国交正常化をめざし、日韓基本条約締結の交渉を詰めていた。大島にとっては初めての海外取材であり、『忘れられた皇軍』以来抱いていた韓国への関心をさらに深める旅になった。

わたしたち日本人は、過去に二度つらい困難な時代をもった。そのひとつは、戦争に勝つという目的のもとにすべてが軍事一色に統制された息づまるような太平洋戦争の時代である。いまひとつは、食べるもの着るものすべてに事欠いて廃墟に立ちつくした、戦争直後の時代である。いま、韓国人は、このふたつのつらい困難な時代を同時にもっている。動乱の傷痕がまだいえぬまま、彼らは交戦中と同じ緊張と統制をもちつづけなければならない。しかも、その仮想敵国は、引き裂かれた同じ民族の国なのである。これがわたしたちのもっとも近い隣国――韓国である。

大島は『大島渚著作集 第二巻』所収の『韓国 国土は引き裂かれたが』でこう書いている。ソウルに入った大島は雑然とした町並み、道端にたむろする人々、貧しい身なりの子どもたちを見て、「ああ、ここは巨大な釜ヶ崎だ」と実感する。三作目の監督作品『太陽の墓場』のロケ地に選んだ大阪の日雇い労働者の街を重ね、民衆の激しいエネルギーに圧倒される。「私は少しやせ、少し志を堅くして帰って来た。韓国人たちは困難な状況に耐えそれを突き破って行こうと苦しい戦いを戦っていた。私は目と心を洗われる思いで毎日を過ごして来たのである」

訪韓の目的は、軍事独裁政権を率いた李承晩《りしようばん》大統領が日本海で一方的に設定した「李承晩ライン」付近の漁民を撮ることだった。『ユリイカ』二〇〇〇年一月号の大島渚特集に掲載された韓国滞在中の日記からは、企画変更のプロセスが読み取れる。

大島らの取材班は韓国政府に対し警備艇に乗り込む交渉をするが、訪韓十五日目に断られてしまい、「大いに怒り、困り果てる。一切やめて帰るか」と弱気になる。大島は翌日、家族の生活苦から娼婦となった元女子学生がヤクザに殴られ、入院したという新聞記事を見て、興奮した。彼女は一九六〇年四月、学生たちのデモが発端となって李承晩政権を打倒した「四月革命」の際、軍隊との衝突で片腕を失った。タイトルとして選んだ『青春の碑』は、この時の犠牲者を悼む記念碑を指している。

しかし、番組では、朝鮮戦争の負傷者や孤児を収容する施設を営む元測量技師が主人公になった。この所長は元女子学生の娼婦をいったん施設に引き取るが、彼女は家族を養うため売春宿に戻る。語り手は新劇俳優の芥川比呂志《ひろし》と奈良岡朋子だった。

大島は「女子学生朴玉姫《パクオキ》が今は売春婦となっているのを発見し、これを取りあげることにした。しかし、急激に言論統制の色が濃くなりはじめた情勢に敏感に反応するテレビ局内の事情によって、この売春婦を更生させようとしたある社会事業家の物語に変更せざるを得なかった」と内情を明かす。遅れてソウルに来た牛山との打ち合わせや、東京に戻った牛山から電話で企画変更の了承を取りつけた日記の記述を見ると、妥協の産物と思われる。

所長と元女子学生のシーンについて、佐藤忠男は『大島渚の世界』で、「この作品は、ドキュメンタリーではあるが、しばしば劇映画かと錯覚するほど、緻密にショットを重ねてある。おそらく、写される者に注文をつけて撮った、いわゆるやらせの部分もある程度あるのだろう」と指摘した。大島の日記には、韓国の新聞記者から、退院した彼女が売春宿に戻ったことを聞かされたとあるので、本人による「再現」なのは間違いない。

佐藤はそのうえで「しかし、この作品もまた、やらせの是非ということを超えて、撮る者と撮られる者との間に成り立ったと感じられる緊張関係の純粋さによって心をうつものとなっていた。(中略) 韓国では、ひたむきに生きている人間が本当にひたむきに見える。彼が韓国にひきつけられる理由はそこにあるのだろう」と好意的に解釈した。

大島は韓国に滞在中、家族のいない子どもたちのスナップ写真を撮りためた。六五年に公開された二十四分の短編映画『ユンボギの日記』はこれらの写真に、当時ベストセラーになった感化院の少年李潤福《イユンボギ》の手記の一部をナレーションとして重ねた。この異色作のなかで「唐辛子《とうがらし》は煮つめられていよいよ辛くなり、麦は死して新しい芽をふく」という言葉が引用される。一九四〇年

（昭和十五年）八月、朝鮮総督府の言論統制によって廃刊に追い込まれた『朝鮮日報』の「廃刊の言葉」である。

岩波映画出身者も参加

映画評論家で日本映画ペンクラブ名誉会員の河原畑寧《かわらばたやすし》は読売新聞記者時代、六二年から四年間にわたり放送界の取材を担当した。後に放送評論家として独立する産経新聞記者の青木貞伸や、日本経済新聞記者の松田浩（後に立命館大学教授）らとともにラジオ・テレビ記者会賞を創設し、第一回の受賞作に『ノンフィクション劇場』などを選んだ。

河原畑は大島から「韓国に行くと、日本の事情がよくわかるんだよ」と聞かされたことがある。これは、大島自身がしばしば語った「韓国・朝鮮人は日本人を鏡のように映し出す」という言葉に符合する。

社会に衝撃を与えた在日朝鮮人の少年・李珍宇《イチヌ》による強姦殺人事件「小松川女子高生殺人事件」を題材にして、高く評価された『絞死刑』（六八年公開）や、ザ・フォーク・クルセダーズの三人が韓国から亡命した軍人に命を狙われるナンセンス・コメディー『帰って来たヨッパライ』（同）などを挙げて、河原畑は「大島さんは社会の現実から題材を探す。六〇年代前半にテレビドキュメンタリーを撮ったことは、創造社の映画に大きな影響を及ぼした。日本社会で疎外されていた在日韓国・朝鮮人問題をとおして、自分なりの視点を見つけた」と指摘する。

さらに、「独立プロダクションで作る場合は低予算という制約があり、ほとんどロケ撮影にならざるをえない。少人数で撮るテレビドキュメンタリーを経験し、オールロケの方法論も身につけたのだろう。東陽一《ひがし》監督や黒木和雄監督たちもそうだが、ドキュメンタリーの仕事は血となり肉となった」とも言う。『絞死刑』はATG（日本アート・シアター・ギルド）と創造社が提携し、五百万円ずつ製作費を出し合う「一千万円劇映画」の第一弾となった。

プロデューサーとしての牛山について、河原畑は「ああいう人は新聞社にも他局にもいなかった。大島さんとは互いに才能を認め合っていたんじゃないか。大島さんは人を驚かせる面があったけれど、牛山さんは穏やかな話し方で、老成していた。包容力の大きさを感じさせる大人だったね」と好印象を抱いている。

『ノンフィクション劇場』には大島以外の映画監督も参加した。全作品リストを見ると、羽仁進は大島とともに第一シリーズで早々と登板し、『交通戦争のエピソード』を撮った。自動車の急激な普及につれて事故も増え、「交通戦争」という流行語が生まれた時代である。六三年五月には再開後の六作目として、東京の精神病院を取材した新藤兼人監督の『狂人と楽園』が放送された。八月放送の『ボクは日本人』は、劇団民藝の女優で、後に日本社会党の参議院議員となる望月優子が戦後の混乱期に生まれた「混血児」の問題を取り上げた。

羽仁進はマルクス主義の歴史家・羽仁五郎と婦人運動家・羽仁説子の間に生まれた。祖母の羽仁もと子が創設した自由学園を卒業後の四九年、岩波映画製作所の設立に参加した。『教室の子供たち』『絵を描く子どもたち』などの記録映画が評価され、六一年公開の『不良少年』で劇映画に進出した。プロの俳優は使わず、ドキュメンタリーの手法を多用したこの映画は、キネマ旬報ベストテンの一位に選ばれた。

岩波映画の出身者では、早稲田大学で牛山と交流のあった土本典昭をはじめ東陽一、黒木和雄らの逸材も参加した。

東は六五年から加わり、落石が多い国鉄飯田線の線路を守る作業員に密着した『落石警戒区域』や、地方の若者の姿を追った『出稼ぎ 18才がゆく』、スポーツに打ち込む青春群像を描く『日大水泳部』を作った。黒木は東京オリンピック男子体操の個人総合、団体総合、平行棒で金メダルに輝いた遠藤幸雄《ゆきお》を主人公にした『ある体操選手』（六六年五月放送）を撮った。黒木はこれに先立ち、マラソンの君原健二選手に密着取材した長編記録映画『あるマラソンランナーの孤独』を成功させたため、この延長線上の企画だろう。

担当ディレクターのなかには、作家の長部《おさべ》日出雄の名前もある。青森県三沢市の大火で被災した一家が自力で家を再建するまでの苦闘を記録した『我が家建つ』で、六六年三月に放送された。読売新聞で河原畑の同期生だった長部は、『週刊読売』記者を経て映画評論家になり、七三年、『津軽じょんから節』『津軽世去れ節』で直木賞を受賞した。この企画は長部が青森県弘前市出身だったことから成立したようで、改めて牛山の顔の広さがうかがえる。

杉山忠夫は日本テレビに入社して三年後の六五年、編集助手として『ノンフィクション劇場』のチームに入った。編集者として一本立ちしてからは、土本が演出した『市民戦争』や『おお通勤者諸君』、黒澤明監督の愛弟子《まなでし》だった堀川弘通監督の『スター 有馬稲子』などを手がけた。

「牛山さんは『テレビは映画から学ばなければいけない』と、外部の監督さんに若手社員たちを演出助手としてつけた。岩波映画の人たちも『日本テレビの仕事は面白い』と乗ってくれましたね。特に、土本さんや黒木さんとは局内のカメラマンたちが一緒に仕事をしたがった。僕も、撮った映像を『主観ショット』と『客観ショット』に分けてつなぐ土本さんの編集には多くを教わりましたよ」

テレビマンユニオンの今野勉は『ノンフィクション劇場』が放送されていた時期、ＴＢＳでドラマの演出をしていた。行きつけだった新宿のバー「ユニコーン」では、大島渚ら創造社のメンバーとよく顔を合わせ、熱い議論を交わした。ドキュメンタリーも手がけるのはテレビマンユニオン設立後になるが、土本や黒木とは顔見知りだったこともあり、このドキュメンタリー番組を時々見ていた。

今野は二〇一三年刊行の『文藝別冊　大島渚』に掲載される『大島渚とテレビ』を書くため、川崎市市民ミュージアムに通い、大島のテレビドキュメンタリーの何本かを見直した。

「『氷の中の青春』は大島さんらしからぬ凡作でした。ナレーションはほとんどなく、僕らプロから見ればなっていない。テレビドキュメンタリーの第一作でなぜ北海道の漁民を取り上げたのかを想像すると、牛山さんの周到な戦略に行き着く。恐らく局の上層部は大島さんに警戒心を持っていたでしょう。牛山さんはそれを見越して、『最初はとんがったことをしないように』と大島さんを説得したんじゃないか。プロデューサーとして『毎回、傑作が生まれるはずはないから、ダメなのがあってもいい』と番組全体のことを見渡していたと思う。岩波映画出身の土本さんや黒木さんにしても、メッセージ性の強い人です。才能のある人たちを集めて仕事をしてもらうには、信頼感と腕力、強い説得力がなければできない。牛山さんはそれを成し遂げた」

局内外を問わず、『ノンフィクション劇場』のスタッフが総力を挙げた異色作『ある国鉄乗務員——四・一七スト中止前後』は、六四年四月十九日に放送された。この年の春闘では、公労協（国営企業体等労働組合協議会）が平均五千円の賃上げを求めて統一半日ストの方針を打ち出した。なかでも国労（国鉄労働組合）の動きは注目され、スト突入か中止か、前夜の機関区の動向を追うのが狙いだった。

しかし、どこで何が起こるかは当日にならないとわからない。そこで、牛山は主要地点に取材班を配置し、万全の態勢で臨んだ。局外では、ベテラン監督の関川秀雄、羽仁、土本のほか、創造社の創設メンバーである脚本家の田村孟、TBS時代にフランキー堺主演の名作ドラマ『私は貝になりたい』と『いろはにほへと』で二年続けて文化庁芸術祭大賞を受賞したフリーの岡本愛彦《よしひこ》ら七人、局内からは十人のディレクターが加わった。大島は総監督として膨大なフィルムに目を通し、取捨選択をした。

『ノンフィクション劇場』は一年間の中断をはさんで六年余り続く。局外の作り手では『老人と鷹』など十二本を手がけた記録映画監督の西尾善介が突出していた。劇映画の監督としては『チタ二世号太平洋横断』上下編の共同担当も含め、大島の七本が最も多かった。

よみがえった『忘れられた皇軍』

大島はその後、昭和初期の猟奇的な殺人事件として名高い阿部定事件を題材にした日仏合作の

『愛のコリーダ』（七六年公開）や、デビッド・ボウイとビートたけし、作曲も担当した坂本龍一という異色のキャスティングで話題を集めた『戦場のメリークリスマス』（八三年）などで、国際的にも高い評価を得た。戦後の日本映画界を牽引《けんいん》した大島は、脳出血後の長い療養生活を経て二〇一三年一月十五日、肺炎のため八十歳で死去し、訃報は世界を駆けめぐった。

その十日後の夜、東京大学の本郷キャンパスで第十回「みんなでテレビを見る会」が開かれ、大島のテレビドキュメンタリー二本が上映された。会場の教室はかなり埋まっていて、参加者は通常の四、五十人の倍くらい多いと聞いた。図らずも追悼上映という色彩を帯びたからだろう。

この会は一二年一月から、丹羽美之・東大情報学環准教授の研究室が「テレビアーカイブ・プロジェクト」と銘打って始めた。第一回では、牛山の代表作の一つ『南ベトナム海兵大隊戦記』を取り上げた。この夜は『忘れられた皇軍』と『青春の碑』が上映され、第一回と同様、川崎市市民ミュージアム学芸員の濱崎好治《はまさきこうじ》がゲストとして解説役を担った。

大島は生前、濱崎の聞き取りに対し「ドキュメンタリーは僕の発言」と答えた。牛山については「演出上の要望はまったくなかった。僕を信頼してくれて、すべて任せてもらった。テレビドキュメンタリーの仕事は牛山さんとしかありえなかった」と回想したという。

大島の一周忌を前にした一四年一月十二日深夜、『忘れられた皇軍』が半世紀の時を経て、日本テレビでよみがえった。『NNNドキュメント'14』で放送された五十五分の『反骨のドキュメンタリスト 大島渚「忘れられた皇軍」という衝撃』である。『忘れられた皇軍』を再放送するだけではなく、ありし日の大島の映像や関係者の証言を交えて、巨匠の軌跡をたどった。

「なんだ、これは。どうなってんだよ。あれほど言ったのがわかんないのかッ」。冒頭、映画の撮影現場で怒鳴り散らす大島の姿が映し出され、「怒りの人、大島渚。撮影現場だけではなく、あらゆる事象に対して怒りをぶつけていた。今、テレビは何かに怒っているだろうか」というナレーションが流れる。

番組では、テレビ朝日の討論番組『朝まで生テレビ！』で大島と激論を交わしたジャーナリストの田原総一朗が『忘れられた皇軍』を「鮮烈な番組だった。大島さんが怒りをぶちまけている」と評した。今のテレビに言及し、「大島さんが健在だったら、『言いたいことをちゃんと言えよ。遠慮なんかするなよ。誰に遠慮してるんだよ』と言うんじゃないですか」と発言した。

映画監督・テレビディレクターの是枝裕和も登場し、「大島さんが生涯批判し続けたのは被害者意識というものだった。『あの戦争は嫌だったね、つらかったね』などと、自分たちが何に加担したかについて目をつぶって、被害者意識だけを語る日本人に対して、あの番組で『君たちは加害者だ』ということを突きつけた。見た人間は打ち震えたわけなんですよね」と語った。

大島は神奈川県鎌倉市の建長寺で眠っている。その墓石に刻まれた直筆の座右の銘が画面に映し出される。「深海に生きる魚族のように、自らが燃えなければ何処《どこ》にも光はない」というハンセン病の歌人・明石海人《あかしかいじん》の言葉である。

「時代時代の世相を映してきたテレビ。それは同時に私たちが社会を見つめる目でもある。今のテレビは何を映し出しているだろうか。そして今、もう一度問いたい。日本人よ、私たちよ、これでいいのだろうか、これでいいのだろうか」。結びのナレーションが『忘れられた皇軍』を踏まえているのは明らかだった。

これを作った鈴木あづさプロデューサーは、大島の遺作となる『御法度《ごはっと》』が公開された一九九九年、日本テレビに入社した。社会部記者として警視庁や東京都庁、宮内庁などを担当した後、北京支局の特派員、社会部デスクを務めた。育児休暇が明けた二〇一三年六月から、『NNNドキュメント』班で念願のドキュメンタリー作りを始めた。

大島の名前はもちろん知っていたが、牛山や『ノンフィクション劇場』は聞いたことがなかった。大島が亡くなった後、局内で保存されていたドキュメンタリー五本のフィルムをたまたま見る機会があり、特に『忘れられた皇軍』には大きなショックを受けた。

「作り手の怒りがストレートに伝わり、横っ面を殴られたような気がしました。同時録音ではないから、口と言葉が合っていない。過剰なスーパーインポーズにならされている今の視聴者には見づらい部分もありますが、視聴者をけっして甘やかしていない。私を含め今の制作者は何かに怒っているだろうかと考えさせられ、テレビを問うきっかけにしたかったんです」

制作者の署名性と主体性を重視した牛山と、それに賛同した大島のメッセージに応えるべく、鈴木はこの番組で自ら顔を出し、「報道15年、一児の母」という公私の立場も明らかにした。日本テレビの大先輩に当たる牛山については「気鋭の映画監督たちを連れてくる発想がすごいし、局内でそれを通したのもすごい。今、同じことをやろうとしたら、かなりの腕力が必要でしょう」と敬意を払う。

この番組はギャラクシー賞月間賞に選ばれた。各紙への寄稿では、作家の高橋源一郎、TBS

の『報道特集』キャスターの金平茂紀《かねひらしげのり》、映画評論家の樋口尚文、俳優の中村敦夫らが好意的に取り上げた。

大島には二人の息子がいる。『忘れられた皇軍』が放送された一九六三年に生まれた長男の武は一橋大学社会学部を卒業し、ロンドン大学インペリアル校経営大学院に留学した。日本電信電話（現・NTT）などを経て、東京工芸大学教授を務めている。二男の新《あらた》は早稲田大学文学部を卒業後、フジテレビでドキュメンタリーを作ってきた。九九年に退社し、フリーのディレクターとして活動している。この兄弟は二〇一四年、『君たちはなぜ、怒らないのか――父・大島渚と50の言葉』を刊行した。共著の本では、こう牛山に言及している。

大島をテレビの世界に導いたのは、日本テレビの名物プロデューサー・牛山純一。牛山は、民放のドキュメンタリー番組制作者の草分けのような存在で、NHKの客観性・中立性を重視したドキュメンタリーとは異なる方法論による、民放ならではの、作り手の個性が際立つドキュメンタリーを目指していた。そこで、松竹ヌーベルバーグの旗手とうたわれ、作家性の強い作り手だった大島渚に白羽の矢を立てたのだ。

父は、この二歳年上のテレビプロデューサーとよほど馬が合ったようだ。なにしろ父は、生涯に十数本のテレビドキュメンタリーを作ったが、そのほとんどが、牛山純一プロデューサーとタッグを組んで手掛けたものだったのだから。

大島は七〇年代もテレビドキュメンタリーを作り続けるが、それらは日本映像記録センターを設立した牛山との共同作業だった。二人の親交は終生続いた。

構成作家・早坂暁

脚本家の早坂暁《あきら》は、NHKで放送された吉永小百合主演の『夢千代日記』や若山富三郎が初老の弁護士にふんした『続・事件』、自伝的作品の『花へんろ　風の昭和日記』シリーズなどの名作で知られる。早坂は二十代後半、生け花の業界紙の編集長をしていた。一九五九年（昭和三十四年）、知人からNHKのディレクターを紹介され、子ども向けの音楽バラエティー番組『不思議なパック』の構成台本を書き始めた。本名の富田祥資《よしすけ》ではなく、生け花評論を書く際のペンネームをそのまま使った。

テレビドラマの執筆を勧められて一本書き、日本テレビで五九年秋から始まった一話完結形式の三十分ドラマ枠『愛の劇場』に売り込んだ。黒澤明監督の映画で音楽を担当する早坂文雄と、愛読していた私小説の作家上林 暁《かんばやしあかつき》の姓名を組み合わせ、「早坂暁」という名前を思いついた。

さまざまな立場の女性を主人公にした『愛の劇場』は毎週、牛山の同期生せんぼんよしこがドラマの女性ディレクターの草分けとして一人で演出していた。早坂は「せんぼんさんは若くしてスター・ディレクターでした。机の上には持ち込まれた脚本が山積みにされ、彼女がえりすぐっていた。リハーサルを徹底的にやり、セットにも凝りに凝る。効率の悪い作り方なので、上司からは煙たがられた。でも、僕は好きでしたね」と語る。

早坂は日本テレビに出入りするうち、同世代の牛山とも知り合った。六二年一月から『ノンフィクション劇場』を始めることが決まり、「シナリオライターにも参加してほしい。構成がしっかりしていないと『劇場』にならないから」と声をかけられた。「テレビの構成作家は脚本家よりランクが下に見られていたけれど、おカネをもらって国内外のあちこちに行けるのは面白そうだ」と、即座に引き受けた。六三年末まで続く『愛の劇場』にも定期的に書いていたので、日本テレビには入り浸りだった。

構成作家は作品のタイトルを考え、ナレーションの原稿を書くだけではなく、ディレクターらと取材し、時には演出の一部も担う。『ノンフィクション劇場』の三作目として六二年二月に放送された『樹海の記録』がまさにそうだった。

富士山の登山者を撮る企画が持ち上がり、早坂は青木ヶ原の樹海が広がる山梨県の村で「二人の男女が樹海で行方不明になった」という話を聞き込んだ。流行作家松本清張の『波の塔』が出版・映画化された六〇年以来、若手検事との道ならぬ恋に悩むヒロインの人妻が姿を消す青木ヶ原は「自殺の名所」となった。企画が自殺行の追跡に変更されると、警察や消防団の捜索隊が別の白骨死体を発見し、所持品から男子高校生と推定された。早坂らは帽子の徽章《きしょう》を手がかりにして各都道府県の教育委員会に問い合わせた結果、富山県の高校のものとわかり、本人を特定した。自殺の背景として、大学受験の重圧が浮かんできた。

一方、早坂が構成を手がけた『推理・薬師岳遭難』(六三年五月放送)は完全な「再現ドキュメンタリー」だった。六三年一月、北アルプス立山連峰の薬師岳で愛知大学山岳部のパーティー十三人が全員遭難した。彼らが残した日記や遺品などを基にして、全日本山岳連盟のベテラン登山家たちに愛知大生のルートをたどってもらい、遭難に至る様子を再現した。

ちなみに、七一年秋から一年間、江戸中期の奇才・平賀源内を主人公にして、型破りの痛快時代劇と評判を呼んだNHKの『天下御免《ごめん》』で早坂と名コンビを組む岡崎栄ディレクターも、この遭難事件を映像化した。六五年三月、放送記念日特集として放送された『遭難』である。十一人の遺体は六三年五月までに発見されたが、残りの二人が見つからない。その一人の父親が自力でわが子の捜索に乗り出し、初雪が降った十月になってようやく遺体と対面する。岡崎は父親に「捜索の様子を再現したい」と持ちかけて、番組にした。「ドラマでもドキュメンタリーでもない新しい表現形式」という思いから、「ドキュメンタリードラマ」との言葉を冠した。

『ノンフィクション劇場』で六三年十一月二十七日に放送された『水と風』は、こうした「再現」の手法の是非が問われる問題作となった。七月放送の『乾いた沖縄』はこの先行作品と位置づけられる。

これを撮影した森口豁《かつ》は生まれも育ちも東京である。高校生の時、まだアメリカの統治下にあった沖縄を訪れて、沖縄戦の悲劇や広大な米軍基地の存在に衝撃を受けた。玉川大学文学部を中退後の五九年、沖縄に移住し、琉球新報社会部記者として取材に奔走した。日本テレビの通信員を兼ね、ニュースを撮ったフィルムを航空便で東京に送る仕事もしていた。

六三年、沖縄が八十年ぶりの大干ばつに見舞われると、牛山から「それを撮ってほしい。島の様子を調べてくれ」と電話があった。森口が久高島《くだかじま》という孤島のことを報告すると、早坂の「想定台本」が送られてきた。久高島には電気も水道もない。琉球放送にいる知人から照明機材を借り、那覇市で靴磨きのアルバイトをしていた若者に照明係を頼んだ。昼間は畑や工事現場で働き、夜は洞窟の水源から桶で水を運ぶ女性たちの重労働を撮影した。音声を採る機材も余裕もなく、効果音は東京で編集する際につけられた。

「干ばつをテーマにした決定版を作って、芸術祭に出品しよう」と意気込んだ牛山は、後藤英比古ディレクターと早坂、カメラマンらを引き連れて、沖縄にやってきた。当時は、アメリカ民政府からビザが下りるまで一か月かかった。牛山らは石垣島の民宿に泊まり込み、手分けして八重山諸島を回った末、石垣島から十七キロ離れた黒島（現・沖縄県竹富町）という平坦な島を撮影ポイントに決めた。二十五歳の森口は助手として雑用をこなした。

今もフリージャーナリストとして活動している森口は二〇〇〇年七月、川崎市市民ミュージアム主催の「牛山純一レトロスペクティブ」シリーズのゲストとして招かれた。『水と風』の上映後、その舞台裏を赤裸々に語った。

牛山は二人の老女を主人公に据えたいと考え、「〝絵〟になる顔がいい。しかも、沖縄戦の悲劇を引きずっているおばあ」をスタッフに探させた。しかし、黒島では見つからず、別の島から連れてきた。「牛山さんは仕事に厳しかった。酒盛りをしていて、後藤さんが弱音を吐くと、『そんなことを言うなら、すぐ東京に帰れ』とどやしつけた。後藤さんはおいおい声を上げて、泣いていましたね。僕も写真を撮っていたら、『何やってんだ、お前は』と叱られたように、さんざん怒鳴られたのを覚えています」

沖縄のテレビ局は当時、沖縄テレビと琉球放送の民放二局しかなく、沖縄放送協会が開局するのは六八年だった。日本テレビの系列局は今もない。『乾いた沖縄』の放送後、その内容を知ったアメリカ民政府公安局は牛山らの取材班に対し、「雨が降らなくて島民が困っているという番組は、共産主義勢力を利する」と警戒心を抱き、黒島に乗り込んだ。各集落を回って、「日本テレビには協力しない」という誓約書まで取りつけたうえで、牛山に制作意図や取材内容を細かく問い質した。牛山は那覇市にある民政府に足を運び、「政治的な意図はまったくない。テーマは人間と自然との闘いだ。アメリカが生んだ文豪ヘミングウェイの『老人と海』と同じですよ」と説明した。

牛山は島民と干ばつとの闘いだけではなく、沖縄地方を襲う台風、さらには畑の作物を荒らすカラスとの闘いも描こうとした。極度の水不足のため、多くの牛が海水を飲もうとして海に入り、死んだという話を聞き、そのシーンを再現させた。牛の鼻にテグス（釣り糸）をつなぎ、後藤と森口を海中にもぐらせ、引っ張らせたのである。

牛山純一はことあるごとにスタッフにこう言ったという。「オレたちは《横》に切るんじゃなくて《縦》に迫っていこう」。事実や証言を羅列するのではなく、過去から現在までの時間軸をベースに人物像を掘り下げる、という意味だ。そのためには過去にあった事実の映像による再現も必要になってくる。当時はまだ《やらせ》という言葉はなかったが、時には熱意のあまり、そうした「再現演出」の行き過ぎも問題になったことがある。干ばつで水に飢えた牛が海に入っていく場面で、実は画面では見えないテグスでスタッフが牛を引っ張っていた、というのがその1例。

日本テレビの社史『テレビ 夢 50年』がこう認めるほど、放送界で知る人ぞ知る実話である。森口が明らかにしたもう一つの「再現」は、台風で牛小屋が倒壊し、おばあの大切な子牛が死ぬ場面だった。これは子牛を買ってきて殺し、つぶれた小屋の下に横たえて撮影した。牛山は「一つ一つのカットは再現でも、真実ならいいじゃないか」とスタッフに話したという。

森口は「後で聞いた話ですが、本土でこの放送を見た黒島出身者から内容を聞いて、島民は『素晴らしい歌や踊りもあるのに、ことさら自分たちの貧しさやみじめさを強調している』と怒ったそうです」と指摘した。撮影に協力した黒島にはテレビが一台もなく、仮にあったとしても、沖縄では日本テレビ系の放送を見られなかった。

二〇一五年二月に開催された第六回「座・高円寺ドキュメンタリーフェスティバル」でも、『水と風』など牛山の二作が上映され、森口がゲストとして登壇した。「僕がかかわった作品のなかで最も思い出したくないのがこの『水と風』ですね。ここまで事実と違うことを描いていいのかとずっと疑問を抱いていた。これはドキュメンタリーではなく、『映像詩』と思うようにしている」と総括した。

黒島に同行した早坂は「ハブが多い島でした。牛が海で死ぬのは干ばつを象徴するシーンでしたから、石垣島から獣医を連れてきて、牛に麻酔を打ったんですよ。事実でないことを描くのは捏造《ねつぞう》だが、あれは実際にあったことです。今でも『再現』と断れば問題ないでしょう」と考えている。

二か月間も現地に泊まり込み、牛山が自ら陣頭指揮した『水と風』は狙いどおり、芸術祭奨励賞のほか、カンヌ国際映画祭テレビ部門の審査員特別賞も受け、『ノンフィクション劇場』の受賞作を増やした。

賞をさらった障害児の記録

二〇一三年六月二十九日、テレビ史に残るドキュメンタリーが東京・紀尾井町の千代田放送会館で上映された。一九七五年に日本テレビで放送された『明日をつかめ！ 貴《たかし》くん〜4745日の記録〜』である。放送批評懇談会が創設五十周年記念として主催したイベントの一コマだった。

六〇年代前半、催眠鎮静剤サリドマイドを服用した妊婦から手足に深刻な障害を負った子が生まれ、大きな社会問題になった。『ノンフィクション劇場』の池松俊雄ディレクターは、障害児を抱えた荒井家を密着取材し、『貴の手が動いた』や『貴の手』前後編を作った。その後も、彼が中学に入学するまで十三年間にわたって記録し続けた。この総集編は芸術祭優秀賞やギャラクシー賞、日本民間放送連盟賞、放送文化基金賞などの賞をさらい、日本のテレビ番組で初めて米国の国際エミー賞に輝いた。池松自身も一連のドキュメンタリーで七五年度の日本記者クラブ賞を受けた。

貴の母親は妊娠中、二十錠の薬を飲み、薬害に遭った。両親は北欧でわが子に関節の移植手術を受けさせる。小学校に入った貴は好奇の目にさらされながら、懸命に学校生活を送るが、体育着に着替えるのも容易ではない。ハンディキャップを負った子どもの成長ぶりを淡々と追った作品は、告発型ドキュメンタリーの域を超え、家族が力を合わせて困難に立ち向かう歳月を映し出し、胸を打つ。

登壇した池松は「時代を映すのがドキュメンタリーだから、サリドマイド禍を昭和の一断面ととらえて企画を提案した。一か月間お宅に通って、お父さんから取材の許可を得ました。ジャーナリズムの責任という大義名分はあったが、実際に家庭の内側に入るのはつらい仕事だった。下手をすれば、カメラの暴力になりかねないからね。家族はもっとつらかったでしょう。それでも、視聴者からの反響を受けて使命感を持ち、貴くんの成長を追いかけた」と振り返った。

当初の映像は白黒で、音声が同時に録音できず、途中からカラー化した。テレビ技術の進歩もうかがえるこの秀作は、速報性や同時性だけではなく、人間と社会、時代の変化を刻み続ける記録性もテレビの大きな利点と実感させる。

障害児の成長を追い続けた一連の作品で、一貫して構成を担当したのが早坂暁だった。「社会的な大事件でしたからね。東京ガスに勤務するお父さんがすごく気丈な人で、『短い手でも生活していけるように』と幼い子に柔道の受け身を仕込もうとした。わざと転ばせると、子どもは『できない』と泣くんです。反響は非常に大きかったですよ」

八十代半ばでも、作品のタイトルやスタッフの名前がすらすら出てくる早坂に『ノンフィクション劇場』で印象深い作品を問うと、即座に「全部、面白かったですよ」と答えた。

「テレビドラマの脚本でも、映画から来たライターは僕らの倍のギャラをもらっていた。テレビが馬鹿にされていた時代だから、僕らは『映画に負けないテレビの表現は何か』って懸命に手探りしていた。テレビ人間の僕にとって、ギューさんは良き仲間であり、兄貴分でしたよ。ああいう人はもう二度と出てこないでしょうね」

イヌイットを取材したアラスカやアマゾン、マレーシアのボルネオ島での珍談もユーモラスに披露し、「ドキュメンタリー作りにかかわったことで、事実と真実の関係についていろいろ学びました。事実が必ずしも真実とは限らないが、事実から離れたら真実は描けない」と語る。異色の時代劇としてヒットを飛ばしたNHKの『天下御免』を例に挙げて、「あれは根も葉もあるウソ」と表現した。

六五年六月放送の『多知《たち》さん一家』も『ノンフィクション劇場』の代表作の一つである。民放大会賞テレビ教養番組部門で最優秀に選ばれた。

これを演出した市岡康子は日立製作所でOLをしながら、東京都立大学人文学部で学んだ。ジャーナリストにあこがれて六二年、日本テレビに入社した。民放テレビ局で女性の採用はアナウンサーに限られ、一般職の門戸を開いている局はごくわずかだった。

社会教養部に配属され、昼の帯番組『婦人ニュース』を担当した。主婦に向けてニュースやファッション、話題の人などを取り上げる、ワイドショーのはしりのような生番組だった。市橋明子プロデューサーからはテレビのイロハ以上のものを教わった。「私が担当するフィルム構成の編集が終わるまで、夜の何時でも待ってくれた。書き上げたナレーションを赤字で直し、『さあ、飲みに行こう』と誘ってくれる豪快な上司でした。休日も出社するような〝仕事中毒〟は、私にも感染しました」と愉快そうに言った。

市岡は瞬時の判断が要求される生放送中、副調整室で番組進行のキュー（合図）を出すのが苦手だった。これに比べ、ドキュメンタリーならじっくり取り組める。二年後の六四年春、牛山のチームに移ったのは幸いだった。

牛山は『ノンフィクション劇場』で紅一点となる駆け出しディレクターを局舎前の喫茶店「ローリエ」に誘い、番組の狙いを滔々《とうとう》と語った。オーストリアの作家シュテファン・ツヴァイクの小説『人類の星の時間』を引き合いに出し、「マリー・アントワネットや冒険家アムンゼンたちの人生で最も輝いていた時期が書かれている。一般の人にも必ず一生に一度は『星の時間』があるだろう。現実のなかからそれをつかまえるのがこの番組だ」と熱弁を振るい、市岡に感銘を与えた。市岡はその年の暮れ、パラリンピックをめざす脊髄《せきずい》損傷のバスケットボール選手を主人公にした『佐藤総理への手紙』でデビューを飾った。

『多知さん一家』の企画も、牛山とローリエで交わした雑談から生まれた。五〇年代後半、白黒テレビ、洗濯機、冷蔵庫の家電三品目の総称として喧伝《けんでん》された「三種の神器」に続いて、カラーテレビ、クーラー、自動車（カー）が「新・三種の神器」「三C」と呼ばれ始める時期だった。より便利で、豊かな生活をめざす意識が国民の間に広がる一方で、子どもの数はだんだん減ってきた。牛山から「今の風潮の逆を行き、多人数家族を取り上げてみないか」とアイデアを出され、市岡は「面白そうですね。やりましょう」とうなずいた。

問題はどうやって大家族を見つけるかである。市岡が東京の公立小学校の校長あてにアンケートを送ると、「きょうだいが六人以上」という回答が十通ほどあった。それを読んで目星をつけ、子どもが一歳から中学生まで九人、両親を含め十一人という多知家を訪れた。玄関を開けたら、四畳半一間に小さな子どもたちがいた。市岡が「どの子がお宅のお子さんですか」と尋ねると、母親は「みんな、うちの子」とほほ笑みを浮かべた。「番組になるかなあ」と迷いながら、三週間ほど毎日通い、子どもたちに「テレビのお姉さん」となつかれた。

狭い家なので、スタッフは市岡とカメラマン、照明担当の最小限にとどめ、録音は市岡が受け持った。最初の一週間は一日二、三時間、家での生活、路地で遊ぶ子どもたちの様子など何でも撮りまくった。ラッシュ（焼き付けたフィルム）を見た牛山からは「子どもたちはかわいいし、魅力があるけれど、これでは子どもの生態映画だ。これからは何か動きあったら、カメラをすぐお母さんの顔に向け、その表情を撮りなさい」とアドバイスされた。市岡は後に、この意味がよくわかった。

編集の途中で何度か試写をしても、OKを出さない牛山は、家族そろって銭湯に行くシーンで「ここに何か、入らないかな」と言い出した。市岡らはもう一度、銭湯に向かうところを撮りに行った。子どもの一人が母親の手にほおずりをし、母親がニコリとする場面をカメラに収めた。牛山は食事のシーンでも「もっといいカットが入らないか」と注文をつけた。ちゃぶ台の下から子どもたちの足が出ている映像を加えて、やっとOKが出た。

「映像に対する牛山さんの感覚はすごいですね。指摘されなかったら、元のまま放送していたかもしれない。『多知さん一家』で民放大会賞をもらい、局内で一目置かれるようになりました。タイムカプセルに作品を一つ埋めるとすれば、私はこれを選ぶでしょうね」

市岡の同期生で、早稲田大学教育学部卒の菊池浩佑《ひろすけ》は入社前の二月、社会教養部への配属が決まり、早々と『ノンフィクション劇場』チームで働き始めた。西尾善介、土本典昭ら記録映画監督の助手を経て、秋田県を舞台にした『父と子　ある出稼ぎ村で』や『東大応援部』を作った。

「牛山さんは冗談を言うタイプではなかった。とにかく厳しくて、僕はみんなの前でしょっちゅう怒られました。『菊池は怒鳴りやすいから怒鳴るんだが、実はみんなに言っているんだ』と聞かされたことがあります。それでも、牛山さんとは十年ほどつき合い、得たもののほうが多かった。牛山さんと出会って、ドキュメンタリー一筋に歩む僕のテレビ人生が決まりましたからね」と懐かしむ。他人の悪口をけっして言わないこの人らしい。

『ノンフィクション劇場』では途中から、日本テレビ系列の地方局も制作に参加するようになった。菊池は「ローカル局でもいい企画を出せば作れると、門戸を開いた。牛山さんのこうした姿勢とともに、『人間をとおして社会を描く』というヒューマン・ドキュメンタリーの伝統は『NNNドキュメント』シリーズに受け継がれている」と付け加えた。

日曜深夜の『NNNドキュメント』シリーズは七〇年一月から始まり、日本テレビと系列局の共同制作番組として今も続いている。芸術祭大賞に輝いた山口放送の『聞こえるよ母さんの声が…原爆の子・百合子』（七九年）、ギャラクシー大賞受賞作の『列島検証　破壊される海』（九六年）など、受賞作は数えきれない。菊池は八三年から十五年間もの長きにわたりプロデューサーを務め、温厚なまとめ役として系列局の後進ディレクターたちを育てた。

『水と風』で助手を務めた後、森口豁は正式に日本テレビの社員となり、「特派員」として沖縄に駐在した。六五年八月、佐藤栄作は首相として戦後初めて沖縄を訪問した。「沖縄が祖国に復帰しない限り、戦後は終わっていない」という声明を出し、本土復帰はメディアの大きな関心事になった。森口は六六年七月、『ノンフィクション劇場』で放送された『沖縄の18才』で、本土復帰を願う高校生を主人公に据えた。七二年五月、沖縄は二十七年ぶりに本土に復帰し、七年八か月の長期政権を担った佐藤首相はこれを花道にして引退した。

森口は『NNNドキュメント』シリーズで、『沖縄の18才』の続編となる『熱い長い青春・ある沖縄の証言から』など沖縄発のドキュメンタリーを作り続けたが、七四年、東京本社の報道局への異動を命じられた。自らの希望で『NNNドキュメント』班に復帰して沖縄に通い続け、『ひめゆり戦史 いま問う国家と教育』『島分け 沖縄・鳩間島哀史』などを作った。沖縄をテーマにしたドキュメンタリーは全部で二十八本に上る。九〇年に退社した後も、『最後の学徒兵 BC級死刑囚・田口泰正の悲劇』『ヤマト嫌い 沖縄言論人・池宮城秀意の反骨』『米軍政下の沖縄――アメリカ世の記憶』などのノンフィクションを刊行し、沖縄の問題を掘り下げている。

部下に厳しかった牛山が『ノンフィクション劇場』で社内の若手ディレクターたちを育てたのは間違いない。

牛山は報道やドキュメンタリー畑以外の局員ともつき合った。ベテラン演出家の石橋冠はその一人だった。

七年後輩に当たる石橋は一九六〇年、早稲田大学政治経済学部を卒業し、日本テレビに入った。七一年、初演出の連続ドラマとなったホームコメディー『2丁目3番地』でヒットを飛ばした。浅丘ルリ子と石坂浩二はこの共演がきっかけで結婚した。脚本を書いた倉本聰とはその後も、『3丁目4番地』や『昨日《きのう》、悲別《かなしべつ》で』『玩具《おもちゃ》の神様』などでコンビを組むことになる。七二年に放送された清水邦夫脚本の『冬物語』ではロケを多用し、日本放送作家協会演出者賞を受け、気鋭のディレクターとして脚光を浴びていた。

牛山から「飯でも食おう」と電話がかかってきたのはそのころだった。「なんの話だろう。ドキュメンタリーをやらないかと誘われたらどうしよう」と案じながら、日本テレビの局舎から近いダイヤモンドホテルに行った。牛山は食事をしながら、「仕事の場では先輩も後輩もない。みんなライバルだと思ったほうがいい」とアドバイスした。

「特に用事はなく、『元気の良さそうなやつがいるから、励ましてやろう』ということのようでした。牛山さんは当時から、ドキュメンタリーの第一人者です。ドラマの先輩に話すと、『えっ、それは大変なことだ』とびっくりされました。その後も二、三回食事に誘われましたよ」

石橋は、西田敏行が初主演した『池中玄太80キロ』シリーズや三田佳子主演の『外科医・有森冴子』シリーズをヒットさせた後、上司に逆らって干され、関連会社のNTV映像センターに出向させられた。この時期、NHKのBSで大沢在昌原作、今野勉脚本、舘ひろし主演の『新宿鮫・無間《むげん》人形』を撮った。この続編の話が来た時は日本テレビの報道局に在籍していた。「ドラマは作らせない」という上層部の意向で、不遇な立場に置かれていた。石橋は石川一彦報道局長に相談すると、「いいよ、やってみろよ。局内は俺が何とかするから」と後押ししてくれた。石川は社内外で人望が厚く、太っ腹の名物プロデューサーとして知られていた。

定年退職後、石橋はフリーの演出家としてめざましい活躍ぶりを見せる。ビートたけしが主演した松本清張原作の『点と線』(テレビ朝日)と山口・光市母子殺害事件を題材にした『なぜ君は絶望と闘えたのか』(WOWOW)で芸術祭大賞を二度受賞し、芸術選奨文部科学大臣賞や放送文化基金賞なども手にした。

牛山のドキュメンタリー映画

二〇一二年二月、ドキュメンタリー映画『テレビに挑戦した男 牛山純一』が東京のミニシアター「オーディトリウム渋谷」で二週間にわたり公開された。この企画者は佐藤真《まこと》監督だった。新潟県の阿賀野川《あがのがわ》流域の民家に移り住み、新潟水俣病の未認定患者の日常を撮り続けた『阿賀に生きる』(芸術選奨新人賞受賞)や、『まひるのほし』『阿賀の記憶』などのドキュメンタリー映画で知られた。

東京・京橋にあったNPO法人「映画美学校」のドキュメンタリーコース主任講師を務める佐藤は、制作者の作家性を重視した牛山に関心を持ち、二〇〇一年、「その開拓者精神と人間的な魅力を探ろう」と牛山研究ゼミを発足させた。川崎市市民ミュージアム学芸員の濱崎好治の協力を得て、牛山とかかわりのあった日本テレビや日本映像記録センターの関係者、放送評論家の志賀信夫、テレビマンユニオンの元社長村木良彦らを招き、その模様をビデオカメラで記録した。

読売新聞記者だった私も呼ばれ、牛山の先見性や先駆性について話した。
京都造形芸術大学教授も兼ねた佐藤は、著書の『映画が始まるところ』で牛山研究のモチーフをこう書いている。

『ドキュメンタリー映画の地平』（凱風社）で大島渚論を書いた時に、牛山純一の巨大さにはじめて触れたわけだが、その時以来、牛山の莫大《ばくだい》な仕事のことがひどく気になっていた。公正中立・不偏不党を唯一のテーゼとするテレビ界において、作家の主体性を重視し署名入りの番組製作を標榜《ひょうぼう》し、日本テレビという民放の枠内でスポンサーとも丁々発止《ちょうちょうはっし》のやりとりを続けたと言われる牛山純一について、さらに突っ込んで研究してみたいと思っていたのである。

佐藤は自分で牛山のドキュメンタリー映画を撮るつもりだったらしいが、イギリスに一年間滞在した文化庁の在外研修を経て二〇〇七年に突然、自ら命を絶った。四十九歳だった。撮りためた映像素材や資料はゼミ生の一人が抱え込んだままで、映画化の話は宙に浮いていたところ、元ゼミ生たちが「佐藤さんの遺志を継ぎ、映画を完成させよう」と動き始めた。
鎌倉市に住み、私立中高校で図書館司書をしていた藤本美津子は、ゼミ生のうち最年長だった。映画に魅《み》せられ、自主上映団体「鎌倉で映画と共に歩む会」の代表も務める。一一年三月の定年退職を前にして、「退職金をつぎ込んでもいいから」とプロデューサーを引き受けた。

フリーのディレクターや介護の仕事をしていた畠山容平が、初めて監督を務めることになった。闘病生活を送っていた大島渚の妻で女優の小山明子、テレビマンユニオンの今野勉、日本映像記録センターの現社長・杉山忠夫らへの新たな取材を加え、完成にこぎ着けた。八十二分の映画では、牛山作品の引用と二十二人の証言を積み重ねて、その軌跡をたどった。

「土本典昭さんをはじめフリーの記録映画監督たちの多くが、一度は牛山さんと仕事をしているんですよ。佐藤真さんは『テレビはある時期からあまりにも巨大なメディアと化し、現場の風通しが悪くなった』という見方をしていた。牛山さんの一九六〇年代と七〇年代をたどると、今のテレビに欠けているものが見えてくると思います」

藤本は「牛山さんの生き方は肝が据わっていて、人間としての度量も大きい。どんな世界にもパイオニアがいます。牛山さんというパイオニアの映画を作ることができて、こんなにうれしいことはない。息長く上映していきたい」と感慨深げに語った。映画はその後も、横浜市や大阪市、名古屋市のミニシアターなどで巡回上映された。

これに先立ち、二〇一一年十月に開催された第十二回「山形国際ドキュメンタリー映画祭」では、公開講座「わたしのテレビジョン　青春編」と題して、六〇年代から七〇年代にかけて制作されたテレビドキュメンタリーを特集した。

水俣病を題材にした芸術祭大賞受賞作の『苦海浄土《くがいじょうど》』、知的障害を持つ長女の日常を記録した『あいラブ優ちゃん』、三國連太郎が出演した『記者ありき　六鼓《ろっこ》・菊竹淳《すなお》』、二度目の芸術祭大賞を受けた『鳳仙花《ほうせんか》～近く遥かな歌声～』などの秀作を生んだＲＫＢ毎日放送の木村栄文《ひでふみ》、ＴＢＳ

を退社し、テレビマンユニオンを設立した萩元晴彦と村木良彦、NHKの『ある人生』チームに参加し、岩手県の農村部を重層的に描いた『和賀郡和賀町《わがぐんわがまち》―1967年夏―』や芸術祭大賞受賞作の『富谷《とみがや》国民学校』などの「特集」を作った工藤敏樹とともに牛山の作品も選ばれ、ドキュメンタリーのデビュー作の『特集 第十九国会』など十本が上映された。『テレビに挑戦した男 牛山純一』はここで招待上映された。

映画美学校の牛山研究ゼミは、膨大なインタビューの内容を逐語的《ちくごてき》に文字にしていた。映画にも登場した関係者のうち、二〇〇一年と二〇〇四年の二度にわたり取材に応じた土本、インタビュアーの佐藤真ら少なくとも七人が亡くなった今、牛山に関する貴重な証言集となった。この章での土本の回想は、私が入手したその未公開資料に基づいている。

土本典昭、初の自主製作

土本典昭と小川紳介《しんすけ》は戦後のドキュメンタリー映画界を代表する監督である。土本は水俣病を自分のライフワークとして撮り続け、十作を超えた。七歳下の小川は、成田新国際空港建設に反対した農民の闘いを記録した『日本解放戦線・三里塚の夏』をはじめとする「三里塚」シリーズや、山形県上山市《かみのやまし》の山村に移住して撮影した『ニッポン国 古屋敷村《ふるやしきむら》』などで知られる。土本は漁民が多かった水俣病の患者側、小川は三里塚の農民側に立ち、自分の立場を明確に示した。自主製作方式で映画を作り続けた点も共通している。

二人は岩波映画製作所の出身だった。科学映画や教育映画、産業映画などを手がけた岩波映画の演出部には、一九五〇年代後半から六〇年代初めにかけて土本、小川のほか、創設メンバーの羽仁進、後に劇映画の監督になる黒木和雄と東陽一、羽田《はねだ》澄子、時枝俊江、撮影部には鈴木達夫、大津幸四郎、田村正毅らの逸材が集まり、「戦後派ドキュメンタリー映画の学校」の様相を呈した。変わり種としては、劇作家として名をなす清水邦夫や、東京12チャンネルのディレクターを経て評論家・ジャーナリストとして活躍する田原総一朗もいた。

土本や黒木、小川らの若手は自主的な研究会として「青の会」を結成した。彼らは仲間が撮ったばかりの映画をテキストにして、議論を交わした。土本は『講座 日本映画』第七巻『日本映画の現在』所収の『私論・ドキュメンタリー映画の三〇年』で、当時の熱気をこう伝えている。

熱中して撮ったカットであるだけに、現場での演出・カメラそれぞれが費やした思考や感覚処理は湯気のたつほどだ。それをまわりで根掘り葉掘り問い直し、聞き耳をたてる。自分を戯画化する癖のある黒木、淫《いん》すれば徹底的に淫してつっこむ小川、乾いた発想で問題を再構成する東、からみの酒癖まるだしの土本。その中心に自分のカットを再検討する担当カメラマン。それを聞く撮影助手たち。そこは秀逸なカットを盗んで共有する場であった。

土本は、五二年五月の「血のメーデー事件」に関連した早大事件で抗議集会の議長を務めたため、大学側から無届け集会の責任を問われ、除籍処分を受けた。この時、文学部自治会委員長だった牛山は教授会に対し、処分をしないよう働きかけた。土本は「自治会委員長は大学が一目置く存在だったから、二回僕を守ってくれた。結局、三回目の教授会で除籍が決まったけれど、牛山には恩義を感じている」と回想した。

中国映画の上映運動に携わった日中友好協会勤務を経て五六年、隣人だった岩波映画製作所常務の吉野馨治《けいじ》の口利きで入社した。フリーになった翌年以降も岩波映画を拠点とし、六三年には記録映画のデビュー作『ある機関助士』を作った。前年の六二年、国鉄常磐線三河島駅で電車が二重衝突し、四百五十人以上の死傷者を出した「三河島事故」のイメージを一掃するために企画されたPR映画だが、土本は機関助士をとおして労働強化を強いられた現場の実情を描き、芸術祭文部大臣賞などを受けた。これは三年後、『ノンフィクション劇場』で放送される。

岩波映画はテレビ番組も作った。土本は『ある機関助士』を作る前、民放初の教育専門局として開局したNETで六一年から六二年に放送された『日本発見』の制作に参加した。都道府県別に自然や産業、文化を取り上げる三十分の教育番組で、「地理シリーズ」とも呼ばれた。

土本は三重県、佐賀県など六都県を担当したが、このうち東京都と山梨県の回がお蔵入りの憂き目を見た。「集団就職の時代で、東京は地方から出てきた若者たちで成り立っているという作り方をしたんです。そうしたら、『東京をこんなふうに描く馬鹿がいるか』って、すぐダメになった。山梨県の場合、富士山麓にあった米軍と自衛隊の演習場に反対する入会地《いりあいち》闘争を取り上げたら、スポンサーである富士製鉄の担当者から『こういう政治的なシーンは許さない』とクレームをつけられ、別の人に代わったんですよ」

生涯にわたって反権力を貫いた監督らしいエピソードである。この姿勢は牛山との仕事でも変わらなかった。

『ノンフィクション劇場』で単独演出した一作目は、六五年四月四日に放送された『ある受験浪人の青春』である。当時は、戦後のベビーブームに生まれた世代が大学を受験する時期を迎えていた。この作品では、東京大学進学をめざす一年浪人の青年を主人公に据えて、合格発表までの三か月間を追った。

そのころ、土本はこれと並行して二本の企画を進めていた。一つは、成立したばかりのマレーシアから千葉大学に留学していたチュア・スイ・リンの孤独な闘いである。彼は母国の針路に疑問を抱き、在日マレーシア人たちの抗議デモに参加したところ、本国から召還命令を受けた。文部省はただちに国費の支給を打ち切り、千葉大はこれを受けて彼を除籍処分にした。留学生の立場を失えばビザの延長は認められず、強制送還されるかもしれない。窮地に陥った彼は「文部省の支給打ち切りは不当」と提訴した。

この裁判闘争を知った土本は牛山に企画を出して、通った。しかし、六五年一月のクランクイン当日になって突然、中止を告げられた。

「牛山はできると思ったんですよ。でも、日本テレビの

映画美学校の牛山純一研究ゼミの取材に応じる土本典昭監督

上司から『係争中の事件で一方に加担するような取材態度はよろしくない』とストップがかかったらしい。『公平・中立』というテレビコードに引っかかるみたいでね。僕は、文部省とチュア君の言い分を公平に聞くという作り方をする気は全然なかったから、牛山には抗議しなかった。『わかった』って答えて、すぐに頭を切り替えましたよ」

土本は「テレビでダメになったからといって、このまま引き下がるわけにはいかない」と、独立プロの工藤充プロデューサー、瀬川順一カメラマンたちの協力で自主製作の道を選ぶ。スタッフは交代でチュアのもとや千葉大に通い、留学生の闘いを支援する輪の広がりを撮影した。佐藤真は土本との対話のなかで、この時のスタンスを「加担の論理」と呼び、「対象をただ撮るのではなく、そこに積極的に関与し、必要とあれば運動を起こしていく。加担するというのは、撮る対象に対してきちんと責任を取るってことですよね」と応じた。

『留学生チュア スイ リン』は、土本の自主製作映画の第一作となった。「撮影対象への加担」といい、記録映画監督としての土本の方向性を決定づけた重要な作品である。

水俣病との出合い

これと並行して撮ったもう一つの土本作品が、『ノンフィクション劇場』で六五年五月二日に放送された『水俣の子は生きている』だった。熊本県水俣市で水俣病患者とじかに接した体験が、ライフワークの記録映画につながる。

水俣病が公式に確認されたのは、チッソの附属病院の医師が原因不明の患者発生を保健所に届け出た五六年五月一日とされる。その年、熊本大学に研究班が発足し、「奇病は伝染病ではなく中毒症」という中間報告を出した。熊本大研究班は五九年、「チッソ水俣工場から海に流される排水が原因」とする有機水銀説を公表した。チッソ側は「実証性がない」と反論する一方、十二月には工場内に汚水の浄化装置サイクレーターを設置した。

西日本新聞社の『水俣病50年』は二〇〇六年度の新聞協会賞、早稲田ジャーナリズム大賞を受けた長期連載を出版化したもので、五九年当時の状況についてこう書いている。

一気に幕引きを図るかのように、サイクレーターを設置した同じ十二月、チッソは熊本県の漁連と補償協定を、患者団体とは「見舞金契約」を相次いで交わした。

サイクレーターは言うに及ばず、「見舞金契約」も、後に熊本地裁判決が「公序良俗に反する」と断罪するほど、被害者の不満をかわすためだけの内容。抜本救済策と言えるものではなかった。

だが、報道上、水俣病は「終息」する。暮れの新聞各紙には「円満解決」「報われた患者の努力」の文字が躍っていた。

政府が水俣病を公害として認定した六八年九月まで、マスコミは「空白の八年」に陥った。『水俣病50年』では地元メディアとして「被害者は顧みられずに無援の中で孤立し、有毒排水は誰にもとがめられることもなく流され続けてしまった」と自省している。

「空白の八年」の例外となる『水俣の子は生きている』の端緒は、牛山が土本に示した熊本日日新聞の記事だった。胎児性水俣病が確認されて三年たち、大学生がその子どもたちを支援するボランティア活動をしているとあった。土本は、地方紙の記事まで読んでいる牛山の目配りに感心しながら、「水俣病はもう終わったという感じだけれど、子どもたちは生き続けているというテーマで撮ろう」と、ロケハン（撮影ポイント探し）のため熊本市に向かった。

まず各新聞社の支局を回ると、「僕らは『もう寝た子を起こすな』と言われている。テレビが患者を取材できるわけがない」とあきれられ、熊本大学の関係者も「水俣は撮りにくいよ」と口をそろえたため、ロケハンでは水俣に行かなかった。そこで、卒業後は水俣病のケースワーカーになる予定だった熊本短期大学（現・熊本学園大学）の女子学生の実習をとおして、水俣病を描くことにした。

彼女は水俣市立病院を訪れ、隔離病棟に入れられた水俣病患者、脳性マヒの子どもたちを目にする。多くの患者が出た漁村で個別訪問しても、子どもを家に閉じ込める家族の対応は冷ややかだった。一週間の実習の最終日は、最も症状が重い九歳の子の家に足を運んだ。母子家庭で、生活保護を受けていた。母親はわが子を「ほら、やってみんばい、首あげて」と叱咤《しった》する。番組では最後に、「この子もいつか大人になる日は来るでしょう。ただ、こうして生きていることがこの子にとっては激しい闘いなのです」という彼女の視点からのナレーションが流れる。

土本は水俣で打ちのめされる体験をした。

ある患者の家で、破れた障子越しに親から「娘をなぜ撮ったのか。いくら撮影されても、体が良くなるもんじゃないし、周りからもあれこれ言われる。つらいことばかりなのに、お前たちにそれがわかるか」と嘆息交じりで責められ、「ショックを受けて、もう撮るのはやめて東京に帰ろうか」とまで思い詰めた。しかし、「これでやめたら、番組に穴を開けちゃう」と気を取り直して、何とか撮影を続行した。

番組のなかに、熊本短大生たちが街頭で、写真家の桑原史成《しせい》が撮った胎児性患者のパネル写真を並べ、カンパを募るシーンがある。彼女らは子どもたちへの配慮から、写真の目の部分にテープを貼っていたが、土本はあえてテープをはがして撮影した。「彼らは社会的な受難者なのに、〝家族の恥〟と見なすような扱いに耐えられなかった」からである。

「裁判あり、患者の発掘ありと、こんなに奥が深くて、ずっとかかわっていくことになるとは夢にも思わなかった時期ですね。テレビで許された二週間の取材では、いくら最善を尽くしても水俣病は描けない。少なくとも三部作くらいでないとって、思い知らされたんです。テレビでできること、できないことを考えた経験は後で大いに役立ちましたね」

土本はその後も『ノンフィクション劇場』で作り続けた。広島県尾道市《おのみち》で不法建築の大衆食堂を営む在日朝鮮人と日本人の妻を軸にして、退去を迫る市役所とのやり取りを描く『市民戦争』(六五年十二月放送)、団地住まいのサラリーマンに密着した『おお通勤者諸君』(六六年二月)、長野県松代町《まつしろ》(現・長野市)で取材した『地震のある町』(六六年五月)である。

題材の選び方をめぐって「テレビで沖縄問題と差別問題、原発問題を扱うのはシビアでした。日韓問題もね。大島渚はずばり韓国問題を取り上げましたが、牛山は僕に対して『そういう題材

は お前には許さんぞ』って気配がありました」と語るのは、牛山がテレビのプロデューサーとして土本の先鋭的なスタンスに一定の歯止めをかけようとしたからと思われる。

土本は「牛山から大まかなテーマを示され、僕が的を絞っていくことが多かったですよ。たとえば『おお通勤者諸君』は『通勤地獄がものにならんか』といった話から始まりました。ある意味でオーダーメードでしたが、岩波のPR映画よりはもっと自由に、社会的な題材を描く舞台になりうると、自分で納得していました」と振り返った。

牛山は土本に対してだけではなく、十六ミリ・フィルムの使用量については寛大だった。土本は「大きい問題なんですよ。劇映画（三十五ミリ）の場合、巨匠で本編の三倍くらい。ドキュメンタリーでフィルムは原稿用紙みたいなもんだから書き損じがあり、岩波映画時代は三倍半まで許された。牛山には五倍から七倍半を要求したら、『ドキュメンタリーにはそれだけ必要だろう』とすぐわかってくれたんです。これは助かりましたね」と言った。

六六年十月から始まった『すばらしい世界旅行』でも、土本は牛山から依頼され、三回目の『若きサントドミンゴ』を担当した。メレンゲという民族音楽を取材するため、カリブ海に浮かぶドミニカ共和国に飛んだ。政府軍と反政府軍との内戦、アメリカの派兵、国連の調停を経た激動の政治情勢を知り、「ジャンキー（ヤンキー）・ゴー・ホーム」というなまりで叫ぶ反米デモのシーンも撮った。

しかし、牛山は土本に無断でこのシュプレヒコールをカットした。『水俣の子は生きている』の翌週の六五年五月九日、第一部が放送された『ベトナム海兵大隊戦記』の第二部・三部放送中止事件で痛い目に遭ったことが牛山の頭をかすめたのだろうか。

土本が放送を見て気づき、激怒したのは無理もない。「牛山に抗議したら、『プロデューサーは俺だぜ』って言うんだよ。『じゃあなぜ、事前に相談しないんだよ』とけんかになっちゃってね。後で聞いた話だけど、牛山は直しながら『これを黙ってやったら、土本はきっと怒るだろうな』と周囲に漏らしたそうですよ」

それから十年間は絶縁状態が続いた。土本がまた牛山と組むのは『日本の教育1976　少年は何を殺したか』の前後編だった。日本映像記録センターが制作する東京12チャンネルの『生きている人間旅行』で七六年に放送された。

牛山から「このところ受賞作がないんだよ。今年はぜひ芸術祭賞を取りたい」と持ちかけられ、土本は巨大開発プロジェクトの「むつ小川原開発」で揺れる青森県六ヶ所村の問題を提案した。しかし、「そういう話はノー」と退けられ、山形県随一の進学校として知られる県立山形東高校で起きた同級生刺殺事件を題材に示された。土本は大津幸四郎カメラマンら水俣病の撮影スタッフを引き連れて、事件の背景を探った。これは牛山の望みどおり、芸術祭優秀賞を獲得した。

土本は記録映画監督として「テレビでできないこと」にのめり込んでいく。新左翼運動の理論家だった京都大学助手の滝田修を主人公に据えて、六〇年代後半の反体制運動を描いた自主製作映画『パルチザン前史』（六九年公開）を経て、水俣病を世界に知らしめた記録映画の記念碑的な作品『水俣——患者さんとその世界』（七一年）を完成させた。これ以降、『水俣一揆——一生を問う人びと』『医学としての水俣病』三部作、『不知火海《しらぬいかい》』などの長編を作り続ける。一連の映画では、患者たちがすべて実名で登場した。

私の知る限りでは、牛山はボツになった留学生チュア・スイ・リンの企画や『若きサントドミンゴ』のカットについて、自ら書いたり、語ったりしていない。硬骨漢の土本に対し忸怩《じくじ》たる思いがあったのかどうか、今となっては知るすべもない。

一方の土本は、一度はけんか別れした旧友に対し「牛山が水俣病の存在を教えてくれたことは感謝している。プロデューサーとしても人間としても、肺活量の大きい男だったね」と、学生時代からの友情を抱き続けた。

その証拠に、牛山の七回忌を前にした二〇〇三年九月、川崎市市民ミュージアムで開催された大規模な回顧上映会「牛山純一　テレビドキュメンタリーに賭けた生涯」の初日、土本は入院先から駆けつけて講演をした。牛山が『ノンフィクション劇場』時代に大島渚らと掲げた「取材対象に愛情を持て」「長期取材をいとうな」「カメラもまた権力だということを忘れるな」という原則を列挙して、「作り手を特権的な地位に置かない立場を確立したと思う。学ぶことは多かった」と述べた。そして、「牛山さんは針の穴に糸を通すほど少ない可能性を全部使い切り、テレビの世界で突出していた。ああいう人はめったに出ない。今後もっと評価されていい」と強調した。

ヘビースモーカーで、酒もよく飲んだ土本は二〇〇八年、肺がんのため七十九歳で死去した。二〇〇四年に作った『みなまた日記――甦《よみが》える魂を訪ねて』が遺作となった。

第四章　『ベトナム海兵大隊戦記』放送中止事件

戦場カメラマン石川文洋

報道写真家の石川文洋《ぶんよう》は二〇一四年、大きな節目を迎えた。一九六五年にベトナム戦争を取材し、戦場カメラマンとしてのスタートを切ってから五十年目に当たった。六月には、大宮浩一監督が石川に密着取材したドキュメンタリー映画『石川文洋を旅する』が東京の「ポレポレ東中野」や、石川の出身地である沖縄県那覇市の「桜坂劇場」などのミニシアターで公開された。

その年の十月から十二月にかけては、横浜市中区の日本新聞博物館で「ベトナム戦争と沖縄の基地」と題した石川の写真展が開催された。半世紀にわたって撮りためた約五万点のなかから、百五十五枚が展示された。その初日と二日目、石川は長野県諏訪市の自宅から会場に駆けつけ、撮影当時の状況を語る「ギャラリートーク」を行った。

石川と会うのは、北海道の宗谷岬《そうやみさき》から那覇市まで百五十日間歩き通した列島縦断記『日本縦断徒歩の旅』について取材して以来、十年ぶりのことだった。石川は執筆活動も旺盛で、著書は『写真記録　ベトナム戦争』や『戦場カメラマン』『戦争と人間』『ベトナム報道35年』『まだまだカメラマン人生』など四十冊を超える。血色は良さそうだが、一三年に心臓発作を起こしてから降圧剤を手放せないという。

二日目のトークは、ベトナムをはじめラオス、カンボジア、アフガニスタン、ソマリアなどの紛争や内戦を撮り続けた自己紹介から始まった。日中戦争や太平洋戦争の戦跡も取材し、中国、韓国、太平洋のサイパン、ガダルカナル、ラバウルなどを訪れた。沖縄の米軍基地問題もライフワークの一つにしている。

「ベトナム戦争は第二次大戦後で最大の戦争でした。米軍は五十五万人を動員し、五万八千人の米兵が戦死した。これは朝鮮戦争より多い。米軍がベトナムで投下した爆弾は計七百七十五万トンで、何と第二次大戦で使用した量の三倍に当たります。ベトナム戦争中、沖縄は最大の後方基地となり、Ｂ52爆撃機が嘉手納《かでな》基地から次々に飛び立ちました」と、当時の模様を説明した。

ベトナム戦争は国内外のテレビが初めて記録した戦争でもある。米国の報道陣だけではなく、日本などの記者やカメラマンたちも米軍の規制を受けず、自由に取材できた。「米軍は私たちをヘリコプターで運び、従軍させてくれた。全部ただでしたよ。でも、各国のメディアの戦争報道によって『汚い戦争』というイメージが広がった。ペンタゴン（米国防総省）は『ベトナム戦争ではメディアに負けた』という教訓から、湾岸戦争以降は厳しい報道管制を敷くんです」

五十人を超える入場者を前にして、温厚な口ぶりは次第に熱を帯びる。「多くの民間人が犠牲になる戦争の実態はどの戦争も同じです。だから、ベトナム戦争の写真を見れば、戦争の本質がわかります。集団的自衛権の解釈変更、特定秘密保護法の施行、沖縄の米軍基地移転を推し進め

日本新聞博物館での写真展で撮影当時の説明をする石川文洋（左端、2014年10月）

る安倍（晋三）政権の動きを見ていると、いつか日本が戦争に巻き込まれる危険性を感じるんです」。トークは予定の一時間を三十分オーバーした。

会場には、南ベトナム軍のグエン・ヴァン・ハイ大尉の写真もあった。一枚はベトナム戦争中、もう一枚は孫を抱いた二十三年後の姿である。グエン大尉は一九六五年五月九日、日本テレビの『ノンフィクション劇場』で放送された『ベトナム海兵大隊戦記』第一部の主人公だった。これを撮影したのが、牛山純一と海兵隊に従軍した二十六歳の石川だった。

フランスの植民地だったベトナムは第二次大戦後、フランスとの独立戦争（第一次インドシナ戦争）を経て、親米のベトナム共和国（南ベトナム）と、中国やソ連が後押しするベトナム民主共和国（北ベトナム）に分断された。六〇年に結成された南ベトナム解放民族戦線（解放戦線）は、ゴ・ジン・ジェム政権とそれを支援する米軍の打倒を掲げ、交戦状態に入った。六四年八月、米駆逐艦が北ベトナム軍の魚雷攻撃を受けたとされる「トンキン湾事件」で、米議会が武力行使を決議し、ジョンソン大統領は軍事介入に踏み切った。六五年二月、北ベトナムへの爆撃（北爆）を開始した。三月には米海兵隊を投入し、本格的な地上戦に突入した。

日本の佐藤栄作政権は米国の軍事介入を支持し、国内の米軍基地の使用や物資の調達・補給面で協力した。これに対し、米国の介入に反対する市民運動も高まり、六五年四月、作家の小田実《まこと》や開高健《かいこうたけし》、哲学者の鶴見俊輔らの呼びかけで「ベトナムに平和を！市民・文化団体連合」（ベ平連、後に「ベトナムに平和を！市民連合」と改称）が結成された。革新政党や労働組合、学生などの反戦集会やデモは時代の大きなうねりとなる。

各新聞社はトンキン湾事件をはさんで南ベトナムの首都サイゴンに特派員を派遣し、ベトナム戦争報道に本腰を入れた。なかでも、毎日新聞は六五年一月から、大森実《みのる》・外信部長が企画した長期連載『泥と炎のインドシナ』を始め、大きな反響を呼んだ。サイゴン支局を開設した日本の放送局はＮＨＫだけだったが、北爆開始後、民放も競って取材班を送り込んだ。

「日本でもベトナム戦争が大きな問題になっている。『ノンフィクション劇場』でやらない手はない。危険な目に遭うかもしれないが、一緒に行ってくれないか」。日本テレビ報道局社会部の佐々木久雄は、牛山からこう声をかけられ、「いいですよ」と即答した。社会教養部は社会部と教養部に分離され、『ノンフィクション劇場』は社会部が担当していた。

一九三一年生まれの佐々木は青山学院大学卒業後、アメリカ大使館で通訳をしていた。五七年、日本テレビに公募一期生として入社し、報道部に配属された。フルブライト奨学金で米ニューヨーク大学に留学していた六二年十月、キューバ危機に遭遇した。東京の本社から取材を指示されたが、危機は回避されてその必要はなくなった。

「ギューさんは毎日新聞の連載に刺激されたらしい。僕は太平洋戦争中、ご多分に漏れず軍国少年でした。国家にだまされたという意識が強く、何でも自分の目で確かめたいとテレビ報道を志したから、ベトナム取材は願ってもないチャンスだと思いました。ギューさんは僕の語学力を買ったんでしょう。実際、サイゴンで米軍との交渉はすべて僕がやりましたからね。けがをしても補償はいっさい求めない、という誓約書を提出させられましたよ」

牛山は当初、盟友の大島渚監督とともにベトナムに飛ぼうとしていたが、かなわなかった。日本テレビからは牛山と佐々木のほか、フランス語がわかる森正博ディレクター、木村明カメラマンの計四人が六五年二月下旬、サイゴンに入った。牛山は後に芥川賞作家となる読売新聞の初代サイゴン特派員・日野啓三や、報道写真家の岡村昭彦と会い、アドバイスを受けた。通信社の契約特派員としてベトナム戦争の最前線を取材していた岡村は、米国のグラフ雑誌『ライフ』で「醜いヴェトナム戦争」と題した特集を組み、一躍世界にその名を知られた。六五年一月には岩波新書の『南ヴェトナム戦争従軍記』を出版したばかりだった。牛山は岡村の紹介で、石川文洋らフリーのカメラマン二人をスタッフに加えた。

石川は幼少時、売れない小説家の父らとともに那覇から千葉県船橋市に移った。昼間は毎日新

南ベトナムのプレイク基地を訪れた牛山純一（左）と佐々木久雄（1965年）

聞で給仕をしながら、都立両国高校定時制に通った。卒業後、毎日映画社でニュース映画の撮影助手をしていたが、前途に希望が持てなかった。ベストセラーになった小田実の世界貧乏旅行記『何でも見てやろう』に刺激され、六四年、東京オリンピックに背を向けるように世界一周の無銭旅行を夢見て、沖縄から貨物船に乗った。香港のニュース映画社勤務を経てサイゴンに滞在し、戦場カメラマンとして活動し始めた。

日本テレビ取材班の六人は牛山と石川、佐々木と木村、森ともう一人のフリーカメラマンの三班に分けられ、南ベトナム軍の中隊などを別々に取材した。石川は八歳上の牛山について「老成した風貌で、統率力を発揮した。日本テレビの部下には『お前、黙ってろ』と怒鳴っても、私には丁寧な言葉遣いをしてくれました。一緒に仕事をして良かった。亡くなった後も尊敬しています」と好印象を持つ。

アフレコとトリミング

牛山とともに中部戦線のビンディン省で従軍した石川は、ゼンマイ式の「フィルモ」というカメラを使った。一巻（百フィート）の十六ミリ・フィルムで三分弱しか撮れない。「目の前で起きたことを撮影するだけだから、牛山さんは『中隊長のグエン大尉を主人公にしよう』と言う以外、細かいことは指示しなかった。一人に焦点を絞るところがすごいですよ。牛山さんは五日間ほど一緒に過ごし、撮影済みのフィルムを持ってサイゴンに引き返しました。プロデューサーとしてほかの班や本社と連絡を取らなければいけませんからね」

残った石川は、南ベトナム政府や米軍が「ベトコン」と蔑称した解放戦線の掃討作戦を密着取材した。ベトコンと疑われた農民への拷問や村が焼かれる場面に加え、『ベトナム海兵大隊戦記』第一部の放送後に問題となる「少年の首切り」も撮影した。このシーンが第二部、三部放送中止事件の直接的なきっかけとなった。

ある農村で、若い兵士が尋問中の少年を村はずれに連行した。石川が別の兵士の制止を振り切って追いかけると、どこかに潜んでいた解放戦線のゲリラが発砲してきた。激高した兵士は少年を銃で殴った後、射殺した。石川は望遠レンズでこの一部始終を撮影していた。兵士は少年の首を切ってぶら下げながら戻るうち、石川の姿に気づいたためか、首を道端に放り投げた。

「夕方だったから、ピントが合っているかどうかもわからなかった。とにかく無我夢中で、ファインダーから目を離さなかった。どんな気持ちだったかはまったく思い出せません。あの場面を撮れたのは、兵士たちが生活をともにした私を信用してくれたからです。私はグエン大尉たちが好きだったし、彼らも親しくしてくれた。戦場では、敵を殺さなければ自分たちが殺される。それが戦争というものなんですよ」

日本テレビからもらうギャラは一日二十ドル（当時七千二百円）と高かった。石川はその後、古いライカを買って再びグエン大尉の中隊に従軍し、激しい戦闘シーンなどの写真を撮った。ある作戦の帰り、ジープから降りて後方の兵士たちを撮影しようとした時、そのジープが地雷を踏み、車中に置いてきた石川のリュックも吹き飛ばされた。リュックのなかには命懸けで撮ったフィルムがあった。「恐怖心を覚えるより、フィルムのことが頭にあって懸命に探したが、見つかりませんでした。逃がした魚は大きいけれど、あのリュックが私の身代わりになってくれたんですね」と苦笑いした。

一方、佐々木久雄ディレクターは木村カメラマンとともに政府軍の軍事顧問を務める米国将校に的を絞り、別の中隊に従軍した。「徒歩での行軍についていくのが大変だった」と回想する佐々木は六千フィート分のフィルムをリュックに詰め、木村も撮影機材一式を自分で持たなければいけなかった。置き去りにされたら、解放戦線に捕まる恐れがある。中隊とともに村々の農家を借りて泊まり、自炊生活を送った。

早朝の掃討作戦では、銃撃戦に遭遇した。兵士たちと匍匐《ほふく》前進していると、向こうから機関銃が掃射された。戦死した兵士の鉄かぶとを被っていても、その場でじっとしているしかない。南ベトナム軍の兵士が佐々木に近づき、ニヤッと笑って「前に進むか、後ろに下がるか」と指で合図をしたという。

佐々木たちは、ベトコンに通じていると疑われた農民が射殺される場面にも立ち会った。銃を手にした兵士たちの前で農民が命乞いをする姿は、フィルムに刻まれた。

「北ベトナムから南ベトナムに追われた難民はカトリック系が多かった。仕事がないので、多くは海兵隊に入る。北ベトナムへの敵愾心《てきがいしん》は強く、海兵隊は最強と言われましたね」。自分のカメラで多くの写真を撮った佐々木から、その一部を見せてもらった。命乞いをする農民から、南ベトナム軍が外国の報道陣に公開した解放戦線側の複数の遺体まであった。

日本テレビの四人は約五十日間ベトナムに滞在し、四月半ばに帰国した。牛山は第一部の放送を予定している五月九日に向けて、編集作業に入った。

現在のように同時録音できるビデオカメラがまだ普及していない時代だった。ディレクターとカメラマンの二人だけでは、録音までとうてい手が回らない。そこで、銃声などの効果音はすべて東京でつけられた。現地での会話は、在京のベトナム出身者たちを集めて「再現」された。映画やテレビの世界でいう「アフレコ（音入れ）」である。佐々木は今も「すべて僕らが戦場で見聞きしたことです。作品の効果を高めるための方法だから、問題はない」と考えている。

杉山忠夫はこの作品で編集助手を務めた。牛山が「グエン大尉を主人公にしたいんだが、カットが足りない。何とかならねぇかな」と言うのを耳にして、「ブローアップ（引き伸ばし）はどうですか」と提案した。「そりゃいいな」と喜ばれ、グエン大尉が映っているシーンのサイズを変えて、随所に挿入した。

杉山はこの編集方法のことをずっと伏せていた。放送史に残るドキュメンタリーに傷がつくの

南ベトナム軍兵士に尋問された農民はこの後、射殺された。この場面は『ベトナム海兵大隊戦記』の第2部で使われる予定だった

を懸念したからだろうか。確かに、今の放送倫理からみれば、これらの手法には疑問の声が出るかもしれない。しかし、半世紀も前の撮影・収録機材には大きな物理的制約があった。それにも増して、牛山や石川らが生命の危険を覚悟して戦場に赴き、戦争の実相を目撃したのはまぎれもない事実である。

土本典昭は牛山作品のなかでこの『ベトナム海兵大隊戦記』を高く評価していた。杉山は土本の晩年、「実は、カットが少なかったんで、いろいろトリミングして使ったんですよ」と打ち明けた。土本は非常に驚きながら、「そうか、全然気がつかなかったよ。しかし、それはどうでもいいことだよな」と答えたという。

日本テレビの取材班が去った後もベトナムで写真を撮り続けた石川は、この放送を見ていない。六五年暮れに帰国した際、日本テレビの一室で牛山に第一部を見せてもらった。「グエン大尉のクローズアップが少なかったのは、当時の私の限界でした。編集でよく補ってくれたと思います。第一部はすべて私が撮ったもので、首切りの場面もそのまま残っていました。まとまった一つの作品はあれが最初だったので、感慨深かったですね」

異色のナレーション

『ベトナム海兵大隊戦記』第一部は、「南ベトナム海兵大隊中隊長、グエン大尉」と呼びかける異色のナレーションで始まる。重厚な響きの語り手は、劇団民藝の俳優鈴木瑞穂《みずほ》だった。佐々木久雄が放送専門誌『テレビドラマ』の六五年八、九月号に寄せた『「ベトナム海兵大隊戦記」取材記』などを基にして、その一部を紹介しよう。

私はいま平和な東京で、あなたと暮らしたあの戦場の記憶をたどっている。私があなたの中隊に従軍し、一か月の間生活をともにしたのは南ベトナム中部の戦場だった。グエン大尉、あなたはベトナム軍最強を誇る海兵大隊のなかでも最も卓越した指揮官として部下の信望を集めていた。軍隊生活十八年、四十歳の今日まで、あなたの人生はこの暗い密林と濁った水田での戦いに捧げられていた。あなたにとってこの一か月は何の変哲もない日常生活だったかもしれない。

しかし、私の受けた衝撃は大きかった。あなたをとおしてこの戦争と、戦争の季節を生きる人間の運命とが痛いように胸に突き刺さった。この私の受けた衝撃を、グエン大尉、これからあなたにお伝えしたい。

この「私」が牛山を指すのは言うまでもない。石川は第一部を見て、「グエン大尉に呼びかける手法はさすがと思いましたが、牛山さんが一緒にいたのは五日程度。ずっと従軍したのはこの私でした」と違和感を覚えた。しかし、この一人称には牛山や石川といった個人を超えて、一見平和な日本から取材に来たジャーナリストとしての視点が込められていると考えれば、制作者の署名性を重視した牛山ならではの方法論である。

グエン大尉の中隊は解放戦線のゲリラを掃討するため、村々を回り、ある村で二人の少年を内通者と疑う。大尉がその一人をムチで痛めつける場面では、こんなナレーションが流れる。

あなたは言った、「ベトコンに何人の兵士が殺されたか」。怒りが爆発した。グエン大尉、殺し合う必要のない平和な日本に住む私が、あなたがたを責める権利はない。しかし、私は思う。ベトナムが十一年前、ジュネーブ協定によってやっと自分たちの政府を持った時、大統領ゴ・ジン・ジェムとその政府はある意味で民衆の夢であった。しかし、政府は果たして民衆の期待に応えたであろうか。土地を取り上げ、農民の信仰、仏教を押しつぶしたのではなかったか。不正な選挙と汚職によって民衆を裏切ったのではなかったか。
独立と政治に夢を描いた民衆に絶望を与えたのは、まことに政府自身であったように思う。

グエン大尉、この民衆の信頼を回復する方法は気短なムチではないように思う。兵士がもう一人の少年を射殺し、切断した首を無造作に放り投げるシーンの後には「殺戮《さつりく》が終わった翌日。静かな朝。私は容疑者の尋問に当たった少年兵士が小鳥をいつくしんでいる姿を見た。グエン大尉、私はそこに巨大な歴史に翻弄《ほんろう》される小さな生き物を見た」という語りが続く。

編集助手として立ち会った杉山は「あのナレーションにはギューさんのいい面がすべて込められ、文学とすら思う。ドキュメンタリーはこういうことができるんだ」と感動した。

「少年の首切り」シーンなど衝撃的な映像をあえて入れる第一部の放送に際し、牛山は慎重を期した。一部と二部の編集が終わった翌日の五月四日、異例の試写会を局内で開いた。読売新聞論説委員として朝刊一面のコラム『編集手帳』を書いていた高木健夫、サイゴンに駐在した朝日新聞論説委員の波多野宏一、朝日新聞の臨時特派員として南ベトナム政府軍に従軍し、『ベトナム戦記』を書いた作家の開高健、評論家の大浜英子《ひでこ》、東京大学法学部教授の寺沢一、放送評論家の志賀信夫らの有識者のほか、各新聞社の放送担当記者を招き、意見を求めた。

同席した福井三郎・報道局長と磯田勇・社会部長、牛山らに対し、参加者は「ぜひ放送すべきだ」という意見で一致した。高木は生首まで見せる編集について、「へどを吐きたくなるようなシーンだが、こういうものを放送しなくて済む時代ならともかく、現代は放送すべき時代だ」と支持した。大浜も「ぜひお茶の間に訴えるべきです」と発言し、福井たちをほっとさせた。

放送当日の五月九日、各紙朝刊のテレビ欄には、『ベトナム海兵大隊戦記』の第一部が大きく紹介された。読売新聞では「われわれのカメラは〝戦争〟と、戦争にしいたげられながら、なおも大地にしがみつく〝農民〟の姿を冷酷非情に記録した。これらのシーンは正視しがたいものだ。しかし、ノンフィクション劇場ではあえてこれを放送する。戦争の実態を見てもらうため〝ベトナム戦争〟を見つめてもらうために、である」という牛山の談話まで取り上げた。

再開後の『ノンフィクション劇場』は二度の放送枠変更を経て、六四年八月以降は日曜の夜十時十五分から放送されていた。『ベトナム海兵大隊戦記』第一部は放送後、すぐさま反響を呼んだ。日本テレビ社会部にはその夜だけで三十本近くの電話があり、大半が評価する意見だった。なかには、「よくやった」という古田徳次郎・元日本テレビ報道局長の激励や、元陸軍大尉と名乗る男性からの「自分は中国で同じような残酷行為をしてきた。放送を見て、改めて深く反省している」という声もあった。

番組に対する視聴者の投書を受けつける読売新聞の『放送塔』は五日後の十四日、反響を受けて特集を組み、五人の意見を紹介した。

> ともすれば、美化されがちな戦記もの番組み《ママ》にくらべ、戦争のあくなき残酷さ、非情さを描いて、出色のできばえであった。指を根元から切られた農民の表情や、生首をこともなげにほうり投げるベトナム兵の姿に、いまさらながら戦争の罪悪を感じた。
>
> （横浜市の三十七歳の公務員）

息もつかず、目を見張ったまま見終えた。なんという冷酷さだろうか。立場によって、それぞれの言いぶんはあろうが、同胞を拷問、惨殺する現実を、彼らの良心はどう納得させているのだろう。ナレーターの「私たちにとって、ベトナム内乱は不思議な争いに見えるが、あちらに行ってみると、日本の平和は奇妙な平和の感がある」という言葉に、なにかギクリとするものを感じた。

（神奈川県川崎市の四十二歳の主婦）

人間性を無視した行動は、狂気のさただ。人間を、こうまで非情に追いやるのは、戦争の最も恐ろしい一面だ。激しい怒りが、身をふるわせた。この貴重な記録をあえて提供して、戦争の赤裸々な姿を暴露した関係者の英断に拍手を送りたい。

（埼玉県入間郡の三十六歳の公務員）

ベトナム兵が、惨殺した少年の首をさげて歩く。果たしてこういう場面を、茶の間で視聴させてよかったか……いくつかの疑問は感じたが、報道に衣をかぶせてはならない。

（横浜市の四十歳の自由業）

あの〝首切りシーン〟の加害者に無限の憎しみを感じたが、ついには、あるれんびんの情さえ催した。兄弟相争わねばならぬ、南北ベトナム問題が、この残虐目をおおわしめる行為で片づくのだろうか。暴力で平和の礎《いしずえ》ができるのだろうか。いろいろと考えさせられることの多いノンフィクションであった。

（東京都杉並区の二十七歳の女性医師）

一部に残酷な場面への疑問があったものの、全体的には肯定的意見が主流と言える。毎日新聞の投書欄に目を通しても、ほぼ同様のトーンだった。

しかし、『ノンフィクション劇場』の開始時から構成を担当した早坂暁は、少年が殺される場面をめぐって牛山と対立した。「ベトナム戦争を象徴するシーン」と主張する牛山に対し、「それはおかしいよ。その場にいたスタッフはなぜ兵士を制止しなかったのか」と反論した。「ギューさんは日本テレビでドキュメンタリーのプロデューサーとして地位を確立していたから、面と向かってそんな意見を吐けるのは僕ぐらいでした。目の前で人が殺されるのをただ映しているのではなく、少なくとも『やめろ』という声は上げるべきだった。この考えは今も変わりません」。早坂はこれを機に牛山から離れたと明かす。

石川文洋にこの話をすると、「それは平和な日本で暮らす人間の安っぽいヒューマニズムです。兵士たちも命懸けで、解放戦線に通報されれば自分たちが殺されるかもしれなかった」と気色《けしき》ばんだ。

橋本官房長官からの電話

第一部の放送は視聴者の間だけではなく、社会的にも大きな反響を巻き起こした。民放労連が五月二十一日に発行した「ノンフィクション劇場『ベトナム海兵大隊戦記』放送中止に至る経過」などを基にして、放送後の経緯をたどってみよう。

放送翌日の五月十日、東京税関から「放送局や新聞社は一九六一年、『手続きを簡単にするため、信頼関係に基づいてフィルムは各社で現像し、公安や良俗に反するものは税関の試写を求める』という誓約書を出した。その内容に違反している」という抗議が日本テレビに寄せられた。局側は「放送内容は公安・良俗に反するものではない」と突っぱねた。

同じ日、外部の有識者からなる番組審議会が開かれたが、前夜の番組は何ら問題にならなかった。ただし、清水與七郎社長はこの席で「事前に文化人に見せたのは結構です。しかし、私は社長です。なぜ会社の責任者である私に見せなかったのか」と不満をあらわにしたという。

清水は同い年の日本テレビ初代社長、正力松太郎と深い関係にあった。正力と同じ富山県出身で、二人とも旧制第四高等学校から東京帝国大学に進んだ。独逸《ドイツ》法科卒の正力は内閣統計局に、電気工学科卒の清水は逓信省の技師となり、役人としてスタートを切った点も共通する。

清水は東京電気（現・東芝）に転じて、副社長を務めた。戦後は公職追放されたが、正力との縁で読売新聞取締役、読売興業（現・よみうり）取締役などを経て、日本テレビの設立時に専務として迎えられた。一九五五年、第三次鳩山一郎内閣に北海道開発庁長官として入閣する正力の後を継いで二代目社長に就任した。正力会長の下で、読売新聞出身の福井近夫専務に社長の座を譲るまで、在任期間は六七年まで十二年近くに及んだ。

ノンフィクション作家の佐野眞一は正力を主人公にした大作『巨怪伝』で、正力の有能な〝影武者〟の一人として元日本テレビ専務の柴田秀利について書き込んでいる。その柴田の回顧録

『戦後マスコミ回遊記』は、正力が死去した直後に発覚した粉飾決算事件と清水、福井とのかかわり、二人の好ましくない行状に言及しているが、ここでは触れる余裕がない。

佐藤栄作内閣の橋本登美三郎官房長官から清水社長に直接、「内容が残酷ではないか」と電話があったのは五月十日の夜だった。元朝日新聞記者の橋本は五五年の保守合同以来、佐藤栄作と行動をともにし、頭角を現す。自民党広報委員長時代はマスコミに目を光らせ、「最近のマスコミ、特にテレビ番組のなかに、政府の政策推進を妨げたり、青少年教育に悪影響を及ぼすものが目立つ。このため、政府与党として何らかの対策を講じる必要がある」などと発言していた。

橋本は清水への電話について、毎日新聞の五月十八日夕刊にこんな趣旨の談話を寄せた。

私は問題のフィルムを見ていないが、見た知人たちから「残酷すぎる」「気持ちが悪くなった」という話を聞いた。戦争の惨禍を証明する意義はあるだろうが、茶の間に入るテレビとして、あまりむごたらしいのは好ましくないと思い、清水社長に「どんなものか」と電話で聞いた。私は思想を問題にしているのではなく、文書で批判したわけでもない。一個人の意見として尋ねてみただけのことだ。表現の自由を抑圧する意向はない。続編を中止したというが、それは放送局自身の自粛で、私とは関係ないことだ。

そうは言っても、郵政族の実力者として君臨している官房長官の影響力が「一個人の意見」で済むはずがない。

日本テレビでは十日夜、『ベトナム海兵大隊戦記』の第二部と三部を一本化して再編集することが決まった。『ノンフィクション劇場』は木曜の午前中に再放送されていたが、十一日には二日後に迫った第一部の再放送の中止が決定した。清水社長は十三日に名古屋市で開催される日本民間放送連盟の大会に向けて出発した。その際、「わが社は『踊って歌って大合戦』のようなものをやっていればいいのであり、社会を批判するものはやる必要がない」と言って、続編の放送中止を命じたとされる。

六五年四月にスタートしたばかりの『踊って歌って大合戦』は、人気落語家の林家三平（初代）が司会を務める公開録画の視聴者参加番組として、視聴率を稼いでいた。清水社長の本質を如実に物語るエピソードだろう。後に、「テレビの低俗化」批判の高まりを受けて、このお祭り騒ぎ的な番組も槍玉に挙げられた。

トップの判断に対し、福井三郎・報道局長と磯田社会部長は「再編集版を作って、重役会議で試写してもらい、支持を得たら社長に再考を促そう」という対応策で一致した。福井報道局長は十二日にできた再編集版を見て、南ベトナム政府軍の兵士が解放戦線の狙撃兵に撃たれるシーンの後に、ベトコンと疑われた農民の射殺シーンを入れ、報復行動という印象を持たせるなど、事実関係の入れ替えを指示した。仮にこれが放送され、急場をしのぐ〝編集のトリック〟が明るみに出たとしたら、新たな問題が浮上したかもしれない。

波紋が広がるなか、『ノンフィクション劇場』を一社提供していた東京ガスはどんな動きをしたのか。広報室長は第一部について「大変良かった。当社は公共事業だから、このような番組を提供する責務がある」と新聞記者に語ったが、翌日になって、この発言を撤回した。再編集版を試写した後、「あのまま放送していい。カネは払うが、提供名を外してほしい」と述べた。

五月十四日、再編集版の試写を役員や各局長が見た後、「世間に流布されている『残酷だ』という意見に逆らってまで、放送すべき価値は乏しい」という理由で放送中止が正式に決まった。福井報道局長は記者会見で「ニュースとドキュメントは違う。ドキュメントとしては残酷すぎた。その意味で第一部は失敗だった。第一部は北ベトナム側の立場だったので、続編は南ベトナム側から描こうとしたが、結局ダメだった。政治的な圧力に屈したのではない。あくまでも局の自主的判断だ」と釈明した。

読売新聞芸能部編の『テレビ番組の40年』で、当時の編成局長だった加登川幸太郎はこう回想した。「橋本官房長官からの電話の件を聞いて、反米思想が流れていると受け取られたなと思った。そうは言えないから、『残酷シーンがまずい』という表現になったんでしょう。個人的には、テレビ番組がイデオロギーの部分に踏み込むのは反対だったが、再編集版を試写した後の幹部会議では放送すべきだと言った。戦場で撮影すれば当然、ああいう場面にぶつかる。このテーマでの番組制作と放送を会社として認めた以上、政治的な圧力でやめるべきではなかった」

太平洋戦争中は陸軍中佐として南方戦線で戦った元エリート軍人の言葉だけに、重く響く。

『ベトナム海兵大隊戦記』で編集助手を務めた杉山は、放送中止を知らされた当日の夜のことを鮮明に覚えている。牛山は一緒にベトナムに飛んだ木村明カメラマン、編集マンの池田龍三、現地の効果音などを再現した音響担当の岩味《いわみ》潔、杉山らを銀座のすき焼き店に誘った。料理を注文した後、「みんなに徹夜までさせておきながら、すまんなあ」と、涙を浮かべて頭を下げた。杉山たちはもらい泣きし、湿った空気のなかで苦い酒を飲んだ。

毎日新聞政治部記者だった三宅久之は当時、河野一郎が率いる河野派を担当していた。自民党の内情に詳しい立場から、放送中止事件をどうみていたのか。

「佐藤栄作さんは豪傑らしさを装うが、実際はすごく神経質な人でした。橋本登美三郎さんはその忠実な部下です。佐藤さんが直接指示したかどうかはわからないが、橋本トミさんが清水社長に電話をしたのは佐藤さんの意をくんだんでしょう。牛山はあの番組で戦争の狂気を抑制的に描いているのに、清水社長が過剰に反応したと思う。私は『橋本トミも日本テレビも何だ。けしからんじゃないか』といきり立ちましたよ」

当時の牛山については「社内ではいづらい雰囲気があったんだろうが、わりあい淡々としていた。『牛山は共産党員だ』といううわさも流れ、私は他社の新聞記者や日本テレビ以外の局の人から『本当か』と尋ねられました。『学生時代からよく知っている。そんなことはないよ』とすぐさま否定しましたね」と回想した。

民放労連の抗議運動

京都の夏は、ことのほか暑い。

二〇一四年八月、それを承知で訪れたのは京都ノートルダム女子大学客員教授の隅井《すみい》孝雄に会うためだった。自宅近くの京都府京都文化博物館で待ち合わせた。別館の旧日本銀行京都支店は、赤レンガに白い花崗岩《かこうがん》を装飾として配した明治の洋風建築で、国の重要文化財に指定されている。この日は京都の学生による管弦楽演奏会が開かれていた。隅井に案内されたのは旧日銀金庫室を改装した喫茶店だった。古い文化遺産を大切に保存し、活用するところが京都らしい。

生まれも育ちも東京の隅井は一九五八年、国際基督教大学を卒業し、日本テレビに入った。編成部や広報部、外報部を経て、NTVインターナショナル社長としてニューヨークに十年以上も駐在した。京都学園大学人間文化学部教授に転じた九九年以来、京都が気に入って離れない。

『ベトナム海兵大隊戦記』放送中止事件が起きた当時は、民放労連で教宣部と放送対策部の部長を兼ねていた。「教宣」とは「教育宣伝」を略した組合用語である。

書記長は、日本テレビで隅井の同期生の石川一彦だった。鹿島建設の社長や会長、日本商工会議所会頭を務めた石川六郎をいとこに持つ。三十代は組合活動に打ち込み、民放労連副委員長にも就いた。プロデューサーとしてその名を高めたのは、七三年から始まったスペシャル番組の草分けの『木曜スペシャル』である。クイズ番組で一時代を画した『アメリカ横断ウルトラクイズ』、米国の国際エミー賞を受けた『ピラミッド再現計画』などのヒット作を生んだ。「制作費がかかっても、視聴率を稼げば元は取れる」と企画を押し通す腕力と、制作会社のパワーを結集する統率力、人望を兼ね備え、後に日本テレビの報道局長や専務、福岡放送社長を歴任した。

石川は後輩から「おマメさん」と呼ばれた。「何かにつけてマメ」と「豆のように小柄」という意味からつけられた。隅井の愛称は「おスミさん」だった。「親近感を込めてあだ名で呼び合うのは、日本テレビの社風でしょうね。それだけ仲間意識が強かった」と相好を崩した。

牛山とは直接の接点はなかったが、「報道局長と話したかと思うと、今度はスタッフとの打ち合わせといったように、脇目も振らず働いていた。夜になると各職場で始まる酒盛りの場でも、牛山さんの姿は見かけなかった。非常にまじめで、仕事一途の人だった」という印象を持つ。

『ベトナム海兵大隊戦記』第二部・三部の再編集版の放送中止が正式に決定したのは、第一部の放送から五日後の五月十四日である。日本テレビではその年、春闘が長引き、五月十九日には第九波の時限ストに突入した。牛山らとともにベトナムの戦場に飛んだ森正博が中央闘争委員として、全体集会で放送中止事件の経過を報告した。この後、牛山や森が所属している社会部の職場集会で、会社への抗議文が採択された。放送内容をめぐる職場単位の決議は異例だった。

同作品の一部のシーンは、たしかに正視しがたいものであるかもしれない。しかし、それは戦争というものがつねにもつ残酷さである。こうしたシーンをぬきにして、なんの戦争報道があろうか。われわれは、あえてお茶の間用の戦争は存在しないといいたい。あらゆる戦争に正義というものはないとわれわれは思う。どのような目的にせよ、人間が虫けらのように殺されていくことは許されるべきではない。同作品は戦争の否定という精神でつらぬかれているが、このわれわれの考え方が、はたしてまちがっているのだろうか。

放送中止が決定して以来、担当デスクには放送再開を望む投書や電話が殺到している。国民はいまこそ真実の報道を求めている。そのような国民の期待を裏切ることがあってもよいのだろうか。会社首脳部が、報道機関としての使命を自覚するならば、一日もはやく今回の決定を撤回すべきだと、われわれは思う。伝えられるように自粛ということであのような決定をくだしたとすれば、報道機関としての自殺行為以外のなにものでもない。またこうした行為は他の報道機関にも大きな迷惑を及ぼすものである。かつての言論統制をふたたび、自らの手でまねくようなことがあってはならない。

抗議文は「放送中止の決定を、ただちに撤回せよ」「報道の自由を守ることについて、毅然たる態度をとれ」「外部の圧力に屈しない確固たる編集方針をもて」という三点を要求した。

これに先立つ十六日、京都市で開かれた民放労連中央委員会も「あからさまな言論、表現の自由に対する弾圧は、三矢《みつや》作戦計画（中国軍、北朝鮮軍の韓国侵入を想定した日韓米一体の国防計画）や、日韓会談を推進、アメリカ帝国主義のベトナム侵略に直接的に加担して、戦争への道を突き進んでいる佐藤内閣が、最近とくに強化している思想統制、言論弾圧政策の如実な現れであり、放送が自ら率先して、権力に迎合し、反動宣伝の武器としての役割を果《はた》そうとしていることを示している。われわれは放送中止に断固抗議し、ベトナム侵略戦争に反対する日本のすべての民主勢力と提携して、放送実現を要求して断固たたかう」と決議した。日本テレビ労組社会部の職場決議に比べると、政治的な色彩が濃い。

事態を重視した民放労連は五月二十一日、「放送中止に至る経過」を発行した。隅井が中心になり、局内の各職場から寄せられた情報を基にまとめた。さらに、日本テレビの取材班がベトナムで撮った写真などを提供してもらい、番組の中身を紹介するスライドの上映運動に乗り出した。

四月に結成されたばかりのベ平連の反戦集会でも、抗議の輪の広がりを呼びかけた。

「正力会長は衆議院議員として忙しく、局内では『君臨すれども統治せず』でした。清水社長は正力さんの留守を預かるだけの人。橋本官房長官が清水社長に電話で文句をつけたのは、明らかに放送内容への介入です。今にして思えば、あの電話の背後には、アメリカからのクレームがあったんじゃないか。当時はそこまで問題にできませんでしたけれどね」

隅井が推測した「アメリカの影」はあながち的外れとは言い切れない。

冷戦のさなかだけに、東側陣営に属した北ベトナムは西側記者の受け入れを拒み、北爆の模様を伝える西側の報道は皆無だった。欧米や日本の記者たちが北ベトナム入りをめざし、ビザの取得合戦を繰り広げるなか、毎日新聞外信部長の大森実は六五年九月二十三日、西側記者として初めてハノイに入り、ハンセン病の病院への爆撃などを精力的にリポートした。アメリカのライシャワー駐日大使は十月五日の記者会見で、「日本の新聞はベトナム情勢について均衡の取れた報道をしていない」と批判し、大森と朝日新聞外報部長の秦正流《はたしょうりゅう》の二人を名指しで非難した。

毎日新聞のスター記者だった大森はライシャワー批判をきっかけに退社し、国際ジャーナリストとして週刊紙『東京オブザーバー』を創刊する。秦は朝日新聞で編集局長、専務を歴任した。

相次いだ政治的介入

テレビ業界は六〇年代、高度経済成長の波に乗って急成長を続けていた。隅井は「テレビの社会的影響力が増すにつれて、番組に対する自民党政権の介入やスポンサーの干渉も強まり、放送中止事件などが続出した。民放労連としては『表現の自由』にかかわるこれらの問題を深刻にとらえ、政治課題として取り組む必要があった」と振り返る。

NHK編『20世紀放送史』上巻は「成長期のテレビ」の章で、「相次ぐ放送中止の波紋」を一つの項目として取り上げている。

テレビは日々刻々、さまざまなメッセージを伝えているが、一方で伝えられなかったメッセージがあった。特に60年代から70年代にかけて起きた放送中止事件で、ドキュメンタリーやドラマが企画や台本を変えられたり、放送打ち切りになったりした。

日米安保条約改定やベトナム戦争を巡る激動の時代に、テレビがジャーナリズムとしての機能を強めていくことへのけん制であり、圧力であった。

テレビドラマの分野、特に社会や現実の問題を直視する社会派ドラマに放送中止や番組改変の問題が起きるようになったが、一方では、中止の事態に対して、放送を望む有識者と市民の声が上がり、良心的な制作姿勢への支援も広がる。その象徴的なケースが「ひとりっ子」と「判決」であった。

六二年十一月、TBS系の単発ドラマ枠『日曜劇場』で放送される予定だったRKB毎日放送の芸術祭参加作品『ひとりっ子』が、突如中止になった。特攻隊員の長男が戦死したため、一人っ子になった次男が、元従軍記者の父親の勧めで防衛大学校の入学試験に合格する。しかし、母親や恋人の反対で入学を取りやめるという内容だった。これに対し、スポンサーの東芝が「理由は言えないが、提供を中止する」と申し入れ、キー局のTBSからも「全国ネットはできない」と通告された。この背後には、防衛庁と自民党、東芝会長の石坂泰三が会長を務める経済団体連合会（経団連、現・日本経済団体連合会）、そして右翼の動きがあったとされる。

RKB毎日労働組合がスポンサーをつけない自主放送を要求したのに対し、会社側は放送中止を決めた。RKB毎日労組などの要請により地元の福岡と東京で試写会が開かれ、第一回ラジオ・テレビ記者会賞の特別賞を受けた。労働組合はスライド上映運動に乗り出し、『『ひとりっ子』を放送させよう」という運動が全国に広がった結果、舞台化が実現した。七年後の六九年には、脚本を書いた家城巳代治《いえきみよじ》監督の手で映画化もされた。

『ひとりっ子』問題が浮上した時期、社会派の法廷ドラマ『判決』がNETで始まった。教育問題や医療制度、社会的な偏見など毎回シリアスな内容を取り上げ、人気番組になった。これも、『ノンフィクション劇場』などとともに第一回ラジオ・テレビ記者会賞を受けたが、税制を扱った六三年十一月放送の『老骨』が放送中止になったのをはじめ、生活保護行政の不備を突いた『生きる』も六四年一月、中止に追い込まれた。『ベトナム海兵大隊戦記』放送中止事件が波紋を広げていた六五年五月には、教科書検定問題をテーマにした『佐紀子の庭』の放送が見送られた。局の上層部やスポンサーなどから制作現場への風当たりは強く、脚本の書き直しや一部カットという事態も相次いだ。

NETは六六年八月、「マンネリ化と視聴率低下のためで、政治的な圧力はいっさいない。あくまでも局の自主的判断」という理由で『判決』の打ち切りを決めた。これに対し、各方面から放送継続を求める声が上がり、文化人たちの「ドラマ『判決』の継続を望む会」に続いて、視聴者らの「判決を守る会」が結成され、広範な放送再開運動に発展した。

放送中止や番組の一部カット、改変などの具体例を集大成したメディア総合研究所編の『放送中止事件50年――テレビは何を伝えることを拒んだか』を読むと、『ひとりっ子』や『判決』の受難劇は氷山の一角だったことがわかる。

元日本経済新聞編集委員の松田浩は、『ノンフィクション劇場』がスタートした一九六二年から二十五年間にわたり放送界を取材し続けた。日本経済新聞社に在職中、職能団体の「日本ジャーナリスト会議」に参加する一方、『ドキュメント放送戦後史』や「波野拓郎」という共同ペンネームで『知られざる放送』を出版するなど、自立したジャーナリストとして社外活動にも力を入れた。八七年に退職した後は研究者に転じ、立命館大学教授や関東学院大学教授を務めた。

松田は『ベトナム海兵大隊戦記』放送中止事件についてこう回想する。

「第一部の試写を見て、生首のシーンは衝撃的だったが、ベトナム戦争の悲惨さをよく描いていると感動しました。橋本登美三郎さんは自民党広報委員長の時も、『判決』を槍玉に挙げるなど露骨な発言をしていた。清水社長は正力さんの取り巻きの一人で、定例社長会見では影が薄かった。橋本官房長官からの電話には震え上がったんじゃないの。僕ら放送担当記者は『ジャーナリズムに対する政府の介入を許してはならない』という思いで記事を書きましたね」

同世代の牛山については「同じ時代を生きてきたという親近感もあり、僕は好きでしたよ。都会育ちの人とは違う線の太さやバイタリティーを感じさせ、鉈《なた》のような切れ味があった。人間的な魅力があり、人脈は広かった」と評する。「やることのスケールも大きかった」という一例として、七一年の国際シンポジウムを挙げた。

報道局社会部長を経て制作局次長に昇格した牛山はその年の五月、日本テレビ主催という形で画期的な「映像記録の国際シンポジウム」の開催にこぎ着けた。作家の今日出海《こんひでみ》・文化庁長官らを招いた東京での開会式の後、山梨県の山中湖畔のホテルに会場を移し、四日間にわたってドキュメンタリーの上映や参加者の報告、討議をした。日本でも公開された『世界残酷物語』や『続・世界残酷物語』で知られたイタリアのグァルティエロ・ヤコペッティ監督をはじめ、フランス映画界のシネマ・ヴェリテ（真実映画）派の巨匠ジャン・ルーシュ、米国のリチャード・リーコック、英BBCプロデューサーのブライアン・ブランストンら七か国から九人を招待し、日本側では牛山と大島渚監督が報告した。

正力会長が六九年十月に死去した直後、日本テレビで粉飾決算事件が表面化し、社会的な批判を浴びた。半年後、この危機を打開するため、読売新聞副社長の小林與三次《よそじ》が日本テレビ社長に就任した。小林は正力と同じく富山県出身で、正力の女婿となり、自治省事務次官を務めた。「エリート官僚だった割には、官僚的な面を感じさせなかった。ざっくばらんで、はっきりものを言うトップだった」とは、松田の小林評である。

小林社長の後押しで実現した国際シンポジウムに際し、牛山は六年前からの懸案も解決した。放送中止になった第二部と三部も含め『ベトナム海兵大隊戦記』の総集編を作り、シンポジウムで上映したいと小林に申し出て了承され、五十分の『南ベトナム海兵大隊戦記』として再編集した。問題になった「少年の生首」シーンがカットされたのはやむをえないが、タイトルに「南」を加えたこの総集編が作られなければ、映像素材は日本テレビの局内で封印され続けただろう。牛山はこういうしたたかさも持ち合わせていた。

なお、新聞記事や評論では、この二つの表記を混同するケースが実に多い。

『南ベトナム海兵大隊戦記』は九五年六月、NHK衛星第二テレビが四夜連続で特集した『テレビドキュメンタリー 牛山純一の世界』で、初めて放送された。牛山らが無念の涙をのんだ〝幻の作品〟は三十年ぶりに日の目を見た。

「座・高円寺ドキュメンタリーフェスティバル」は毎年二月、制作会社「ドキュメンタリー・ジャパン」が中心になり、東京都杉並区立杉並芸術会館「座・高円寺」で開催される。映画監督の是枝裕和や森達也、作家たちの日替わりゲストが選んだ作品の上映やトークショーのほかに、コンペティション部門もある。

二〇一三年二月七日から四日間開催された第四回の最終日は「田原総一朗セレクション」と題して、牛山がプロデュースした『老人と鷹』と『乾いた沖縄』の二本が上映された。毎年のことながら、高円寺という土地柄のせいか、客席には若い世代が目立った。

田原は東京12チャンネルのディレクター時代、四歳上の牛山と知り合った。「あこがれの人というより、心強い兄貴分だった。僕が『ドキュメンタリー青春』を始める時は、『田原って面白い男だから、スポンサーになったらいいよ』と東京ガスを口説いてくれた」と、個人的な関係を語った。制作者が局の垣根を超えてつき合い、競い合った時代のエピソードである。

　山形県の山奥の小屋で暮らす鷹匠に密着取材した『老人と鷹』について「日本のドキュメンタリーとしては、極めて完成度が高い作品だね。このころは構成台本がちゃんとあって、完成度を追求していた。ナレーションが多いのは、当時のカメラでは映像と音声を同時に収録できなかったからです。カメラの改良とともに、ドキュメンタリーの作り方も変わってきた。僕は『老人と鷹』のような撮り方ではなく、どこまで取材対象に肉薄できるか、相手とけんかをしながら作りましたけれどね」と評した。

　牛山作品のなかでは、『ベトナム海兵大隊戦記』を最も評価する。「牛山さんは米軍のルートで取材しながら、ベトナム側に立ち、『アメリカはおかしい』と激しく糾弾した。だから、政界から圧力を受け、放送中止になったと思う。『牛山純一ここにあり』と示した作品じゃないか。番組を作るのは職を賭《と》した闘いで、僕も東京12チャンネルにいた時、三回も干された。一度も飛ばされたことのないのは普通のディレクターなんだよ」と、〝田原節〟全開だった。

第五章　日本映像記録センター旗揚げ

異文化を理解するために

牛山純一は『ベトナム海兵大隊戦記』放送中止事件で大きな挫折感を味わっただろう。しかし、この苦い経験はドキュメンタリーの新たな領域を切り開く転機となった。一九六六年から始まった『すばらしい世界旅行』である。

放送中止事件で牛山が責任を問われた形跡は見当たらない。処分どころかその翌年の六六年には、一貫して牛山の後ろ盾となってきた磯田勇の後任として社会部長に昇進した。三十六歳の若さだった。管理職になっても自らプロデューサーを務め、番組を作り続けたところが牛山らしい。

海外取材番組の先駆けはＴＢＳの『兼高《かねたか》かおる世界の旅』だろう。この前身の『兼高かおる世界飛び歩き』が始まった五九年、海外出国者数は年間でも十万人に届かず、庶民にとって外国旅行は夢のまた夢だった。

ロサンゼルス市立大学を卒業した後、英字紙の記者などをしていた兼高は五八年、プロペラ機による世界一周早回りに挑戦した。世界新記録を樹立し、三十歳で一躍脚光を浴びた。『兼高かおる世界の旅』では、各地の美しい風景や独特の文化、開発途上国の珍しい風習を紹介した。東京オリンピックが開催された六四年には、海外旅行が自由化された。異国情緒あふれる映像は海外を身近に感じさせ、日曜午前中の名物番組として九〇年まで続く。

『すばらしい世界旅行』はタイトルこそ同種の紀行番組のようだが、中身は欧米以外の各地域の記録である。牛山は『世界』に掲載された『テレビ・ジャーナリズムの25年』でこう企画意図を説明している。

「ノンフィクション劇場」の成果を引っさげて、私は次の挑戦を試みることにした。私の友人の中には「ベトナム海兵大隊戦記」の放送中止で、牛山は絶望したのではないかと言うものもあった。しかし、私も報道畑でニュースの世界を生きてきた男である。あの開局のころの報道部時代、汗水たらして取材したニュースが没になることはいくらでもあった。人間だからガックリはきた。しかし、そんなことで絶望や挫折をしていたのでは、テレビ・ジャーナリズムで飯を食ってゆくことはできない。そのころ、むしろ私は真剣に「ノンフィクション劇場」以降の新しいドキュメンタリーの方向性を見つけ出そうとしていたのだ。（中略）「すばらしい世界旅行」は、これから日本人が広い世界への新しい目をもってもらいたいという念願から、おもに非ヨーロッパ世界の文化や生活の紹介を目的として発足した番組である。教養番組の場合は、どうしても学者や知名人に依存しがちで、自分で現地に行き、目で見たことを報告するという報道精神はうすくなる。しかし、私はニュース取材で学んだ徹底した現場主義を教養番組に持ちこむことを決心した。明治以降ジャーナリズムの先輩が開拓した現場精神を忘れ、制作者が机の上で計算ばかりするようになったらテレビの発展は止まってしまう。

読売新聞芸能部編の『テレビ番組の40年』では、放送中止事件との関連について端的に語っている。「テレビの枠内でジャーナリスティックな姿勢を貫くことの限界を思い知らされた。嫌気がさしたという訳ではないが、それなら新しい領域を切り開こうと思った。ベトナム戦争の取材でも、こういった問題を理解するには、背景にある民族の精神に迫らなくてはと痛感した。明治以来、日本は常に欧米を向き、その価値観に染まってきただけに、それ以外の異文化との出会いを伝えたかった」。こうした発想の根本には、文化人類学者たちとの交流があった。

牛山が『ノンフィクション劇場』の準備を進めていた六一年、イヌイットに詳しい岡正雄から「明治大学のアラスカ学術調査団に同行し、撮影しないか」と持ちかけられ、野呂進カメラマンを派遣した。岡は戦中、戦後にかけて日本の民族学・文化人類学を主導し、明治大教授や東京外国語大学アジア・アフリカ言語文化研究所所長を務めた。四か月に及ぶ撮影は、『鯨を追うエスキモー』『カリブーを追うエスキモー』と題した前後編として『ノンフィクション劇場』で放送された。野呂は後年、『すばらしい世界旅行』のディレクターとして主に北方民族を担当する。

神田神保町の「酒舎かんとりい」は、インカ文明の遺跡発掘で名高い泉靖一・東京大学教授の行きつけの店だった。大学教授や作家、芸術家、政治家、新聞・出版関係者らに愛されたこの店を営む菅原婦貴《ふき》は、神保町の名物ママとして知られた。牛山もこのバーの常連となり、泉たちとの親交を深めた。

菅原は二〇一三年に八十五歳で亡くなるまで、半世紀以上もこの店を切り盛りしてきた。壁面には、アンデス地方の出土品の拓本《たくほん》や石像の写真、民族衣装、お面などが飾られ、大半は泉のお土産だった。泉が一九七〇年に五十五歳で急逝すると、毎年その命日には故人をしのんで、樽酒が客に振る舞われた。

彼女と同じ年に死去した文化人類学者の山口昌男・東京外国語大学名誉教授（元札幌大学学長）も、『すばらしい世界旅行』のブレーンの一人だった。東京都立大学大学院で岡の指導を受けた山口は、文学や演劇、音楽、漫画まで幅広く論じる独自の学風を確立し、文化功労者に選ばれた。『テレビ番組の40年』には、「民族や歴史に対する牛山さんのロマンに共感した。人脈を作り、みんなを巻き込んでいく力には敬服します」という山口の談話が紹介されている。二十四年間にわたって蓄積された各民族の映像については、「これだけ広範に民族の記録を集めた例は、学会でもない。学術論文で触れられていない事実も撮影され、貴重な資料。講義で使うと、学生は映像に引き込まれ、文献に当たる時も理解しやすいようです」と評価した。

二十六歳だった市岡康子ディレクターが大家族に密着した『多知さん一家』は、『ノンフィクション劇場』の代表作の一つに挙げられる。これが一九六五年六月末に放送されてまもないころ、市岡は牛山から新しい番組の構想を聞かされた。これは、牛山が放送中止事件から二か月足らずで早くも、『すばらしい世界旅行』の企画を立てていた事情を裏づける。

牛山はこの段階で、世界の民族の伝統的な生活や習俗、信仰をドキュメンタリーで描く「人間シリーズ」、野生動物と人とのふれ合いをドラマ的手法で表現する「自然シリーズ」、地球と人類の将来を探る科学アニメの「未来シリーズ」という三本柱を考えついた。市岡には「人間」、市岡の同期生の菊池浩佑には「自然」、一緒にベトナム戦争を取材した森正博には「未来」の各シリーズを割り振り、準備に当たらせた。

市岡は東京都立大で受講した岡教授をはじめ、オセアニアを中心とする太平洋地域を専門とする石川榮吉・神戸大学助教授（後に東京都立大名誉教授）らの学者に話を聞き、題材を探した。「学術の世界も隔世の感があり、当時は研究者もなかなか海外調査に行けなかった。フィールドワークをしたと言っても、何年も前の話だと、私たちが現地で撮影できるとは限らない。何もかも手探りでしたね」

この企画が局内で通ると、牛山は社会部員を集め、「徹底した現場主義」という大原則を課した。世界をいくつかのブロックに分けて担当制とし、一年のうち半年程度は現地に住み込んで長期取材をするよう求めた。

途方もない要求に対し、市岡は「一度も外国に行ったことのない人が大半なので、『海外に行けるなんて、面白そうだ』と乗った。みんな、若かったですからね。二の足を踏んだ人はいなかったんじゃないかしら」と記憶をたどる。「私はどこでも良かったんだけれど、牛山さんの親心からか、アジア・太平洋の担当になりました。英語が多少話せたことと、アフリカや中南米などよりは近くて、帰国しやすいからでしょうね」

その一方、『ノンフィクション劇場』はどうなったのか。

牛山は六五年七月一日付の朝日新聞夕刊の文化面に『プロデューサー交代の弁』と題して寄稿した。この執筆依頼からは、牛山と『ノンフィクション劇場』の知名度の高さとともに、『ベトナム海兵大隊戦記』放送中止事件の反響の大きさがうかがえる。六月のプロデューサー交代について「先般ベトナム記録の放送中止があったので、それにからんで考えられるのが心配だが、実際は昨年来、もっと一般的な立場で、部内の番組とプロデューサーの指導にあたれという上司のすすめもあって決心した」と述べる。

『ノンフィクション劇場』の全作品リストを見ると、牛山の同期生だった報道部の佐藤昭（後に福島中央テレビ常務）がプロデューサーとディレクターを兼ねた『アフリカ横断2万キロ』上下編（六二年三月放送）や、系列局の読売テレビなどの外部制作を除くと、『ベトナム海兵大隊戦記』まではすべて牛山がプロデューサーを務めた。それ以降は、牛山と一緒に『ノンフィクション劇場』を立ち上げた腹心の後藤英比古が担当する回が増え、『すばらしい世界旅行』が始まった六六年十月からは池松俊雄がほとんど一人で担当した。

池松は五九年の皇太子ご成婚の際、総責任者を任された牛山の右腕として、後々まで語り草となる日本テレビ独自の実況中継を支えた。報道部では『ニュースデスク』のチームに加わった後、牛山とともに社会部に移った。『ノンフィクション劇場』では、『貴の手が動いた』と『貴の手』前後編、ネパールの奥地で医療に当たる日本人医師を主人公にした『世界の屋根のひげドクター』（民放大会賞テレビ報道社会部門優秀）などで力量を発揮していた。

牛山に呼ばれた池松は、後藤と二人で『ノンフィクション劇場』を担当するよう告げられた。

「プロデューサーが二人だと双頭の鷲《わし》になる。うまくいきませんよ」と直言しても、牛山は有無を言わせなかった。

「ギューさんは俺と後藤さんに押しつけて、『すばらしい世界旅行』のほうに行ってしまった。スタッフも引き連れてね。後藤さんとはお互いにやりにくかった。後藤さんも徐々に退き、あっちに移るんだよ。番組を続けるにはエネルギーが必要だけれど、勢いが弱まるにつれて視聴率も落ちてきた。最後のころは再放送を増やし、何とかしのいだ。俺がやったのは残務整理だな」

六二年一月から始まり、一年間の中断をはさんで六年あまり続いた『ノンフィクション劇場』は六八年三月二十八日、輝かしい歴史に幕を閉じた。最終回には、六三年四月の再開第一作『軍鶏師』が再放送された。西尾善介が演出し、ベルリン国際映画祭テレビ部門で最優秀芸術作品賞を受けた作品である。

番組が終了し、池松は手持ちぶさただった。牛山から『すばらしい世界旅行』のディレクターの口がかかったが、断った。「ギューさんに怒られて、しばらく干された。あの時はつらかったね。困り果てて、こっちから『やりますよ』と言い、オーストラリアで『羊群大暴走』という回を撮ったよ。ギューさんとの関係はギクシャクし始め、だんだん遠くなった」と打ち明ける。

二十四年間続いた『すばらしい世界旅行』については、「放送史に残る偉大な業績だね。誰もまねできないよ」と評価する。そのうえで、笑いながら牛山への複雑な思いをこう表現した。

「ギューさんは、俺をドキュメンタリーの世界に引きずり込んだお師匠さんだよ。でも、眠れないくらい悩んだこともあったね。少なくとも二回、夢のなかでやっつけた覚えがあるよ」

『すばらしい世界旅行』始まる

一九六六年は旅客機事故が続発した年である。二月には全日空機が羽田沖に墜落し、乗員乗客百三十三人が全員死亡した。三月に入ると、カナダ航空機が羽田空港で着陸に失敗し、炎上した翌日、英BOAC機が富士山付近の上空で乱気流に巻き込まれ、空中分解した。十一月にも全日空機が四国の松山沖で墜落し、高度経済成長で急伸する航空需要に水を差した。

政界では、自民党の田中彰治衆議院議員が国有地払い下げをめぐる恐喝容疑で逮捕されたのに続き、共和製糖不正融資事件などが発覚し、「黒い霧」が流行語になった。佐藤栄作首相は年末、衆議院解散に踏み切り、「黒い霧解散」と呼ばれた。

『すばらしい世界旅行』が始まったのは、そんな年の十月九日だった。「初のカラーによるドキュメンタリー番組」を売り物にして、日立製作所が一社提供した。放送時間は日曜午後九時から三十分間で、多くの視聴者が見やすい時間帯である。テーマ曲は山本直純が作曲し、ナレーターは俳優の久米明が一人で担当した。

牛山は、大島渚らの映画監督も参加した『ノンフィクション劇場』の制作方式を再び取り入れた。第一回は、『ノンフィクション劇場』の常連だった西尾善介がケニアで撮った『サイとモーリン』で、視聴率は一九・一%(ビデオリサーチ調べ、関東地区)と好発進した。

初期の作品リストを見ると、錚々《そうそう》たる監督の名前が並んでいる。大島監督は南アフリカに飛んで『黒人国家誕生』を作り、大島と同じく松竹を飛び出した篠田正浩監督はタイで『象のサワディ』を撮った。神代辰巳《くましろたつみ》監督はインドネシア領コモド島で「コモドドラゴン」という大トカゲの生態と島民の交流を描く際、腐肉しか食べないとされた定説を覆し、生肉をむさぼるシーンの撮影に成功した。羽仁進、蔵原惟繕《これよし》、堀川弘通、土本典昭らも参加した。

映画監督たちは主に「自然シリーズ」を担当した。動物をテーマにしても、現地で主人公となる人物を選び、物語性を加えた。作品リストには、脚本・構成として大島のプロダクションの創造社に参加した脚本家の佐々木守や田村孟、詩人の川崎洋の名前がある。アニメの「未来シリーズ」では、漫画家の横山隆一やイラストレーターの真鍋博らが原画を担当した。

しかし、牛山が「この野生動物ドラマと科学アニメは、思いつきは悪くなかったが、〝三十分〟という時間があまりにも短くて、しかもコストが掛かりすぎるので半年で中止し、民族、野生動物、科学とも実写ドキュメントに統一してしまった」（東京新聞連載の『素晴らしきドキュメンタリー』）と書いたように、各民族の長期取材が主流になっていく。

牛山は日本映像記録センターを設立した後も、この番組の制作を続けた。放送時間は七四年四月、日曜の午後十時開始に繰り下がったが、七五年四月から九〇年九月に終了するまでは午後七時半開始を通した。

『ノンフィクション劇場』を経験したディレクターでは、森正博、市岡康子、菊池浩佑らに加え、フリーの豊臣靖も当初から参加した。牛山は『素晴らしきドキュメンタリー』で、チーム編成をこう説明している。

「ノンフィクション劇場」は、社内外のテレビ・映画人を結集した創作集団であった。これに反し、「すばらしい世界旅行」のディレクター陣は、社員中心の常勤スタッフとした。理由は、当時日本には、世界の農漁村、熱帯林、砂漠で長期間のフィールドワークを体験したり、定住生活をおくった人々はまれな存在だった。だから番組ディレクター陣自身を、長期に特定地域に派遣して専門ジャーナリストを養成しなければ、番組内容の充実が望めないと感じたからである。

また、番組題材の調査には各国の政府機関や学者、専門家の協力が大前提なので、担当者によって、この人々との人間関係を構築することも必要であった。

さらに、奥地の取材許可には、途方もない長い時間がかかった。最初の西イリアン（現インドネシア領イリアン・ジャヤ）撮影行の許可には二年間を要している。その間、日本側の番組プロデューサー、ディレクターの顔ぶれや取材方針の変動があると、海外政府機関との関係がギクシャクなりがちになる。

牛山は市岡と豊臣の二人を「『ノンフィクション劇場』よりも『すばらしい世界旅行』で本領を発揮し輝かしい業績を残した。（中略）市岡康子は『すばらしい世界旅行』の民族誌タイプを代表し、豊臣靖は冒険タイプを代表したディレクターと言ってよいだろう」と評価した。「ドキュメンタリーの成否は調査で五〇％決まる」というのが牛山の口癖だった。市岡は「事前調査を徹底的にやらないといけないのね。一人で現地に行き、ものになるかどうか判断するのがいちばん大変でした。調査してダメだったら百万円の損害で済むけれど、カメラマンや助手を連れていってコケたら四、五百万円が飛ぶでしょ。今ならロケ・コーディネーターがいますが、当時は海外にいる日本人がごくわずかだったので、取材交渉から安ホテル探しまで自分で何でもこなしたわね」と振り返る。

南太平洋で「クラ」を撮影

市岡が『すばらしい世界旅行』で作った第一作は、インドネシアのバリ島で取材した『ケチャのある村』（六七年十一月放送）だった。石川・能登半島の舳倉島《へぐらじま》などで取材した日本テレフィルム技術賞受賞作『海女《あま》』の次は、サモアや仏領ポリネシアなどに飛び、伝統漁法を題材にした『南太平洋』シリーズに取り組んだ。『サメを呼ぶ歌』『サンゴ礁の海人』『サメと15人の漁夫』『大いなる海の民』と題した四部作と総集編は、六九年十一月から十二月にかけて放送された。

サメ漁をめぐっては、冷や汗をかいた後日談がある。ロープの輪にサメを呼び込むという伝統漁法が、ニューギニアの島に残っていた。カヌーには一人ずつしか同乗できないので、「デンスケ」と呼ばれた録音機を抱えて、カメラマンとは別の舟に乗り込んだ。撮影を終えた帰り、市岡のカヌーが波を受けて転覆した。サメが泳いでいるかもしれない海に投げ出された市岡は、漕ぎ手がカヌーを元に戻すまで立ち泳ぎを続けた。

「たまたまプラスチックの袋に入れてあったデンスケは、すぐ漕ぎ手が拾ってくれて無事でしたが、スチール写真用のカメラは水浸しで、ダメになった。海中にいたのは十分か十五分じゃないの」と笑い飛ばした。

ニューギニア島は面積が七十七万平方キロメートルで、日本の国土の倍に当たる。島の中央には三、四千メートル級のビスマーク山脈などが連なる。西半分がインドネシア領、東半分のパプアニューギニアは、七五年に独立するまで豪州の信託統治領だった。

『すばらしい世界旅行』の代表作の一つであり、国際的に高く評価された『クラ――西太平洋の遠洋航海者』は、パプアニューギニアの東方に浮かぶトロブリアンド諸島が舞台になった。「クラ」とは、島の人々が船団を組み、貝の装飾品を交換する儀礼的な交易を指す。市岡らが撮影に成功するまで足かけ三年、のべ七か月間を要した労作である。

企画の発端は、ポーランド出身で英国の文化人類学者ブロニスワフ・マリノフスキーの著書だった。彼は第一次世界大戦（一九一四～一八年）中の二年間、トロブリアンド諸島で長期の調査を行い、『未開社会における犯罪と慣習』『未開人の性生活』などを出版した。これらの学術書は本格的な現地調査に基づく名著とされ、代表作の『西太平洋の遠洋航海者』は中央公論社（現・中央公論新社）の『世界の名著』シリーズの一巻として六七年に刊行されていた。

市岡はこれを読み、現実的な利益には結びつかないクラの伝統に強く惹かれた。交換されるのは、赤い貝を磨いて連ねた首飾りと白い巻貝を輪切りにした腕輪である。首飾りを受け取る人は島々の間を時計の針の方向に進み、腕輪のほうは逆方向に回るという。

「クラは異民族の文化や価値観を理解しようというこの番組の趣旨にふさわしい」と熱っぽく話

すと、牛山は飛びついた。問題は、マリノフスキーが半世紀前に見た風習が続いているかどうかだった。現地調査で継続が確認され、牛山からゴーサインが出た。

七〇年七月、市岡とリサーチャーはトロブリアンド諸島で最大のキリウィナ島に飛んだ。牛山も最終確認のために同行したことから、この企画に対する意気込みがうかがえる。二週間の滞在で手応えをつかんだ牛山が帰国するのと入れ違いに、東京から影山雅英ら二人のカメラマンが到着した。市岡と助手らも含めたスタッフは五人。通常はディレクターとカメラマン、助手の三人チームなので、例外的な陣容だった。

取材班は英語が話せる現地人を通訳に雇い、豪州の行政官から廃車寸前の車を借りて、帆で海上を行くカヌー船団の出発を待った。しかし、予定日を過ぎてもその気配はない。クラのリーダー格に尋ねると、「風を鎮める呪術師にお伺いを立ててから」と言うばかりだった。やっと船出が決まっても、当初聞いていた二十隻の大船団とはほど遠く、わずか三隻しか出ない。カメラマンが一人で乗り込んだが、すさまじい貿易風に遭い、キリウィナ島に引き返さざるをえなかった。海水を浴びたカメラは使用不能になり、撮影した分も無に帰した。

市岡はこの失敗ですっかり落ち込んだ。帰国後、牛山から「ここで中止したら、現地でつかんだ生の情報や試行錯誤はすべて無駄になる。クラのように人間の本質に触れる奥深い題材には二度と出合えない。失敗から学んだことを土台に再挑戦してみないか」とハッパをかけられた。

「次の年に撮影できたのは、何が何でもやるんだという牛山さんの強い思いからです。牛山さんはよく『番組を長く続けるには、いつもフラット（平均的）ではダメだ』と言っていました。突出した企画にはそれだけの制作費をかける一方、外国から購入した作品を再編集して予算を浮かし、埋め合わせをする。プロデューサーとしてメリハリを利かせていましたね」

市岡らはその後も現地調査を続けた結果、別の船団に的を絞り、シナケタという村を拠点に定めた。高床式《たかゆかしき》の住居を借りての滞在は七一年三月から六月まで三か月半に及び、海辺の村の暮らしから、独特の装飾を施したカヌーの建造や塗装作業までを記録した。東京の牛山には手紙や電報で進捗状況を伝え、アドバイスを受けた。船団の出発をひたすら待つ日々でも、退屈する暇はなかった。村人に取材したらすぐに通訳を介して、録音した内容を翻訳しておかなければいけない。それに、牛山からは報告だけではなく、「取材日誌をつけろ」とたたき込まれていたためである。

シナケタの船団は九隻で出発し、市岡は影山カメラマンとともに旗艦のカヌーに乗り込んだ。その後はチャーターしたエンジンつきの船に移り、八日間かけて目的地のファーガソン島に到着する航海に同行した。あらかじめ手配していたチャーター機からの空撮もうまくいき、「ああ、これで日本に帰れる」とひと安心した。

この記録は『南太平洋』シリーズの続編として、七一年十月二十四日から三回にわたり『原始のカヌー船団』『青い海の英雄たち』『南海の首飾り』と題して放送された。市岡は牛山の指示ですぐさま英語版『クラ――西太平洋の遠洋航海者』の制作に取りかかり、六十六分に再編集した。

牛山は日本映像記録センター設立後も、「なまじの学者より現場を踏んでいるんだから」と取材記の執筆をディレクターたちに課した。ずっと後、大分県別府市にある立命館アジア太平洋大学の教授に転じた市岡は二〇〇五年、『KULA《クラ》――貝の首飾りを探して南海をゆく』を出版した。取材時の日誌などが基になり、亡き牛山に巻末で謝辞を捧げた。

世界初の東ニューギニア縦断

牛山より二歳下の豊臣靖は早稲田大学文学部独文科に在学中、映画のサークルに所属し、卒業後はフリーで映画やテレビ番組作りに携わった。『ノンフィクション劇場』には途中から参加し、『倒産―ある従業員の場合―』や『沖縄の18才』、『ガン戦争』の上下編などを作った。『すばらしい世界旅行』では専属的な立場で、アマゾン川流域を中心とする南米を担当した。

貝の装飾品を交換する「クラ」で使われたカヌー

部下に厳しかった牛山も豊臣には気を許していたらしい。東京新聞の長期連載『素晴らしきドキュメンタリー』には豊臣の名前が何度も出てきて、その人柄と仕事ぶりを彷彿《ほうふつ》とさせる。

「おトミさん」と呼ばれた豊臣は、何かにつけて「まいっちゃったよ」とこぼす口癖があった。酒を飲んでいると、酔うにつれて「ギューさん、まいっちゃったよ」を連発し、牛山の背中を強くたたいた。ある夜、「カメラマンの癖をよく調べてからでないと、ひどいことになるよ。今度ばかりはまいっちゃったなあ」と牛山に、熱帯雨林での体験を話し始めた。二人用の狭いテントで就寝しようとしたら、すさまじいいびきと歯ぎしり、さらにおならも加わって、眠りの浅い夜が続いたという笑い話である。

牛山は「彼は〝未知なるもの〟に強いあこがれを持っていたし、何よりも〝人間好き〟だった。健康で男らしく優しく、言葉の通じないどんな僻地の人々にも好かれた。よいドキュメントを作るにはいくつかの条件が必要だが、私が第一に挙げたいのは〝撮影の相手を巻き込んでしまう人間的魅力を持つこと〟ではないかと思う。豊臣靖は、多くの人に愛された」としのんでいる。

豊臣が世界初の東ニューギニア縦断に成功した『ニューギニア古代探検』の四回シリーズは、六八年七月二十八日から放送された。豊臣の詳細な取材日誌も四年後の七二年、『東ニューギニア縦断記』という題名で出版にこぎ着けた。

ニューギニア島では一九二七年、豪州のカリウスとチャンピオンの二人が島で最長のフライ川からセピック川に抜け、南北を横断した。第二次大戦後の五九年には、フランスのピエール・ドミニク・ゲッソーが西イリアン側で南北横断を果たした。ゲッソーはこの記録映画『空と泥』を作り、後に牛山と知り合いになった。

一か月間、ニューギニアで予備調査をした豊臣は六七年八月半ば、ワシントンからインドネシアに着いた牛山とバリ島で落ち合った。報告を聞いた牛山は「調査結果はよくわかった。やはり原始社会における人間たちの一生の記録にすべきだろうね。しかし、それにプラスしてもう一本、太い線がほしいね」と要望し、横断と縦断の記録を尋ねた。豊臣が「縦断なんて馬鹿げた記録は、聞いたことも読んだこともない」と答えると、牛山はニヤッと笑って、「じゃあ、決まった。点または面の取材記を、縦断という線の旅行記で結ぼうじゃないか」とこともなげに提案した。豊臣は『東ニューギニア縦断記』でこの時の当惑ぶりを「冗談ではない。彼はニューギニアをなんと思っているのだろう」と書いている。

ニューギニアはたかが島ではないか、というけれども、グリーンランドに次ぐ世界第二の大島であり、本州のおよそ三倍半の広さをもっている。しかも、ほとんどが未開の密林なのだ。一口に「縦断」といっても、東西の距離は平面の直線距離にしておよそ二四〇〇キロ、山脈や渓谷、または蛇行している迂回路などを、立体的な次元で考えると、一万キロにも及ぶのではないかと思われる。しかも、ジープで走れるのは、信託統治領の僅《わず》か八〇〇キロほどで、あとの九千数百キロは、ほとんどが徒歩か、カヌーにたよらなければならない。

黙りこくる豊臣に対し、牛山はこう畳みかけた。「君は『不可能だ』とでも言いたいのだろうが、だからこそやる価値がある。不可能と思われている世界は、前人未到の広野だ。未知の世界があることを意味し、新しい発見の可能性を意味するのだ。行く手に何があるかわからず、それを求める。つまり、未知の発見にかける。それがドキュメンタリーの精神だろう。思い切って自分を未知の世界に投げ込んでみたらどうか」

豊臣はこの一か月間、小型機から見下ろした赤道直下の大自然を思い浮かべ、「まったく未知の土地であり、原始人の住む世界。点の取材だけでもなかなか困難なのに、そのような縦断が実際にできるだろうか」と思いながらも、牛山の強引とも思える弁舌に抗することができなかった。その後も一か月以上予備調査を続け、未開の集落を訪ねた。

年が明けて六八年二月下旬、豊臣と野呂進カメラマンら四人はパプアニューギニアの首都ポートモレスビーに到着した。野呂はアラスカのイヌイットを長く取材し、極地に強い猛者《もさ》だった。事前の計画書では、食料や物資を運ぶ現地人のポーターは一日平均で五十人を超える。一行はまず、攻撃的で恐れられているクカクカ族の集落をめざした。この部族は成人式や出産をはじめ、死者の遺体をいぶして保存するといった独特の風習や伝統を保っていた。

豊臣は短期間で地元に溶け込む交渉力を発揮し、死者をミイラにする一連の作業の撮影に成功した。山岳地帯をさらに進むと、「塩作りの谷」があると聞き、水草を燃やして塩分を採る方法も撮影した。また、臨月を控えた妊婦を探しだして、彼女がたった一人で産小屋《うぶごや》を作り、出産する場面にも立ち会った。このほか、華やかな装いを施す裸族の祭りや河川流域の原始的な生活なども取材した。

クライマックスは、空港があるテレフォルミンという高地から国境線を越えるルートで、ポーターが百二十人という大キャラバン隊を編成した。最も肝心の食料や医薬品はセスナ機で投下してもらう作戦を立て、この模様もカメラに収められた。

一行が国境線の河原にたどり着いた日、豪州の国旗と日章旗、隊旗を掲げた。日の丸の小旗には「日本テレビ　ニューギニア縦断隊は、一九六八年八月十二日午後三時　東経一四一度〇分、南緯四度四七分の国境地点に到達した　日本テレビ隊　豊臣靖」と書き込まれた。

その一週間後、豊臣と野呂はポートモレスビーからマニラ経由で帰国の途についた。あとの二人は、東ニューギニア縦断の線をつなぐ最後の取材のために残った。六か月に及んだ「未知への旅」は、こうして成功裏に終わった。

四回シリーズを再編集した『東ニューギニア縦断記』は、サンフランシスコ国際フィルム・フェスティバルのドキュメンタリー部門で最高賞のゴールデン・ゲート賞に輝いた。

報道ドキュメンタリーへの挑戦

土本典昭は『ベトナム海兵大隊戦記』を高く評価する一方、『すばらしい世界旅行』については「方向転換だと思った。世界の珍しいところを紹介する娯楽シリーズ。『ノンフィクション劇場』に比べると、心が震える企画ではなかった」とみていた。牛山から「長期間ニューギニアに入らないか」と誘われても、「日本でやることが山ほどあるのに行けるか」と断った。

しかし、「テレビ報道にとってニュースとドキュメンタリー番組は車の両輪」という持論を抱き続けた牛山は、社会性や報道色の強いドキュメンタリー番組をあきらめたわけではなかった。社会教養局の発足に伴い、同局次長に昇進した六八年の十一月二十四日から始まった『20世紀アワー』で念願を果たした。ドキュメンタリー番組は三十分間という時代にあって、日曜午後十時半から一時間の放送は大きな挑戦だった。

市岡康子の『多知さん一家の三年』が一回目に放送された。子どもが九人の大家族に密着取材し、民放大会賞テレビ教養番組部門で最優秀に選ばれた作品の続編である。市岡自身は「同じ対象を追いかけるのは好きじゃないとわかった。社会に対して何かを主張したい人や有名人ならいざ知らず、普通に暮らしている人たちにカメラを向け続けると、迷惑をかけますからね。そっとしておいてあげたい。私は番組で取り上げた人とその後も長くつき合うほうですが、撮ることはしないいんですよ」と制作姿勢を語る。

三回目の十二月八日と十五日に放送された大島渚監督の『大東亜戦争』前後編は、話題を呼んだ。牛山と大島は「二十世紀は戦争と革命の時代だった。戦争中の日本人の民族感情を当時のまま表現し、今世紀の記録として残そう」と考え、世界各国から映像資料、写真などを集めて編集した。ニュース映画は当時の音声をそのまま使用し、連合国側が撮影した映像の場合、当時の日本の新聞記事を抜粋して添えた。タイトルの書は、太平洋戦争開戦時の閣僚だった岸信介・元首相に依頼するほど「当時の再現」を徹底させた。

ＮＨＫの放送七十周年記念番組として『ＮＨＫスペシャル』で九五年度に放送された『映像の世紀』シリーズは、世界中から集めた映像資料を基にして二十世紀の歴史を描いた傑作である。牛山と大島が『大東亜戦争』で取り入れた手法の先駆性がうかがえる。大島はこの制作をとおして「敗者は映像を持たない」という映像の本質に触れる発見に至る。『大島渚著作集　第二巻――敗者は映像をもたず』から引用してみよう。

> 私は戦争中のニュース・フィルムの音をそのまま使った。音が不足している部分は、大本営発表と新聞の社説で埋めた。説明的なコメントはつけず、ましてや現在の時点からする批

判的なコメントなどは一切つけ加えなかった。戦争中の実感をそのまま放り出したのである。そのことが十分な効果をあげたかどうかは、テレビで放映される作品の常として計り難い。しかし、少なくとも私自身にとっては、あれこそが『大東亜戦争』だったと言い切れるほどの作品にはなっていた。当時の音をそのまま使うというようなアイディアは、あとで考えると単純なことであり、誰でも考えつきそうなことである。しかし、それはやはりコロンブスの卵ではないのか。

だが、今私が言おうとしているのはそのことではない。私が言いたかったのは、そんなふうに戦争の時点そのものに固執してフィルムをつくろうとした私にとって、材料になる記録フィルムの不足は致命的だったということである。ことに戦争の後半になると日本側のフィルムはほとんどなくなってしまうのである。戦争においては、勝っている時だけ映像を持つことができるのである。敗者は映像を持つことができない。

牛山と大島は『20世紀アワー』で、文化大革命の嵐が吹き荒れていた六九年四月の第九回中国共産党大会（九全大会）に合わせて、『大東亜戦争』と同じ手法で『毛沢東と文化大革命』も制作した。七六年九月九日に毛主席が死去して三日後、日本テレビで急きょ放送された特別番組『伝記・毛沢東』は、この『毛沢東と文化大革命』を下敷きにしていた。

早稲田大学で東洋史を専攻した牛山は、若いころからアジアへの関心が強かった。懇意にしていた保守派の政治評論家御手洗《みたらい》辰雄が台湾に飛んで実現した蔣介石総統への単独インタビューや、カンボジアに帰国したシアヌーク殿下に対するテレビ初の単独会見も放送した。ベトナム民主共和国（北ベトナム）の初代主席ホー・チ・ミンが六九年九月二日に死去すると、わずか三日で『伝記ホー・チ・ミン』を作った。ジャーナリスティックなセンスとともに、大きなニュースに対して素早く反応する反射神経もずば抜けていた。

六九年二月放送の『海底都市のできるまで』は、全編アニメの異色作だった。海洋開発をテーマにして、虫プロダクションを率いた漫画家の手塚治虫が原案・監修を担った。

土本監督は、牛山が『すばらしい世界旅行』と並行してこれに取り組んだのを知っていただろうか。知らなかったとしても、無理はない。二人はこの時期、絶交状態にあった事情に加え、『20世紀アワー』がわずか一年で終わったからである。

成功できなかったことはまことに残念だった。ある意味で充分な準備がなかった。ドキュメンタリー番組の発展を欲ばりすぎた面もあったと反省している。しかし「麦は死して、新しい芽をふく」のである。私のテレビ番組制作の原点である報道精神は、これによって滅びることはない。私の重要な課題のひとつである「報道ドキュメンタリー」は、この番組の中から貴重な教訓をくみとるにちがいない。

牛山は『世界』に掲載された『テレビ・ジャーナリズムの25年』でこう述懐している。めったに弱音を吐かず、いつも意気軒昂な人だった。実際、『20世紀アワー』が終わった翌月には、自らプロデューサーを務めた海外取材番組『われら地球家族』を開始させた。

TBS闘争と集団退社

ここで、六〇年代後半のTBSに目を転じたい。キーマンは「TBS闘争」で渦中の人になり、テレビ界で初の独立系プロダクション「テレビマンユニオン」を設立する萩元晴彦と村木良彦である。二人とももうこの世にない。TBS闘争終結後の六九年三月、萩元と村木、今野勉は『お前はただの現在にすぎない――テレビになにが可能か』を出版した。この本はTBS闘争の記録にとどまらず、表現者の位相からの先鋭的なテレビ論として長く語り継がれている。

萩元は牛山と同じ一九三〇年に生まれ、旧制中学最後の世代に当たる。萩元は長野県立松本中学（現・松本深志高校）、牛山は茨城県立龍ヶ崎中学で野球に打ち込む。早稲田大学文学部を卒業した五三年、放送局に入ったという共通点もある。露文科で学び、ラジオ東京を選んだ萩元はラジオドキュメンタリーなどを作り、十年後の六三年、報道局テレビ報道部に異動した。

NHKの『日本の素顔』に対抗し、『ノンフィクション劇場』が民放初のドキュメンタリー番組として始まって二か月後の六二年三月、TBSも社会問題を掘り下げるフィルム構成の『カメラ・ルポルタージュ』を開始した。この年の十月には、テレビのニュース番組で一時代を画す『ニュースコープ』がスタートし、「ドラマのTBS」とともに称される「報道のTBS」への第一歩を刻んだ。フジテレビではやや遅れて六四年、同局初の本格的ドキュメンタリー番組『ドキュメンタリー劇場』が誕生し、民放のドキュメンタリーも活況を呈した。TBSは六六年から始めた『現代の主役』に続いて、六七年にも『マスコミQ』というドキュメンタリー枠を新設した。
三十三歳でラジオからテレビに移った萩元は、『お前はただの現在にすぎない』でテレビとの出合いをこう書いている。

まず衆院選挙番組に参加、テレビジョンのメカニズムに驚嘆したが、この素晴しい媒体が、有効に駆使されていないことにも唖然《あぜん》とした。真剣にテレビジョンと取り組む決意を秘《ひそ》かに固める。

当初、ある先輩から「テレビは絵だ」と教えられたが、「現代の顔」、「カメラ・ルポルタージュ」を担当して、この言葉に決定的な疑念を持ち始めた。「テレビとは何か?」という問いが、仕事に当っての最大の関心事となった。

六五年秋、坂田栄男《えいお》対林海峯《りんかいほう》の囲碁名人戦を取材し、「勝敗」と題して放送、「テレビは時間である」という漠とした予感を抱く。この作品で鉱脈を掘り当てた気がした。

「テレビは時間である」というテーゼは、『お前はただの現在にすぎない』を締めくくる「お前に捧げる一八の言葉」の冒頭にも掲げられた。「移り変りゆくそのこと。終りのなさ」という寸言が添えられている。

萩元はテレビの本質への予感に基づき、若き小澤征爾が指揮する姿をワンカットで一気に収録した。新進気鋭の指揮者の表情、上半身の動きをアップで追った『小澤征爾〝第九〟を揮《ふ》る』は六六年二月、『現代の主役』で放送され、民放大会賞テレビ社会番組部門の優秀に選ばれた。

村木は五九年、東京大学文学部美学科を卒業し、KRTに入社した。美学科の同期生には脚本家の倉本聰、映画監督の中島貞夫がいた。一期上には鴨下信一、一期下には久世光彦《てるひこ》がいて、この二人も同じ局に入り、テレビドラマの演出家になった。テレビ演出部に配属された村木は、実相寺昭雄や今野ら同期生六人と同人誌『dA《ダー》』を創刊し、シナリオや評論を発表した。

「みんな生意気だったんで、局の先輩たちをこっぴどく批判しました。でも、その先輩たちにカンパをもらいに行くと、ニコニコして払ってくれた。いい時代でしたね」。演出部で二年先輩の大山勝美を含め、伸び盛りのテレビ界には個性的な人材が集まった。

テレビドラマを作っていた村木は六六年、報道局特別制作部に異動した。六年先輩の萩元と芸術祭参加作品『あなたは……』を共同演出し、芸術祭奨励賞を受賞した。三人の女子学生をインタビュアーに立て、東京の街頭で「いま一番ほしいものは何ですか」「ベトナム戦争にあなたも責任があると思いますか」「昨日の今頃、あなたは何をしていましたか」「最後に聴きますが、あなたはいったい誰ですか」などと矢継ぎ早に質問する全編インタビューの異色作で、ラジオドラマや映画の脚本を書いていた寺山修司が構成作家として参加した。

テレビ報道部に移った後、再び萩元とともに新番組『マスコミQ』の一回目として生放送の『私は……』を共同演出した。東京・新宿の街頭に中継車を出し、女優の緑魔子が「あなたに一分間あげるから、好きなことをしゃべってください」と通行人にマイクを向けるという実験的な試みだった。この生中継には、カメラの前で一分間無言を通す若い男が登場した。実は、この

「沈黙する男」はあらかじめ用意されていた無名の俳優だった。テレビの世界で「仕込み」と呼ばれるこの手法は、今なら「やらせではないか」と物議を醸すかもしれない。しかし、萩元と村木は「時間と想像力が同時進行するのがテレビ」という独自の方法論から取り入れた。

村木は、フィクションともノンフィクションともつかない前衛的な手法で『わたしのトウィギー』『フーテン・ピロ』『わたしの火山』などの作品を精力的に作るが、六八年三月、萩元とともに制作現場からの配置転換を通告された。その前年、萩元が『あなたは……』の手法で作った『日の丸』と、『ニュースコープ』の田英夫キャスターらが一か月間、ベトナム戦争中の北ベトナムを取材し、村木が演出陣に加わった特別番組『ハノイ　田英夫の証言』が、自民党政権から「偏向番組ではないか」と指弾されていたのである。

萩元と村木は辞令を拒否し、労働組合も動き出した。TBS局員が成田空港反対派の農民たちを手助けしたと問題視された「成田事件」、田キャスターが突然『ニュースコープ』を降板する問題も起き、大きな争議に発展した。

「表現者の論理」に立脚し、労働組合とも一線を画した二人は闘争終結後、配置転換された。村木は「フリーのディレクターになる。CMなどを作れば、何とか食べていける」という決意を同期生の吉川正澄《きっかわまさずみ》に打ち明けた。吉川が「集団で退社し、制作者集団を作ってはどうか」と提案し、話を聞いた今野も即座に賛同した。これが各職場に波及し、重延浩《しげのぶゆたか》（三代目のテレビマンユニオン社長、現・会長）ら十三人の退社組に契約者も含む二十五人によるテレビマンユニオン創設につながる。最年長の三十九歳だった萩元が初代社長に選ばれ、村木は二代目の社長を務めた。

設立した翌日の七〇年二月二十六日、村木は朝日新聞夕刊に『新しい出発、私たちのテレビマンユニオン』と題した文章で高らかに宣言した。

私たちのテレビマンユニオンに対して多くの人は「あなた方の制作者としての才能は認めるけど、経営の才能には疑問がある」と言う。私たちはただ笑って答えるだけである。「では、あなたの言う経営とは一体なんですか」と。参加者全員が株主であり、経営者でもある私たちの共同体にとって、経営者と制作者という二元的発想はすでに棄《す》てられた。「同時性を武器とするテレビ本来の機能は時間と想像力の同時進行だ」と主張してきた私たちは、職業としてのテレビディレクターを、自らの意思で選びかえした。私たちにとって、すべてを疑い新しいイメージを発見することが、とりあえずの出発点であるのだ。

テレビマンユニオンは「自立した制作者集団をめざす」「組織のために仕事をするのではなく、組織を使って仕事をする」といった独自の理念を掲げた。

いざなぎ景気が終わったこの時期、民放キー局にとって最大の負担増は番組制作費の高騰、特にスタジオで作るドラマとニュース報道の経費増で、「合理化」という名の経費抑制策が経営課題となった。各局は、番組制作の外注化や制作部門の一部分離という経営方針を打ち出した。

TBSは七〇年一月、松竹を離れた映画監督の木下恵介や博報堂の出資を得て、「木下恵介プロダクション」を設立したのに続き、二月には電通などの出資を受けて「テレパック」を設立した。プロデューサーやディレクターを出向させたこの二社は、ＴＢＳの関連会社と位置づけられた。設立メンバーが個人出資したテレビマンユニオンも、千七百万円の資本金のうちＴＢＳから一五％の出資を仰いだが、二社とは成り立ちが違う。

フジテレビが七〇年秋から進めた制作分離はさらに徹底していた。制作局を廃止し、報道部門と『小川宏ショー』など生放送の番組を除く制作部門を「フジポニー」「フジプロダクション」などの関連会社に移した。ＮＥＴは対照的に、報道部門だけを切り離し、すべての報道局員を「ＮＥＴ朝日制作」に出向させた。

私の手元に、村木のトークを二時間半収めたＤＶＤがある。東京・京橋の映画美学校で二〇〇一年に発足した牛山研究ゼミに招かれた際、ビデオカメラで撮影された。穏やかな物腰、柔和な目、微笑を絶やさない語り口は誰に対しても変わらない。

牛山らが日本映像記録センターを設立したのは七一年十二月だった。牛山はいつから独立を考えていたのか。村木は「テレビマンユニオンができて数か月後だったので、七〇年の夏だと思うが、牛山さんから突然『会いたい』と電話がかかってきた」と言う。赤坂にあるＴＢＳ局舎のロビーで落ち合うと、牛山は集団退社の経緯やＴＢＳとどんな交渉をしたのかを詳しく尋ねた。

村木らの独立をめぐるＴＢＳ側の対応は役員会でも「応援すべきだ」「この際、切り捨てろ」という両論が対立したまま結論が出ず、日本民間放送連盟会長でもある今道《いまみち》潤三会長に一任された。会長室に呼ばれた村木、今野、吉川らに対し、今道は「お前たちは会社にさんざん迷惑をかけたから、やめればせいせいする。しかし、独立してやっていこうという気概はよろしい。五年間は応援しよう」と約束した――こんな話をした村木は「牛山さんも日本テレビをやめるつもりだな」と察した。

村木が牛山と再会するのは十年後だった。テレビマンユニオンや日本映像記録センターが設立された後、制作会社は急増したものの、多くは「テレビ局から発注された番組を制作する」という力関係からテレビ局の下請け的な立場に置かれていた。村木は「われわれの地位を高めて制作環境を向上させるには、制作会社が団結するしかない」と考え、有力プロダクションを回った。牛山は賛成し、七社の代表による月一回の会合に腹心の後藤英比古を出席させた。こうして八二年、全日本テレビ番組製作社連盟の設立にこぎ着け、村木は後に三代目理事長を務めた。

七人の部下と独立

日本テレビでは七〇年五月、正力松太郎会長の女婿で元自治省事務次官の小林與三次・読売新聞副社長が社長に就任した。一年後、前社長の福井近夫相談役ら粉飾決算事件時の役員六人が退任し、このなかにはずっと牛山の後ろ盾になってきた磯田勇常務もいた。小林社長は同時に総務、営業、ネットワーク、放送の四本部制を発足させる機構改革を行い、牛山は制作局次長兼記録番組部長になった。

牛山は小林社長に直接相談し、独立の了承を取りつけるという政治力を発揮した。『世界』に掲載された『テレビ・ジャーナリズムの25年』では、こう書いている。

新しい機構改革に伴って、私が配属された制作局次長というポストは、私に、殆《ほとん》ど現場にかかずり合うことを許さなくなっていた。考え抜いた末、私は二十年にわたる日本テレビの生活に別れを告げる決心をした。

そのことを小林與三次社長のところへお願いに上がったところ、小林社長から「確かに、今のポストではやりにくいという気持ちはよく分かる。しかしテレビに関する志は、君とまったく同じだし、日本テレビをはなれるのではなく、新しい関連制作会社を設立して、大胆に、自由に活動したらどうだ。人と金は自由にもっていっていい」という、暖かい提言を頂《ちょう》戴《だい》した。また入社以来、言論界の大先輩として、つねに目をかけて下さった政治評論家の御手洗辰雄氏からの忠告もあり、私の気持ちはきまった。

日本映像記録センターの資本金二千五百万円のうち、一千万円は小林が個人名義で出資し、残りは牛山ら設立メンバーが退職金などをつぎ込んだ。レギュラー番組の有無は新会社の行方を大きく左右する。『すばらしい世界旅行』は日本映像記録センターで制作を続けることが、スポンサーの日立製作所を含めて了承された。

さらに牛山は、作った番組の著作権を新会社に帰属させる約束も取りつけた。この先見性はずっと後になって、大きな意義とメリットを持つことになる。

牛山とともに日本テレビをやめたのは七人の部下だった。その一人、結城利三は「僕も現場が好きでした。そのまま局に残っていたら管理職になり、番組を作れなくなると考え、自分から手を挙げました。牛山さんには、ディレクターよりプロデューサーが向いているという適性を買われたんじゃないですかね」と振り返る。

小林社長については「最大の支援者でした。牛山さんはじかに当たり、気に入られた。誰にもできる芸当ではない。ただし、局長クラスは面白くなかったでしょうね」とみる。

市岡康子は牛山から「独立して会社を作るが、一緒にやらないか」と誘われ、即座に「行きます」と答えた。安定したテレビ局生活を捨てることへの迷いはなかったのか。

「テレビ局に勤めることより、番組を作り続け、わくわくしたいという思いのほうが強かったですね。誰が一緒に行くのか尋ねた覚えはありません。当面の仕事は決まっていたので、食べていけるかどうかも心配しませんでした」。設立メンバーのなかでは唯一の女性だったが、「それは意識しなかった。だって、それまでも〝紅一点〟でやってきたんですから」と一笑に付した。

杉山忠夫はずっと編集の仕事をしてきた。ある日、牛山から食事に誘われ、「独立しようと思っている。給料は今のようには払えない。かなり安くなるだろうが、ディレクターをやりたいなら一緒に出ないか」と切り出された。杉山が「どういう人が行くんですか」と聞き返すと、牛山は腹心とみられていた後藤英比古、市岡、編集者の池田龍三、専属的な豊臣靖らの名前を挙げた。杉山もまた何の迷いもなく、「ディレクターとしてあちこち飛び回れるのなら」と応じた。

最終的には、後藤と結城、池田、市岡、杉山のほか、牛山が少年時代を過ごした龍ケ崎市出身の野口秀夫ディレクター、野呂進カメラマンの七人の社員が牛山と行動をともにし、豊臣も参加した。結城と野口は日本映像記録センターの取締役に就任する。

一九七二年は年明けから、大きなニュースが相次いだ年である。

一月、佐藤栄作首相とニクソン米大統領の会談で「沖縄返還は五月十五日」と決まった。また、旧日本軍軍曹の横井庄一が二十八年ぶりにグアム島の密林で発見された。二月に入ると、アジア初の冬季オリンピックが札幌市で開催された。

連合赤軍の五人が長野県軽井沢町の浅間山荘に押し入り、管理人の妻を人質にして立てこもった二日後、ニクソン大統領が電撃的に中国を訪問し、米中共同声明を発表した。浅間山荘では二月二十八日、NHK・民放各局のテレビカメラが見守るなか、約千五百人の機動隊が人質救出の強行突破作戦を開始し、テレビの長時間中継の記録を塗り替えた。この直後、連合赤軍の大量リンチ殺人事件が明るみに出て、社会を震撼《しんかん》させた。

そんな年の三月十四日夕方、「牛山純一と〝映像記録〟スタッフを励ます会」が東京・紀尾井町のホテルニューオータニ「芙蓉《ふよう》の間」で開催された。立食なら千二百人を収容できる。「映像記録」とは、日本映像記録センターの略称である。設立の登記から三か月たっていた。

三十七人に上る発起人には各界の名だたる顔ぶれが並び、牛山の多彩な人脈を誇るかのようだった。発起人総代の高田元三郎《もとさぶろう》は国際ジャーナリストの草分けで、毎日新聞社最高顧問や放送番組向上委員会委員長を務めていた。

政治家では、第三次佐藤栄作内閣の通商産業大臣だった田中角栄と自民党総務会長の中曾根康弘が目を引く。牛山は放送記者時代からこの二人と知り合いだった。共同通信の社会部長や文化部長、ＴＢＳの『ニュースコープ』キャスターを経て、日本社会党の参議院議員に転じた田英夫の名前もある。田中はこの年七月、佐藤首相が推す福田赳夫《たけお》、大平正芳、三木武夫を自民党総裁選で破り、総理大臣の座についた。中曾根は田中内閣で通産大臣に起用された。

マスコミ関係では、横綱審議会委員も務めた御手洗辰雄をはじめ、読売新聞出身の宮崎吉政や戸川猪佐武、毎日新聞出身の細川隆一郎らの政治評論家に加えて、毎日新聞の三宅久之、朝日新聞からテレビ朝日に移った三浦甲子二らがいた。日本テレビの関係者は小林社長以下、正力松太郎の長男でプロ野球巨人軍オーナーの正力亨・前副社長、磯田勇・前常務らだった。

このほか、漫画家の手塚治虫、作曲家の山本直純、劇作家の内村直也、女優の山口淑子《よしこ》、評論家の草柳大蔵、放送評論家の志賀信夫、東和の川喜多かしこらが名を連ねた。

発起人のうち、小林社長が日本映像記録センターの取締役会長、御手洗と元電通ラジオ・テレビ局長のイベントプロデューサー小谷正一《まさかず》が相談役、文化人類学者の岡正雄が顧問に就任した。「励ます会」では、小林社長や田中角栄らがスピーチした。牛山は一緒に日本テレビをやめたメンバーだけではなく、大島渚監督ら社外スタッフとともに登壇し、一人ずつ紹介した。

杉山忠夫はこの日のことをよく覚えている。「発起人はほとんど来ましたよ。ギューさんが自分で企画し、三宅さんが手伝ってくれた。田中角栄さんは壇上でギューさんのことをほめていましたね」

四十二歳の牛山と新会社にとって、晴れがましいお披露目となった。

ドキュメンタリー専門の会社

日本映像記録センターという社名は、牛山自身がつけた。市岡からは「私は『牛山プロダクション』か『牛山事務所』がいいと思ったけれど、本人が自分の名前を入れるのはためらったのね」と聞いた。

このネーミングには、ドラマやクイズ、バラエティー番組のような娯楽番組ではなく、ドキュメンタリー専門のプロダクションで行くという志と方針がうかがえる。テレビマンユニオンがジャンルを限定せず、テレビ番組全般を意識した社名を掲げたのとは対照的である。

新会社を紹介するパンフレットには、「国際的なノンフィクション制作者によるはつの機構」という文字が躍っている。事業内容は「テレビ記録番組の企画・製作」が第一に挙げられ、教育・産業用フィルム、有線放送やビデオパッケージの企画・製作が続く。注目されるのは「書籍物の著作・出版」と「映像記録の発展、育成に関する教育・啓蒙活動」で、いずれも後に実現された。牛山と交流があったフランスのジャン・ルーシュやジャック＝イヴ・クストー、米のリチャード・リーコックら海外の著名な映画監督や制作者が、門出を祝う言葉を寄せた。

一方では、牛山から独立の話を持ちかけられたが、日本テレビに残った人たちもいた。『ノンフィクション劇場』でもディレクターとして活躍した池松俊雄はその一人である。「記録番組部は二十数人の部だから、ギューさんが誰に声をかけたか、何となく伝わる。嫌な雰囲気だったね。俺は『実況中継など、テレビ局でまだまだやりたいことがあるから』と断ったんだよ。映像記録に行ったとしても、ギューさんとはうまくやれなかっただろうね」

池松はその後、サリドマイドの薬害を受けた障害児の成長記録を集大成した『明日をつかめ！貴くん～4745日の記録～』（七五年放送）で国内外の賞をさらった。七八年に開局二十五年記念番組として放送された『子供たちは七つの海を越えた～サンダースホームの1600人』では、戦後の混乱期に生まれた混血児を養育する「エリザベス・サンダース・ホーム」の創設者澤田美《み》喜《き》と、そこから巣立った子どもたちをドキュメンタリーと衛星生中継で描き、芸術祭大賞や菊池寛賞に輝いた。澤田の人生を早坂暁脚本、せんぼんよしこ演出、京マチ子主演でドラマ化した八一年放送の『母たることは地獄のごとく～炎の女・澤田美喜～』（放送文化基金賞テレビドラマ番組賞）も制作し、制作局次長や事業局長、取締役、日本テレビサービス社長を歴任する。

『ノンフィクション劇場』を経て『すばらしい世界旅行』の企画段階からかかわった菊池浩佑も、牛山の誘いには乗らなかった。「市岡さんや杉山君は『すばらしい世界旅行』のディレクターとして活躍したが、世界の民族誌に特化していくのには違和感があったし、海外での長期取材は体力的にもきつかった。僕は時代と向き合うドキュメンタリーを作りたかったんです」

菊池は日曜深夜の『NNNドキュメント』シリーズのディレクターを経て、そのプロデューサーを定年退職するまで担当し、「牛山さんがまいた種の一つを育ててきたつもりです」と言う。九七年度に『二人称の死～脳死移植を前に～』『沖縄は安保を問うⅡ 日米新ガイドラインの周辺』などで受賞した芸術選奨文部科学大臣賞は、テレビ局で現場一筋を貫いたドキュメンタリストの勲章ではないか。

自然・冒険ドキュメンタリーの第一人者として名をはせる岩下莞爾《かんじ》ディレクターも、『すばらしい世界旅行』の初期にかかわったが、日本テレビにとどまった。菊池は「牛山さんの下では鳴かず飛ばずだった岩下さんは、局に残って花開いた。日本テレビのアドベンチャー番組にはほとんど絡んでいた」と故人をしのぶ。

グリーンランド・カナダ間犬ゾリ走破、世界初となる女性隊員のチョモランマ（エベレスト）登頂、最北の地に住むイヌイット、世界一周単独ヨットレースなどを記録し、国内外で多くの賞を受けた。代表作の『チョモランマがそこにある!!』では、文字どおり頂点を極めた。日本と中国、ネパールの合同登山隊が世界最高峰に挑む計画に協力し、岩下は隊長として四十人のテレビ隊を率いた。八八年五月五日のこどもの日、八千八百四十八メートルの山頂から世界で初めての衛星生中継に成功する快挙を成し遂げた。

この翌年には、『テレビがチョモランマに登った』を出版した。役員待遇ディレクターにまで昇進したが、九三年、肺がんのため五十八歳でこの世を去った。この岩下にしても、自分なりのテレビ人生を貫いたと言える。

テレビ局を去るのも残るのも、それぞれの生き方と考え方の違いによる。大事なことは、それぞれの場所で何をしたかったのか、実際に何をしたかだろう。

多彩な分野を開発

日本映像記録センターは一九七〇年代、動物や冒険、科学をテーマにした多様なレギュラー番組を開発し、ドキュメンタリー専門の番組制作会社として活気に満ちていた。いずれも当時主流の三十分番組だった。

牛山たちはまず『すばらしい世界旅行』とともに、七二年四月から日本テレビで始まった火曜午後七時台の『たのしい歴史旅行』も制作し、「日本テレビの傘の下」で出発した。『たのしい歴史旅行』がわずか半年で終了した十月、二本の新番組が始まった。一つは、東京農業大学名誉教授の近藤典生が世界各地を訪れる日本テレビの『ナブ号の世界動物探検』である。「ナブ」とは日本映像記録センターの英語表記の略称「NAV」を指すが、一年後には終わった。

東京12チャンネルの『生きている人間旅行』は七七年三月まで四年半も続いた。放送時間は土曜夜十時からで、後に火曜夜十時半からの枠に移動した。当初は、後藤英比古らの創設メンバーがディレクターとして参加した。『ノンフィクション劇場』のように、有名無名を問わず人間をとおして社会を描くヒューマン・ドキュメンタリーをめざした。

後藤の作品は、最初の一年間に何と十三本も放送された。医療事情が悪い南米パラグアイの国立ハンセン病施設で唯一の医師として働く日本人男性を主人公にした『南十字星とライ病棟』や、イラクのバグダッドで開かれた「ミスター・ユニバース」コンテストで優勝した日本の青年を描く『世界一の筋肉美』、本土に復帰した沖縄の観光ブームを取り上げた『沖縄満員御礼!?〜復帰一年を前に〜』、牛山と共同演出した『神風特別攻撃隊』前後編などで、獅子奮迅《ししふんじん》の働きを見せた。七四年三月、元陸軍少尉の小野田寛郎がフィリピンのルパング島で三十年ぶりに発見、救出された。小野田が帰国すると、捜索に当たった父親の種次郎にもスポットを当てた『父と子』の二部作を作った。

結城利三は、自閉症の子どもに密着取材した『栄ちゃんは独りじゃない』や『正丸峠の刀鍛冶《かたなかじ》』、ミクロネシアを舞台にした『海底に挑む男～南海の大鍾乳洞《だいしょうにゅうどう》～』、市岡康子も『すばらしい世界旅行』の合間を縫うようにして、後藤と共同演出した『身障者の人生』二部作や『栄光のランナー アベベ・ビキラ』を手がけた。

『ノンフィクション劇場』で活躍した映画監督も、この制作陣に加わった。大島渚をはじめ野田真吉、蔵原惟二《これつぐ》、堀川弘通らである。大島は『ごぜ 盲目の女旅芸人』と、内戦と貧困で揺れるバングラデシュの指導者の記録『ベンガルの父 ラーマン』を作った。

著名人では、人気レーサー生沢徹《いくざわてつ》、「デン助劇団」を率いたコメディアン大宮敏充《としみつ》、人気歌手の越路吹雪、オリンピックの体操の名花チャスラフスカ、終末論を唱える作家野坂昭如、戦中派の俳優鶴田浩二、ギャグ漫画家赤塚不二夫らを取り上げた。

日本映像記録センターにとって、『生きている人間旅行』は古巣以外の局で持つ初のレギュラー番組だった。できるだけ長く続けるために、企画やラインアップを決める際は視聴率を意識しただろう。牛山は自らプロデューサーを務め、終盤は、早稲田大学時代の仲間、キネマ旬報社から移った市川沖《のぼる》や創設メンバーの野口秀夫にゆだねた。

『生きている人間旅行』の終了に伴い、七七年四月からはこの後番組として『ドキュメント人生の劇場』が始まった。日本映像記録センターが引き続き制作し、一、二回目には大島監督の『横井庄一――グアム島28年の謎を追う』前後編が放送された。プロデューサーは牛山と野口の連名だった。

ところで、牛山がプロデュースした番組名には同じ言葉が目につく。『すばらしい世界旅行』や『たのしい歴史旅行』『生きている人間旅行』には、「旅行」というキーワードが使われた。『ドキュメント人間の劇場』は『ノンフィクション劇場』だけではなく、早稲田大学出身の作家尾崎士郎の代表作『人生劇場』も連想させる。けれんみや遊び心が乏しいネーミングで、牛山の生まじめな一面がうかがえる。

これも余談ながら、テレビ局や芸能界には、昼でも夜でも顔を合わせたら「おはようございます」とあいさつする習慣がある。日本映像記録センターの若手がこのあいさつをしたら、牛山は「朝でもないのに、『おはよう』とは何だッ」と怒鳴りつけたという話を複数から聞いた。

牛山と一緒に日本テレビをやめた七人の部下のうち、結城は牛山と最も年齢が近く、一歳下だった。「牛山さんは映像記録をつくってから、人が変わった」と痛感する結城は、ある夜の出来事を象徴的なエピソードとして挙げる。「設立して日が浅く、てんやわんやの状態。ディレクターの多くは海外に出払っていました」と記憶をたどる。

日本映像記録センターの事務所は当初、東京・麴町の日本テレビ局舎に近いビルの三部屋にあった。牛山たちは、近くのダイヤモンドホテルを外部との打ち合わせや飲み会などでよく使っていた。ある日、海外から戻ったばかりの牛山は「今夜、全員集まれ」と号令をかけた。結城たちを前にして、険しい形相《ぎょうそう》で「われわれは死ぬつもりで仕事をしないと、このままでは滅びる。お前たちにその覚悟はあるか」と声を張り上げた。

結城は「お地蔵さんのように柔和な顔が一変したんで、驚くと同時にショックを受けました」

とこわばった表情で言った。「何がきっかけかはわかりません。この先みんなを食わしていけるかどうか、強い危機感を抱いたんでしょうか。その口ぶりには有無を言わせぬ迫力があり、みんな何も言えなかった。それからは独裁的なワンマンとして振る舞うようになりました」

『知られざる世界』開始

日本テレビでは『たのしい世界旅行』と『ナブ号の世界動物探検』が短期間で終わった後、『冒険者たち』が七四年十月から一年間放送された。牛山は番組作りをとおして国内外の映像作家や科学者、文化人類学者、探検家ら多様な分野の専門家と知り合った。未知の領域に挑む人物を主人公にしたこのドキュメンタリー番組は、こうした交流から生まれた。

ノルウェーの海洋冒険家トール・ヘイエルダールは第二次大戦後の一九四七年、インカ時代の船を模したいかだの「コンティキ号」で太平洋横断に成功し、著書の『コンティキ号探検記』は国際的なベストセラーになった。古代エジプト船が大西洋を渡る能力があったことを証明しようと、六九年にはパピルス（葦《あし》）で作った「ラー号」でモロッコからカリブ海を航海する計画を立てた。

その当時、日本テレビ社会教養局次長だった牛山は、旧知のスウェーデン放送協会プロデューサーから「まだ秘密にしてほしいが、コンティキ号の太平洋横断より大きな冒険だ。ヘイエルダールは葦船に日本のカメラマンを乗せたいと考えている。いい人を紹介してくれないか」と相談され、フリーの小原啓を推薦した。ラー号は航海の途中で破損したが、一年後の再挑戦で目的を遂げた。この模様を記録した『葦船ラー号　大西洋を横断する』は七一年一月三日と十日、『すばらしい世界旅行』で放送された。

『冒険者たち』では、このヘイエルダールをはじめ、フランスの海洋学者であり、深海をテーマにした記録映画『沈黙の世界』（ルイ・マルとの共同監督）でカンヌ国際映画祭の最高賞パルムドールを受けたジャック＝イヴ・クストー、サメ研究の第一人者として知られる女性の海洋生物学者ユージニー・クラーク、アイガー北壁の初登攀《とうはん》に成功し、幼少時のダライ・ラマ十四世と交流のあったオーストリアの登山家ハインリッヒ・ハラーらを紹介した。

一時期、この『冒険者たち』と並行して制作され、『すばらしい世界旅行』とともに日本映像記録センターの二本柱に成長する番組が『知られざる世界』である。

科学をテーマにしたこのドキュメンタリー番組は、七五年四月から日本テレビで始まった。放送時間は日曜の夜十時からで、トヨタ自動車グループが単独提供した。この新設によって、『すばらしい世界旅行』は日曜夜七時半開始のゴールデンタイムに繰り上がる。『知られざる世界』は八六年末まで十二年近く続き、日本映像記録センターはピーク時で四本ものレギュラー番組を抱えた。

『知られざる世界』の開始早々、カンボジアでポル・ポト派のクメール・ルージュがプノンペンを占領したのを受けて、『プノンペン砲火の一か月』や『プノンペン陥落』を急きょ制作した。しかし、基本は自然科学や科学技術の最先端をわかりやすく紹介することで、『ガン細胞のナゾ』『あなたもやせられる』『類人猿のナゾに挑む』『卑弥呼《ひみこ》の化粧法』など身近な話題を科学的に分析した。NHKが新たな演出手法で人気を呼ぶ生活科学番組『ウルトラアイ』を始めたのは、この番組開始から三年後の七八年だった。

番組が増えると、スタッフの数もそれだけ必要となる。『知られざる世界』の開始を一か月後に控えた時期、牛山は「TVドキュメントの父　あくまで現場主義　牛山純一」という見出しがついた東京中日スポーツの記事で「動いているスタッフは総勢六十五人。そのうち、五十人が常時外国に出ていて、あと十五人は国内でフィルムをまわしています」と答えている。

麴町の事務所は手狭になり、新宿六丁目にある五階建てのビルに引っ越した。隣接するゴルフ練習場とともに所有する日本テレビに賃貸料を払い、「映像記録ビル」と名づけた。二階が制作スタッフのいる大部屋で、「代表室」と呼ばれた牛山の部屋は最上階にあった。

渡辺正己ディレクターは創設メンバーである豊臣靖の早稲田大学時代の仲間で、記録映画監督の亀井文夫に師事した。生命科学や医学に通じ、『知られざる世界』では内視鏡や顕微鏡を駆使した作品を数多く手がけた。

この番組のスタート時に牛山を補佐した野口に代わって、結城がプロデューサーを務めた。「牛山さんは科学には弱かった。僕はアメリカとソ連の宇宙開発競争に関心があり、『ナブ号の世界動物探検』も担当しましたからね。でも、牛山さんがOKしないと企画は通らなかった。彼は完全主義者、完璧《かんぺき》主義者で、ナレーションの一字一句まで手を入れることもありましたが、指摘は鋭く、的確でした。人任せにしないし、それができない性格はいい面でもあり、映像記録の限界でもありました」と回想する。「ディレクターは外に出っ放しだからいいですよ。牛山さんの補佐役かプロデューサーの僕らは、会社でずっと顔を合わせなければいけないから、ストレスがたまる。時には自らディレクターを買って出て、息抜きをしましたね」

一回分の制作費は『すばらしい世界旅行』が六百五十万円、『知られざる世界』が五百万円ほどだったという。

結城が「あんなにうろたえた牛山さんの姿は見たことがない」と言うトラブルも起きた。

日本テレビが開局二十五周年記念のチャリティーキャンペーン『24時間テレビ・愛は地球を救う』を系列二十九局挙げて放送する一か月前、七八年七月末のことである。英国で世界初の体外受精児「試験管ベビー」が誕生し、英の制作会社が誕生後の様子を独占取材して番組を作った。海外の放送関係者たちに独自のルートを持っている牛山は、NHK・民放各局を出し抜いてこの放送権を獲得した。テレビ朝日との間で日曜夜八時台の放送を決めた後、日本映像記録センターに出資している日本テレビが「スクープ的な映像は優先的に放送させるという協定に違反している」とクレームをつけてきた。

海外の題材を数多く取り上げる日本映像記録センターでは、外国の番組や映像資料を素材にして国内放送用に仕上げることを「フィルム・サルベージ」と呼んだ。結城は牛山から「お前、何が何でも日本テレビ用に一本作れ」と厳命された。テレビ番組の国際見本市で面識のあった英国政府広報局の女性に連絡すると、広報局が誕生の前後を撮影していたと知り、ロンドンに飛んだ。目玉となるこの映像と関連番組をかき集めて編集し、土曜夜の人気情報番組『テレビ三面記事ウィークエンダー』で放送された。テレビ朝日での放送より十日早かった。

「英国の番組にいち早く目をつけ、放送権を押さえたのは牛山さんのすごさですが、日本テレビの小林社長が『あれはうちでやるべきだろう』と言ったそうです。牛山さんはこの鶴の一声で追い詰められたんでしょう。日本テレビ内には牛山さんへのねたみ、そねみが渦巻いていたこともあり、小林さんにはかなり気を使っていましたからね」

三宅久之との交遊

牛山は多忙を極めながらも、学生時代からの親友である三宅久之とのつき合いは大切にした。日本映像記録センターの秘書に「三ちゃんから電話がかかってきたら、会議中でも必ず取り次ぐように」と命じたほどである。

毎日新聞で政治部副部長、静岡支局長、特別報道部長などを務めた三宅は、ロッキード事件で揺れた七六年、政治評論家をめざして退社した。「管理職になったら、記事を書けなくなった。上からは『部員のハイヤー代をもっと節約しろ』などとうるさく言われ、嫌気がさしたんです」。牛山に相談すると、「自分で決めた道なら、やるだけやってみろよ。それでダメだったら、俺の会社に来いよ。三ちゃん一人ぐらいなら、何とでもなるから」と励まされた。

「牛山は読売のナベちゃん（渡邉恒雄）に話をつけて、私の激励会を開いてくれた。記者のOBや昔の仲間たちが集まりました。それに、私の事務所として映像記録の一角を提供し、電話も置いてくれましてね。まだ政治評論家の仕事はなく、無収入になった私を非常勤役員にして、毎月おカネを振り込んでくれました。自分一人でも大きな組織を離れるのは大変でしたが、牛山には何人もの部下が一緒についていった。その先どうなるかはまったくわからないのにね。牛山にはかなわないなと思いましたよ」。三宅にはやがてラジオやテレビのレギュラー出演や講演の仕事が入るようになり、赤坂に事務所を構えた。

七〇年代の自民党では「三角大福中」と呼ばれた三木武夫、田中角栄、大平正芳、福田赳夫、中曾根康弘が総理候補としてしのぎを削っていた。佐藤栄作首相が引退した七二年以降、田中、三木、福田、大平の順に首相の座についた。

赤坂の天ぷら屋の名前を冠した「松原会」は、首相をめざす中曾根を囲む会だった。メンバーは、中曾根と親しい読売新聞の渡邉恒雄をはじめ、朝日新聞からテレビ朝日に移った三浦甲子二、産経新聞出身の俵孝太郎、読売新聞出身の宮崎吉政らの政治評論家で、三宅と牛山も声をかけられた。中曾根は八二年、鈴木善幸の後を受けて首相に就任し、「三角大福中」のなかでは最も長い五年間、政権を担った。

中曾根が念願を果たしたところ、三宅は税務雑誌『バンガード』の編集主幹をしていた木場康治《こうじ》と酒を飲み、同じ昭和五年生まれと知って意気投合した。同じ年生まれに声をかけて、「昭和初《はつ》午《うま》会」という親睦の会をつくった。昭和で初めての午年から名づけられた。三宅は牛山も誘った。

メンバーは政界、財界、言論界に及んだ。政界では、自民党の谷川和穂《かずお》（防衛庁長官、法務大臣を歴任）、堀内光雄（労働大臣、通産大臣を歴任）、唐沢俊二郎（内閣官房副長官、郵政大臣を歴任）、民社党の大内啓伍（委員長、厚生大臣を歴任）、公明党の大野潔、言論界では評論家の竹村健一、政治評論家の早坂茂三、経済評論家の日下《くさか》公人《きみんど》、藤村邦苗（元フジテレビ副社長）らのほか、鎌倉節《さだめ》（警視総監、宮内庁長官を歴任）、佐々淳行《さっさあつゆき》（初代内閣安全保障室長）、藤井康男（元龍角散社長）ら多彩な顔ぶれだった。

酒を飲んで談論風発するだけではなく、みんなで海外に出かけようという話になった。誰かが「パミール高原で星空を眺めながら、酒を飲みたいね」と言うと、牛山がコーディネーターを引き受けた。中国のシルクロードをさかのぼるコースの選択から現地の案内まで絶妙で、参加した十数人は大いに満足した。それで「海外旅行はギューさんに任せよう」ということになった。

1992年12月、三宅久之（左）と牛山純一は2人でベトナムなどを旅した

ソ連から独立する前のエストニア、ラトビア、リトアニアのバルト三国、太平洋戦争の戦場になったガダルカナル島や山本五十六《いそろく》・連合艦隊司令長官が戦死したブーゲンビル島、ソ連経由でサハリンなどにも行った。毎回、八月のお盆休みが明けた時期に出発し、十日間ほどの旅だった。

「牛山のおかげで日本人があまり行かないところに旅をして、みんな喜んでいた。パプアニューギニアで飛行機をチャーターした時、牛山は何度も電話をして、フライトの確認をしていました。現地ではいろいろ説明してくれて、なまじの旅行会社よりはずっと信頼のおけるコーディネーター兼ガイドでした」。三宅はうれしそうな表情をした。

九二年、論議を呼んだ国連平和維持活動（PKO）協力法が成立し、自衛隊の海外派遣の道が開かれた。内戦で揺れ続けるカンボジアに施設部隊が派遣された際、三宅は「カンボジアに行ってみたい」と牛山に相談したところ、「治安の悪いところに三ちゃん一人を行かせるわけにはいかない。俺も行くよ」と身を乗り出した。アンコールワットなどの遺跡をめぐり、ベトナムにも足を延ばす二週間ほどの旅だった。

三宅と牛山がハノイの空港に着くと、頼んでいた通訳がいっこうに現れない。待っているうちに空港には誰もいなくなり、タクシーも残っていない。牛山は柄の良くなさそうな青年を見つけ、彼の車でホテルまで送ってもらった。三宅は「大丈夫かな」とハラハラしたが、牛山は泰然自若《たいぜんじじゃく》としていた。

「牛山はそういう時でもまったく動じない。人を安心させるんですね。子どもを見かけて、『こっちにおいで』と誘うと、その笑顔を見た子どもが警戒心を持たずに寄ってくる。あれは牛山の人徳でしょうな。二人だけの楽しい旅行でした」とほほ笑んだ。

第六章　映像人類学の確立

映像記録選書の刊行

牛山純一が築いた人脈は多彩で幅広く、学術の分野にも及んだ。しかも、それは国内にとどまらなかった。

一九七三年九月、第九回国際人類学・民族学会議が米シカゴで開催された。この学術会議は五年おきに開かれていた。前回の六八年には東京と京都市が会場になり、文化人類学者の岡正雄が第八回会議の会長を務めた。

牛山は、第九回会議会長のシカゴ大学教授ソル・タックスと映像人類学部会長マーガレット・ミードの要請で会議に参加した。市岡康子と岡が同行した。会場では世界の民族を記録した作品として、市岡の『クラ――西太平洋の遠洋航海者』も招待上映された。

牛山は「ジャーナリズムというものは政治、経済、学術すべての分野の発展に協力する役割をもっと考えていた。この〝映像〟を人間科学の重要な一分野として位置づけたいという計画には大賛成だった」（東京新聞の長期連載『素晴らしきドキュメンタリー』）と書いている。

『クラ』の上映が終わった後、会場は歓声と拍手に包まれた。その場にいた岡は別の会場にいた牛山のところに飛んできて、「市岡君がみんなにキスの雨を浴びて大変だったたよ。良かった、良かった」と喜んだという。

市岡は英語を話せたが、牛山の語学力はどうだったのか。市岡は「しゃべるのはカタコトだったけれど、聞くほうは私が通訳する前にある程度のみ込んでいました。勘がいいんじゃないかしら」と言った。

映像人類学とは、フィルムやビデオで民族の生活文化や儀礼などを記録し、研究の材料とする人類学の一分野である。その起源は、ミードが一九三〇年代にインドネシアのバリ島で調査をした際、現地の人々をフィルムで撮影したこととされる。彼女はコロンビア大学に在学中、後に日本人の心性を分析した『菊と刀』などで知られるルース・ベネディクトの指導を受けた。アメリカ人類学会会長を務め、ベネディクトとともに二十世紀のアメリカを代表する文化人類学者と言われている。

フランスの民族学者・映画監督のジャン・ルーシュが、映像人類学の概念を普及させた。ルーシュは第二次大戦後、西アフリカのニジェールを中心にして多くの記録映画を撮った。六〇年代に流行するシネマ・ヴェリテの先駆的作品『ある夏の記録』を社会学者のエドガール・モランと共同監督し、ジャン＝リュック・ゴダールらのヌーベルバーグ派に大きな影響を与えた。

牛山は独立する七か月前の七一年五月、日本テレビの主催による「映像記録の国際シンポジウム」開催にこぎ着け、ルーシュら七か国の九人を招待した。ルーシュは『すばらしい世界旅行』

に関心を寄せ、世界の民族の記録として賞賛した。牛山との親密な交流はここから始まる。シカゴ大会の映像人類学部会では、ミードやルーシュらの参加者が『民族誌フィルムの歴史』や『フィルムによる文化の再現』といった論文をあらかじめ提出し、牛山も『テレビ報道にとっての映像人類学』と題した論文を書いた。執筆者たちはこれに基づいてスピーチし、最後に映像人類学に関する決議が採択された。

フィルムや音、ビデオ・テープの記録は、いまや、科学にとって必要欠くべからざる資料であり、個々に独立した研究者が新しい理論に照らして人間行動を分析するに際しての、信頼すべき資料として役立つようになった。そこには、まだ理論も分析図式も存在していない情報がひめられているかもしれない。この記録は、言語とは別個に情報を伝え、後世に残すべきわれわれの変わりゆく生活様式の独自な諸特徴を保持する。現代は単に変化の時代といえるばかりでなく、均一な文化が拡散されて、文化が大規模に損なわれている時代である。このような過程の進行をはばむ一助となり、この過程が招く、人間の可能性に対する近視眼的観点を是正するためには、人類の遺産にまだ残っている多様性と豊かさを全面的に記録することが肝要である。

そして、伝統文化を体系的に記録する世界規模の撮影計画の作成、現存する民族誌フィルムの収集・保管、映像記録の国際的配給網づくり、撮影に習熟したフィールドワーカーの育成、各地域での資料センター設立などを提案した。

この決議文などは、日本映像記録センターが七九年に刊行した『映像人類学』から引用した。イリノイ大学教授のポール・ホッキングズと牛山の共同編集とあり、「映像記録選書」の二冊目だった。シカゴ大会で発表された論文の中から十八編を選び、上下二段組みで三百五十ページを超える。当時の三千五百円は専門書並みの値段である。

映像記録選書の一冊目は、七八年刊行のエリック・バーナウ著『世界ドキュメンタリー史』だった。バーナウは多くのラジオ・テレビ番組を制作した後、メディア史の研究者に転じたコロンビア大学名誉教授である。フランスのリュミエール兄弟によるシネマトグラフ（映画）の発明から始まり、ロバート・フラハティ、ジガ・ヴェルトフらが生み出した記録映画の歴史を概観し、市川崑監督の記録映画『東京オリンピック』や大島渚の『忘れられた皇軍』、牛山の『ベトナム海兵大隊戦記』にも言及している。映像文化に造詣が深い文芸評論家の佐々木基一《きいち》と牛山が監修者として名を連ねた。

牛山はこの巻末に「《映像記録選書》の発刊にあたって」と題した文章を寄せている。


テレビ放送は、男子が一生をかけて決して悔いることのない仕事だと思う。私が日本のテレビ放送開始以来二十五年にわたってテレビ番組制作の仕事をつづけてきたからというだけの理由ではない。

テレビ事業の誕生と、これを契機とした多様な科学技術の発達は、第二次世界大戦の敗戦にうちひしがれた日本を復興させる原動力となったが、さらにテレビは国土が狭く、資源も乏しく、人間だけが多い日本国家の生きる道を将来にわたって開拓する大きな可能性を秘めているからである。

日本の生きる道は、極言すると日本人ひとりひとりの知的水準の向上以外にない。テレビによる報道情報活動と教養教育の普及はそのために限りない役割を果たすのである。しかしそれはテレビに関係するすべての人々が、自分の仕事の人類史的役割を自覚し、つねに新しい道へ一歩を踏み出そうとする意欲を前提としてなりたつ。日本のテレビ事業の創始者、正力松太郎は「我より古（いにしえ）をなす」という言葉を遺訓として残したが、だれも歩んだことのない道を何ものにもとらわれず目指す自由な精神こそ、テレビ事業と日本国家が発展する基盤だと思う。

今回「映像記録選書」を発刊する日本映像記録センター（略称＝映像記録）のスタッフは、こうした考え方をもとに、報道、教養、教育を中心としたテレビ番組を制作している。本選書は私たちの長いテレビ生活の中で知り得た、広い意味でテレビ番組制作に役立つ情報を選書という形で発刊するものである。

つまり私たちのテレビ番組制作活動が生み出した知識を、テレビ放送に関係のある人々だけでなく、テレビと映像に関心をもつすべての国民にひとつの情報として提供し、新しいテレビ時代を考える一助にしていただきたいというのが願いである。

日本映像記録センターを旗揚げした際、牛山は事業内容の一つとして「書籍の著作と出版」を掲げたとおり、それを実践した。キネマ旬報社から移った市川沖が編集の実務を担った。バーナウ著の『世界ドキュメンタリー史』は映画史の名著とされ、九三年には改訂・増補された。この第二版は新たに翻訳され、二〇一五年に『ドキュメンタリー映画史』というタイトルで筑摩書房から刊行された。

『映像人類学』で牛山が執筆したあとがきによると、『すばらしい世界旅行』で放送された民族誌はシカゴでの会議の後、海外からの要望によって上映や放送が相次いだ。米テンプル大学で開催された国際映像人類学会議、南カリフォルニア大学での全米民族学会年次大会、豪州の国立原住民研究所や南オーストラリア博物館、フランスのシネマテーク・フランセーズやパリ大学などにフィルムを提供し、アメリカやソ連、西ドイツ、フランス、イギリスなどのテレビ局でこのシリーズが放送された。

国際人類学・民族学連合は映像人類学の常設委員会設置を決定し、ビジャルティ会長（インド）は岡と牛山に協力を要請した。岡は常設委員会の議長に推され、牛山も七八年にインドのニューデリーで開催された第十回国際人類学・民族学会議の運営に協力した。

『映像人類学』の監修は、東京都立大学教授だった石川榮吉が担当した。オセアニアを中心とする太平洋地域の専門家で、日本民族学会（現・日本文化人類学会）会長を務めた石川は、牛山たちの仕事を高く評価していた。

「牛山さんたちの作品をとおして映像人類学という分野が確立された。世界の各民族の生活様式は急激に変わり、昔のことは忘れられてしまう。失われていく人類の文化を映像で残した。ただ記録するのではなく、現地の人たちを深く見つめたからこそ、国際的に高く評価されている」。牛山が亡くなって一年後の九八年十月、茨城県龍ケ崎市で開かれた牛山純一記念ライブラリー作品寄贈式・上映会では、来賓としてこんなスピーチをした。

石川は日本オセアニア学会の創設者でもあった。二〇〇五年に死去した後、この学会はオセアニア地域研究の振興に寄与した個人を対象とする「石川榮吉賞」を設けた。

ムスタンで鳥葬を撮影

杉山忠夫は日本映像記録センターの設立後、ディレクターに転じた。牛山は『すばらしい世界旅行』のディレクターたちに地域担当制と長期取材を課していた。アフリカを担当した杉山は、砂漠で狩猟生活をする部族などに密着取材し、キリンや象を狩るシーンの撮影に成功した。豊臣靖ディレクターが八三年に亡くなった後は、南米担当を引き継いだ。

「ディレクター同士は海外で長期取材しているから、めったに顔を合わさない。東京の事務所で会い、お互いに『何年ぶりかなあ』と話す時もありましたよ。海外にいても、取材の進み具合や成果を手紙などで定期的に報告しないと、ギューさんに怒鳴られる。でも、帰国すると、ギューさんは『何食いたい？』と必ず食事に誘ってくれました。現地の話をニコニコしながら聞いていましたよ」

当時はまだ携帯電話がなかった。杉山は「もしあったら、ギューさんからしょっちゅう電話がかかってきて、大変でしたよ。なくて、本当に良かった」と冗談めかして言った。

杉山らがネパールの秘境ムスタンで撮影に成功した奇習「鳥葬《ちょうそう》」も、『すばらしい世界旅行』の特筆すべき成果の一つである。奥ヒマラヤのムスタンは標高三千メートル級の山岳地帯に位置する。人々はラマ教と呼ばれるチベット仏教を信仰し、過酷な自然のなかで暮らしている。

世界で初めてムスタンの鳥葬を撮影したのは一九五八年、日本の「西北ネパール学術探検隊」に同行した大森栄カメラマンだった。これは読売映画社（現・イカロス）製作の長編記録映画『秘境ヒマラヤ』として六〇年に劇場公開された。この探検隊隊長だった文化人類学者の川喜田二郎（後に東京工業大学名誉教授、日本ネパール協会会長）は、『鳥葬の国――秘境ヒマラヤ探検記』を出版した。

ネパール政府が外国人の立ち入りを禁じていたムスタン王国を解禁するという情報が牛山の耳に入り、七七年七月、体力に自信のある杉山らが現地に向かった。カトマンズから登山口のポカラに行き、計二トンに上る撮影機材や装備、食料などを運ぶため約六十人のポーターによるキャラバン隊を編成した。悪路を進んで二週間後、ムスタン王国の旧都ジャルコットに到着すると、病気で亡くなった少年の鳥葬が済んだばかりという話を聞いた。

ラマ教には、死後も生まれ変わるという輪廻《りんね》の思想があり、死者は火葬、土葬、鳥葬、遺体を切り刻んで川に流す水葬のいずれかで葬られる。樹木が少ないムスタンでは、薪《たきぎ》を集めるのにカネがかかるので、火葬は地位の高い人物に限られる。逆に、盗みを働いた者や疫病で死んだ人は土葬にされ、その魂は土中に封じ込められる。葬り方はラマ僧が占いで決める。

杉山はカクベニ村の高僧のもとに通い、八十歳を超えた老女が亡くなったことを知った。取材班の前で高僧は鳥葬を決定した。布で覆われた遺体は村の男たちにかつがれ、丘に運ばれた。ラマ僧の読経が流れるなか、男たちは鳥がついばみやすいように遺体をバラバラに切断する。またたく間に五十羽以上のハゲワシが集まり、肉を食べ尽くす。この凄惨《せいさん》な光景は二台のカメラに収められた。

「ネパール政府にとって鳥葬は恥部なので、僕らには役人がついてきたが、目をつぶってくれた。鳥葬の当日、村人たちは僕らを見て、嫌な顔をしていました。でも、お坊さんが『いいんだ、いいんだ』と許可してくれました。日本から数珠《じゅず》を持って行き、最初に『僕らも同じ仏教徒です』とあいさつし、気に入られたようです。青空の下で厳粛な舞台劇を見ているような感じがして、ハゲワシが飛び立つ時は『死者の魂を大空に運んでいるんだ』と感動すら覚えましたよ」

テレビの取材班が初めてとらえたこの模様は七七年十一月、『私は鳥葬の村に入った』『私は鳥葬を目撃した』と題して二週連続で放送された。一妻多夫の慣習や厳しい生活を取材したこの『秘境ムスタン探検』シリーズは、五十分版の『鳥葬の国 ムスタン』に再編集された。杉山は八四年に四回シリーズで放送された『秘境チベット東西南北』も担当し、ラマ僧の厳しい修行や古都ラサ、草原の遊牧民などを取り上げた。

肝炎などで三回入院

牛山は七六年九月、番組のＰＲも兼ねて『映像記録ウイークリー』という機関紙の発行を始めた。当初はタブロイド判の片面だけで、『すばらしい世界旅行』などのレギュラー番組の放送内容や制作中の番組の情報を載せた。取材したディレクターたちが執筆し、元キネマ旬報編集者の市川沖が編集を担当した。やがてタブロイド判の新聞形式になった。表と裏の二ページには、番組情報のほか、「地球最前線」と題してディレクターが持ち回りで書くコラムや日本映像記録センターに関するニュースが掲載された。スタッフたちが番組作りなどの仕事を抱えながら、毎週発行し続けるのは並たいていのことではない。

牛山は豊臣靖の『東ニューギニア縦断記』を念頭に置き、「それぞれの取材日誌を基にして、次々に本を出そう」とよく話し、杉山には「アマゾンのことをまとめろ」とハッパをかけていた。

八八年五月、『すばらしい世界旅行』で杉山演出の『八丈島――漂流民の楽園 黒潮の海を探る』が放送された後、牛山は杉山に「八丈島で泊まったのは民宿だろうが、立派なホテルはあるのか」と尋ねた。杉山が「そりゃあ、ありますよ」と答えると、牛山は「よし、そのホテルにこもって、杉山の本の構成を練ろうじゃないか」と言いだした。市岡康子にも声をかけて、三人で二泊三日の〝合宿〟をした。

「忙しい毎日でも、たまに何の予定も入らない日があるんですよ。八丈島では、僕が黒板に文章を書き、ギューさんが『ここはダメだ。こうしたらどうか』などと手を入れた。まるで先生と生徒のようでした。そうしたやり取りも含めてテープレコーダーに録音し、後でアルバイトの学生に文字起こししてもらいました。残念ながら、本を出すまでには至りませんでしたけれどね」

一方、市岡は日本映像記録センター設立後も引き続き、『すばらしい世界旅行』のディレクターとしてアジア・太平洋地域を担当した。日本テレビ時代は制作だけに没頭できたのに対し、牛山は「君たちはプロデューサー兼ディレクターだから、制作費は自分の判断で決めて管理してくれ」と言われたこともあり、多忙を極めた。

海外での長期取材から東京に戻っても、編集室や録音所にこもり、自分のデスクにいる時間は少なかった。土日曜もほとんど休まず、私生活はないも同然だった。友人から「今度、こういう集まりがあるけど、どう?」と誘われても、「そんな先のことは予定が立たない。今夜なら空いてるわよ」と答えるしかなかった。

インドネシアの村を訪れた牛山純一（中央）と市岡康子（その右）ら（1970年ごろ）

市岡が『すばらしい世界旅行』などの取材で訪れた国は、インドネシア、フィリピン、タイ、カンボジア、ベトナム、中国、韓国、サモア共和国、アフリカのガーナ、ナミビア、マダガスカル、欧州ではブルガリアなどと多かった。たいていは不便な生活を強いられた。

「私は一か所に腰を据える〝定点観測型〟の取材が好きでした。お米や缶詰などの食料を持ち込むキャンプ生活は苦にならなかった。トイレは現地の人に作ってもらうんです。現地の食べ物でも、マングローブにいるマッドクラブというカニはおいしかったけれど、イリアンジャヤで出されたカブトムシの幼虫はダメでしたね。カンボジアの安ホテルでは、コオロギを出されたこともあります」と、どことなく楽しげに語る。

日本映像記録センターにいたディレクターやカメラマンに話を聞くと、必ず出るのが伝染病のことである。酒が入ると、「病気自慢」の様相すら呈する笑い話で盛り上がる。市岡もご多分に漏れず、真性赤痢やデング熱などで三回の入院を経験した。「なかでも、パプアニューギニアのトリブリアンド諸島でかかった肝炎は悪夢のようでした」と笑いながら話した。

トロブリアンド諸島から帰国して一週間後、「風邪気味かな」とすぐれない体調を押して、タイの山奥に住むアカ族の伝統的な祭りを取材するためタイに入った。高熱を発し、チェンマイの病院で点滴を受けたら、熱が下がった。車で行けるところまで行き、あとは馬を借りて乗るか、歩くしかない。警備隊の最前線に一泊させてもらい、徒歩で目的の村にたどり着いたとたん、のけぞるような痛みを覚えてダウンした。しかも、お目当ての祭りは前日に終わっていた。

食べ物はまったく受けつけず、二、三日、小屋で横になっていると、カメラマンに「自分は別の村の祭りを撮る。余力があるうちに山を下りたほうがいい」と勧められた。フラフラしながら三時間以上も馬に乗り、ジープをチャーターできるところまで下った。やっとの思いで町にたどり着くと、ホテルのベッドにそのまま倒れこんだ。翌朝、鏡を見たら、ほこりだらけのうえ、顔には黄疸《おうだん》が出て、自分とは思えなかった。読売新聞バンコク支局に電話をしてミッション系の病院を紹介してもらい、タクシーで乗りつけた。

「腎臓が悪いらしい」と話すと、「いいえ、肝炎です」と診断され、すぐ入院させられた。「伝染病だから、病室には入れない。ホールでいいか」と言われ、廊下にポツンと置かれていたベッドに案内された。「個室はないの？」と尋ねると、「エアコンつきの個室が空いているけれど、高いよ」と心配された。日本円にして一日四千円ほどで、食事も出るという。市岡が薄汚れた格好をしていたので、カネがないと見られたらしい。さっそく個室に移った。

紫のシャツに派手なネクタイをしたアメリカ人の医師は「肝炎はとにかく安静にしているしかない」と指示した。何日かして市岡が「早く東京に帰りたい」と申し出ると、「こっちはいいけれど、飛行機に乗せてくれないと思うよ」と退院させてくれた。何とか飛行機に乗り込んで帰国すると、会社が空港に手配した車でそのまま病院に直行し、入院した。

「山奥から馬で下りる時は死ぬかと思いましたよ。言葉が通じないところに一人でいるのはつらい。頭に来たのはジープの運転手です。私がおカネを払ったのに、まったく動こうとしないんだもの。便乗して町に行く人が七、八人になるまで待っているんです。それがその土地の常識なんでしょう。異文化での取材は、そういう不条理をのみこまなければやれませんでしたね」

日立グループの単独提供

〽この木なんの木　気になる木　名前も知らない　木ですから　名前も知らない　木になるでしょう……

日立グループのCMソング『日立の樹《き》』に聞き覚えのある人は多いだろう。伊藤アキラ作詞、小林亜星作曲によるこのCMは七三年、『すばらしい世界旅行』で初めて放送された。日立製作所の一社提供から日立グループの提供に変わったからである。

日立グループのイメージシンボルとして今も親しまれている「日立の樹」は当初、ふさわしい木が見つからず、アニメーションで描かれた。七五年に登場した二代目CMで、ハワイ・オアフ島のモアナルア・ガーデンパークにある樹齢百十年のモンキーポッドが紹介されてから、木の実写が使われている。マンゴーやカリフォルニアオークなどに変わった時期もあるが、多くの視聴者にとっては、太い幹に緑の傘を広げたようなモンキーポッドの印象が強いのではないか。

『すばらしい世界旅行』が九〇年まで二十四年間も続いたのは、複数のスポンサーの〝相乗り〟ではなく、日立グループの単独提供だった事情も大きい。八七年発行の『日立製作所宣伝部史』には「『すばらしい世界旅行』は、文化人類学的な裏付けのある質の高いドキュメンタリー番組として放送開始当初から好評で、当社の企業イメージの確立に大きく寄与した」とある。提供に名前を連ねるグループ企業は二十五社からスタートした。グループの発展とともに参加企業も増え、八六年末には七十社を超えた。

元日立情報システムズ（現・日立システムズ）専務の倉木正晴は、七七年から九年間も日立製作所の宣伝部長を務め、『すばらしい世界旅行』については不思議な因縁を感じた。

牛山と同じく一九三〇年に生まれ、愛知県立豊橋中学校（現・時習館高校）で終戦を迎えた後、東京大学経済学部に進学した。牛山には同世代という親近感を抱いた。また、牛山の末弟で日立製作所社員の高歩とは、日立市の大甕《おおみか》工場総務部で一緒に仕事をした仲だった。さらに、市岡のことも知っていた。市岡は都立高校を卒業すると、東京駅前の新丸ビルにあった日立製作所本社の勤労課でＯＬをしながら、東京都立大学人文学部で学んだが、倉木は職場の先輩だった。

「牛山さんはざっくばらんで、話も面白かった。市岡さんが勤労課にいたころ、『しっかりしていて、頭がいい子だな』という印象があった。長期間、現地に住み込むディレクターとして活躍していているのを知り、感慨深かった。杉山さんや豊臣さんも帰国すると宣伝部に顔を出してくれて、みんな仲間という感じでした」と懐かしがる。豊臣からは「倉木さん、ニューギニアでこんな珍しいものをもらったよ」と木彫りの魔除《まよ》けをお土産として贈られた。日立グループが支えるＪリーグのチーム「柏レイソル」の本拠地である千葉県柏市の自宅に今も飾られている。

『すばらしい世界旅行』の放送時間は終了するまでの十五年間、日曜午後七時半からの三十分間を通した。ゴールデンタイムのど真ん中で視聴率はどうだったのか。

「そう高くはなかった。社会的に価値のある教養番組なので、それでもいいと思っていた。内容については牛山さんたちを信頼し、文句をつけた覚えはありません。裸族などの表現では、牛山さん自身が『食事時の放送だから』とかなり気を配っていましたね。視聴者から宣伝部に直接クレームの電話がかかってきても、部下には『そんなもの、ほっとけ』と言いましたよ」

倉木が宣伝部長になった七七年の八月、『日立スペシャル』として日本初の三時間ドラマ『海は甦える』がＴＢＳで放送された。テレビマンユニオンが制作し、江藤淳の原作を基にして今野勉が演出した。日本海軍近代化の立役者で後に首相を務めた山本権兵衛《ごんべえ》に仲代達矢が扮《ふん》し、吉永小百合、加藤剛、若山富三郎、大竹しのぶらが共演する豪華な配役で、二八・五％の高視聴率を挙げた。このヒットによって、近代日本をつくった歴史上の人物を主人公にする日立スペシャルは計六本作られ、テレビ界に長時間ドラマのブームを巻き起こす。

テレビマンユニオンと日本映像記録センターの双方を知る倉木の目には、両社が対照的に映った。「テレビマンユニオンは萩元さんや村木さん、今野さんら才能のある人たちの集団で、自己主張も強かった。映像記録のほうはとにもかくにも牛山さん中心の会社で、牛山さんがディレクターたちを育てた」と比較する。

『すばらしい世界旅行』が二十周年を迎えた八六年、牛山はこの番組を基にした「世界初の映像民族誌全集」のビデオディスクの刊行を企画した。『カメラで見た!! 世界の民族』と題したカラー版のカタログでは、世界を東アジア、東南アジア、太平洋の島々、アフリカ、極地、中米、南米などの地域に分けて百三十作品、計八十四時間分という壮大な構想を掲げた。画家の岡本太郎、大島渚監督、京都大学アフリカ地域研究センター長の伊谷《いたに》純一郎、東京外国語大学アジア・アフリカ言語文化研究所教授の山口昌男、フランスのジャン・ルーシュ、ノルウェーの民族学者トール・ヘイエルダールらが推薦の言葉を寄せた。

総指揮と監修を担う牛山は「制作者のことば」のなかで、「世界を見渡すと、多くの科学者、探検家、旅行者が、おびただしい数の優れた民族誌を執筆、紹介しています。しかし、カメラによる体系的な民族誌の紹介は、はつの試みであります。(中略)この全集の内容は、豊かな民族文化の紹介という意味では、ほんの第一歩にすぎないと思います。私たちは、これをひとつの土台として、更にはかり知れない民族文化という秘境への探索を進めたいと願っています」と意気込んだ。しかし、これは日の目を見なかった。

市岡は「牛山さんはアイデアマンで、次々にアイデアを出しました。でも、それを実行に移すにはおカネがかかる。民族誌全集は、日本映像記録センター単独ではとうてい無理な企画でした。仮におカネのめどがついたとしても、誰が担当するかという問題もありました。牛山さん以外はできないけれど、多忙を極め、そこまで手が回らなかったんですね」と振り返る。

牛山は番組制作以外でも、広い意味のプロデューサーとして能力を発揮した。民族誌全集のように企画倒れに終わったケースもあるが、実現にこぎ着けた事業も少なくない。

日中テレビ祭と人材育成

日本の「放送人の会」と韓国PD（プロデューサー・ディレクター）連合会、中国電視芸術家協会などが持ち回りで開催する日韓中テレビ制作者フォーラムは、二〇〇一年に日韓の制作者が博多―釜山間を運航するフェリーに乗り込んだのが始まりだった。日本が朝鮮半島を支配した時代の「歴史認識」問題を取り上げたが、論議は平行線をたどった。翌年は江戸時代の朝鮮通信使ゆかりの長崎・対馬で開かれ、双方が歩み寄る。韓国・済州島での第三回から中国も加わった。

牛山が音頭を取った日中テレビ祭は、この日韓中テレビ制作者フォーラムの源流と言える。一九七二年九月、田中角栄首相は中国を訪問して日中共同声明に調印し、日中は国交を回復した。その十二年後の八四年から始まる日中テレビ祭は、どのようにして生まれたのか。

『素晴らしきドキュメンタリー』によると、日中平和友好条約が締結された七八年、牛山は日本中国文化交流協会代表団の一員として訪中した。翌年に理事長となる美術史家の宮川寅雄が団長を務め、演劇に詳しい作家戸板康二《やすじ》、画家岡本太郎、映画監督篠田正浩、建築家磯崎新《あらた》らも同行した。牛山はそれ以来、中国の放送界にも人脈を築いた。中国劇作家協会主席の趙尋の自宅に招かれ、中国の広播電影電視部や中央電視台（ＣＣＴＶ）の幹部らと夕食をとった時、「日中のテレビ界では幹部同士の交流は活発だが、ドラマやドキュメンタリーなど番組制作部門の交流が少ないのは残念だ。制作者が定期的に交流する場をつくろう」という意見で一致した。

国内外の優れたテレビ番組や映像作品を収集・保存し、一般に公開するため、牛山は日本テレビの小林與三次社長の全面的なバックアップを得て七九年、日本映像カルチャーセンターを設立した。小林は八一年、読売新聞社長に転じ、日本テレビでは会長になった。

牛山は、日本映像カルチャーセンター理事長でもある小林会長に相談し、「日本側は映像カルチャーセンターがＮＨＫ・民放各局に共催を呼びかけ、実行委員会形式で運営する。日中は隔年で制作者ら十二人を相手国に派遣し、十五本の番組上映や討議をする。派遣する側は航空運賃だけ持ち、受け入れ側は滞在費のすべてを負担する」という骨格を固めた。この方式の基本線は現在の日韓中テレビ制作者フォーラムに受け継がれている。牛山はＮＨＫ放送総局長の川口幹夫（後の会長）をはじめ、民放キー局の編成・制作担当役員に交渉し、協力態勢を取りつけた。

八四年十一月、初の日中テレビ祭が北京で開催され、日本からは牛山や市岡康子ら日本映像記録センターのメンバーのほか、日本テレビのせんぼんよしこディレクター、ＴＢＳで『日曜劇場』などを手がける石井ふく子プロデューサー、牛山が早稲田大学時代から知っているＴＢＳのドキュメンタリスト吉永春子らが参加した。翌年は東京で開かれ、日本映像カルチャーセンターが運営する有楽町の「映像カルチャーホール」では中国の参加作品が上映された。

日中テレビ祭は九三年まで十回続いた。参加した制作者はのべ百三十人、上映された番組は百五十本近くを数える。これがきっかけで共同制作や取材協力につながるケースが相次いだほか、札幌テレビ放送と瀋陽電視台、中京テレビ放送と雲南電視台が姉妹提携するといった関係も広がった。

韓国のドキュメンタリー制作者鄭秀雄《チョンスウン》は八二年から二年間、日本映像記録センターで働き、牛山を師と仰ぐ。鄭は「放送人の会」代表幹事の大山勝美や放送評論家志賀信夫らと日韓中テレビ制作者フォーラムの開催を呼びかけ、長く常任組織委員長を務めた。

第十四回日韓中テレビ制作者フォーラムが横浜市で開かれて一か月もたたない二〇一四年十月、運営の中核を担い続けた大山が八十二歳で急逝した。年明けの二月、「お別れ会」が東京の如水会館で開かれ、それに参加するため来日した鄭に久しぶりで会った。日本語が達者で、読み書きもできる。持参した映像記録選書の二冊目『世界ドキュメンタリー史』には多くの付箋《ふせん》が貼られ、「私にとってはドキュメンタリーのテキストですよ」と言った。

日本映像記録センターで２年間働き、韓国でドキュメンタリーを作り続ける鄭秀雄

鄭は一九四三年にソウルで生まれた。韓国の公共放送ＫＢＳで歴史や文化を題材にしたドキュメンタリーを作り、韓国放送大賞などを受けた。七八年、インドのニューデリーで第十回国際人類学・民族学会議が開かれた際、ヨーロッパのコンクールで受賞した『草墳《チョブン》』が招待上映された。牛山も岡正雄らとともに、この会議に参加していた。鄭は、泉靖一と親しかった韓国文化人類学会会長の李杜鉉《イドゥヒョン》・ソウル大学教授から牛山を紹介された。

半年後、東京に三週間ほど滞在する機会があり、『すばらしい世界旅行』などのドキュメンタリーを集中的に見た。その最終日、牛山は歓送会を開き、カタコトの韓国語で「私はあなたが好きだ。一緒に仕事をしませんか」と勧め、鄭を感激させた。

八〇年に軍人出身の全斗煥《チョンドゥファン》が大統領に就任し、鄭は上層部から全大統領の軌跡を描く作品を作るよう指示されたが、断った。局内の空気に嫌気がさしていたころ、たまたま訪韓した牛山から再び声をかけられた。三十九歳での転身を決め、ＫＢＳをやめた。東京では半年間、日本語学校で学びながら、有楽町の映像カルチャーホールに通い詰め、多彩なドキュメンタリーに接した。『すばらしい世界旅行』のチームに参加し、韓国に伝わる「死者の結婚式」や済州島の海女のように地元の題材を進んで取り上げた。

「一回分で撮るフィルムの量はＫＢＳ時代の一・五倍です。番組で使わなくても、後で貴重な記録になると知りました。それまでは自分で編集していたが、優れた編集者の池田龍三さんから多くを教わった。人類学的なアプローチによって民族への関心が強まりました。日本語のナレーションも自分で書き、いい勉強になりましたよ」

牛山からはよく食事に誘われ、自宅にも招かれた。新宿ゴールデン街に飲みに行き、作家の中上健次やアングラ劇団「状況劇場」を主宰する唐《から》十郎たちとも知り合った。

鄭は韓国に戻った後、民放のMBC勤務を経て独立した。八八年のソウル五輪では開会式と閉会式の映像監督を任された。日韓を行き来し、太平洋戦争末期の東郷茂徳外相や日本人による閔《みん》妃《ぴ》（明成《ミョンソン》皇后）暗殺事件などをとおして日韓の歴史を掘り下げる一方、ユーラシア大陸の文化交流史を描く壮大な企画も手がける。取材で日本と韓国、中国を飛び回る立場から、国同士のしこりをほぐす「文化のマッサージ師」を標榜している。

「牛山さんのようにスケールが大きく、時代をリードした制作者はそうそう出ない」と今も尊敬する。日本映像記録センターではワンマンだった側面については、「私も『ドキュソウル』というドキュメンタリー専門の制作会社をつくったことがあるので、経営の大変さはよくわかる。きっと誰にも言えない苦労があったんでしょう」と理解を示す。

牛山自身は一貫してアジアへの強い関心を抱き続け、「〝アジアの仲間たち〟と手をつないで、民族文化への誇りを映像化することは、私の夢であった」と書いている。

鄭に先立ち、八〇年には中国から蔣暁松《しょうぎょうしょう》が日本映像記録センターで研修するため来日した。蔣の母親の白楊《パイヤン》はその美貌から「中国のグレタ・ガルボ」と呼ばれた大物女優だが、蔣は文化大革命の嵐のさなか、都市部から農村部へ「下放《かほう》」された。牛山は彼女と知り合い、「息子を何とかしてもらえないか」と頼まれた。日本映像記録センターでは海外から来た研修生のために、新宿の事務所に近い一室を用意し、彼らを交代で住まわせた。研修生のなかにはインド人やフランス人もいた。

蔣もまず日本語の習得に専念し、日本映像記録センターやテレビ局で番組制作の実習を積んだ。チベットでも進行していた森林破壊をテーマにしたドキュメンタリーを作り、国際的なコンクールで受賞した。第一回日中テレビ祭では、牛山や市岡康子らを上海に案内した。市岡は「蔣さんは社交的で、勘のいい人でした。中国に帰っても映像作家にはならず、ビジネスの世界で大成功した」と言う。蔣は中国・海南島のリゾート開発で富を築き、中国企業「香港ボアオ」のオーナーとしてたびたび来日している。

インドネシアの女性映像作家デア・スダルマンも、日本映像記録センターによって育てられ、鄭と同じく「同人」という立場で番組作りに参加した。

彼女の父親はインドネシア独立運動に携わった将校で、国連本部に勤務していたため、スダルマンも少女時代をニューヨークで過ごした。市岡がニューギニア島の西半分、イリアンジャヤの熱帯雨林に住む少数民族アスマット族を取材する際、助手として採用された。当時は、インドネシアからの独立運動に対し政府は軍を派遣し、外国人の立ち入りを制限していた。二十代半ばのスダルマンは「私が取材する」と申し出て、豪州人のカメラマンと奥地に入った。市岡が取材した分と併せて、東京で行われた編集作業には自ら立ち会った。

『裸族の楽園アスマット』と題した四回シリーズは八二年四月から五月にかけて、『すばらしい世界旅行』で放送された。各回のタイトルは『頭蓋骨《ずがいこつ》と寝る人々』『食人種の秘境で』『カブト虫を喰《く》う女』『密林の戦争と平和』だった。スダルマンの提案で作られた英語版は、イタリア・フィレンツェで開催されるドキュメンタリー専門のポポリ・フェスティバルで最高賞の金獅子賞に輝いた。

牛山はスダルマンの仕事ぶりを見て、「インドネシアの取材は任せよう」と決めた。彼女はそれ以降、スマトラ島の森林破壊を背景に描く『人食い虎を生捕《いけど》る』や『巨象の反乱』『モルッカ海の漂流民』『マラッカの海賊』などを手がけた。

豪州の水中カメラマンのベン・クロップも、同人ディレクターの一人だった。海洋生物の観察やサメ、エイ、鯨と戯れる様子のフィルムは『すばらしい世界旅行』だけではなく、『冒険者たち』や『知られざる世界』でも使われた。世界自然遺産に登録される世界最大のサンゴ礁地帯グレート・バリア・リーフが大規模な観光開発で危機に瀕《ひん》すると、クロップは作品に怒りと抗議のメッセージを込めた。

「プールメンバー」の学生たち

海外取材が多い日本映像記録センターでは、語学ができる学生をアルバイトの通訳兼助手として登録する「プールメンバー」という制度を設けていた。今と違って、日本の若者が海外旅行をするチャンスは乏しい時代だった。ここからも、マスコミなど各界で活躍する人材が育った。「スカパーJSAT」で有料多チャンネル事業部門と放送事業本部を率いる小牧次郎・執行役員専務は、その一人である。

一九五八年生まれの小牧は鹿児島ラ・サール高校時代、アメリカン・フィールド・サービス

（ＡＦＳ）の留学制度を利用し、米アイオワ州の高校で一年間学んだ。七八年、東京大学教養学部に入学してまもなく、日本映像記録センターからプールメンバー勧誘の案内が届いた。『すばらしい世界旅行』や『知られざる世界』は見たことがあり、テレビ自体にも関心があった。採用試験の会場に行くと、ＡＦＳの仲間たちと再会した。どうやらＡＦＳの名簿を基に集めたらしい。

その年の夏、小牧に初仕事が舞い込んだ。テーマは「アジアの恵まれない子どもたち」で、八五年に茨城県の筑波研究学園都市で開催される科学万博（つくば科学博）で上映される予定だった。ちなみに牛山は、七五年に開催された沖縄海洋博では政府が出展した海洋文化館のプロデューサー、七九年の国際児童博では政府館のプロデューサーを務めた。

小牧は、水俣病の記録映画で土本典昭監督とコンビを組む名カメラマン大津幸四郎ら二人と香港、タイ・バンコク、バングラデシュを二週間ほどで回った。通訳から撮影許可の交渉、録音まで何でも受け持った。バングラデシュでは当局の担当者にテーマをそのまま話したら、協力を得られず、大津に「馬鹿だな。そんなことまで正直にしゃべったのか」と怒られた。

それでも、高校時代に日本アート・シアター・ギルド系の映画をよく見ていた小牧にとって、収穫は大きかった。「香港ではベトナム難民や路上生活者たちを取材し、ものすごくいい経験になりました。アメリカ以外の国に行くのは初めてだし、仕事をするのも生まれて初めてでしたからね。独立プロの映画監督たちをよく知っている大津さんの話も面白かった」

大学二年になると、時事通信社出身の西風建楠《にしかぜたてくす》プロデューサーら計四人で、アフリカのケニアやルワンダなどを一か月以上も旅した。大学の講義を休んででも行きたかった。ゴリラなどの動物を取り上げる一時間半の単発ドキュメンタリーは、フジテレビで放送された。豊臣靖ディレクター、リポーター役の女優吉永小百合とともに英仏を訪れ、原子力発電所を中心としたエネルギー事情を探る東京電力提供の単発番組の助手も務めた。

東京・赤坂にあるスカパーJSATの役員応接室でインタビューをすると、「三十数年前のことですが、いろんな思い出が浮かんできた」と楽しそうな表情を見せた。アパートの部屋の壁に世界地図を貼り、誇らしげにアフリカやヨーロッパなど訪れた国々に印をつけた。大学の友人に海外の話をすると、うらやましがられた。日本映像記録センターについては「ディレクターはしょっちゅう国内外を飛び歩き、女性も含めて暇そうな人は誰もいない」という活気を感じた。

将来は国連勤務か学者を志望していたが、このアルバイトを通じて「テレビ番組作りが向いているかもしれない」と考え直し、フジテレビの入社試験に受かった。中枢部門の編成部が長く、「深夜の編成部長」として深夜の時間帯を開拓し、『やっぱり猫が好き』や『マーケティング天国』などをヒットさせた。その後は、スカパーJSATの前身の有料多チャンネル放送「JスカイB」の設立に立ち会うなど、フジテレビとの間を行き来した。

「映像記録では一か月分で十万円もらった。フジテレビの初任給は十四万四千円だったので、おカネも含めすばらしいアルバイトでした。あの経験がなかったら、フジテレビには入らなかったでしょう」と自認する。

プールメンバーの出身者のなかには、朝日新聞のワシントン支局長や編集委員を務めた加藤洋一・日本再建イニシアティブ研究主幹や、上智大学外国語学部フランス語学科の福崎裕子《ふくざきゆうこ》教授らもいる。

牛山は多忙な日々の合間を縫うようにして、大学の教壇にも立った。学生時代の仲間だった武蔵野女子大学（現・武蔵野大学）文学部長で文芸評論家の大河内昭爾《おおこうちしようじ》から頼まれ、客員教授として映像人類学など映像について集中講義をした。母校の早稲田大学文学部にも通い、映像論の講義を担当した。

兵庫県尼崎市にある園田学園女子大学の教授で近松研究所研究員の水田かや乃は八〇年度後期、早稲田大学演劇科の三年生として牛山の講義を受け、ドキュメンタリー史を学んだ。テレビドラマを取り上げた前期の非常勤講師の印象は薄いが、「牛山先生は丸顔で、ニコニコしながら話をされ、穏やかな雰囲気を漂わせていた。大学の先生たちとは肌合いが違い、テレビの世界の現場感覚を感じさせました」と記憶している。

畠山容平監督の記録映画『テレビに挑戦した男 牛山純一』が二〇一二年、大阪市のミニシアター「第七藝術劇場」で公開されると、「あの牛山先生だ」と気づき、見に行った。スクリーン上で三十二年ぶりに〝再会〟し、学生時代に引き戻された。

水田は埼玉県の中学時代から歌舞伎に魅せられ、都立高校時代は歌舞伎座や国立劇場の常連客になった。「男だったら、歌舞伎役者になりたかったほど好きです。大学に入るまでは映画をほとんど見ず、早稲田で『映画は監督の名前で選ぶ』という見方を知りました。当時はまだ映画より下に見られていたテレビを講義で取り上げるのも新鮮でした。国内外のドキュメンタリーの歴史や作り手に触れ、自分の世界が広がりました」。持参してくれた講義ノートのコピーを見ると、熱心な受講生だったことが知れる。
牛山は国境を越えて、後進たちにも強い印象を残している。

「映像時代」見据えた先見性

日本映像記録センターが番組制作だけにとどまらず、出版などの事業にも手を広げたことはすでに述べた。なかでも、「日本映像フェスティバル」の開催とともに日本映像カルチャーセンターの設立は特筆される。

二つの取り組みは、経営基盤が必ずしも安定しているとは言えない制作プロダクションの手に余る事業だっただろう。しかし、牛山は小林與三次・日本テレビ社長の全面的なバックアップを取りつけて実現した。卓越した構想力と実行力である。

日本テレビを創業した正力松太郎は「事業によって大衆に奉仕し、事業で得た収益は大衆に還元する」ことを信条とした。正力の女婿である小林社長はこの遺訓をわがものとして、社会福祉や文化関連事業を積極的に推進した。一九七三年、開局二十周年記念事業として視聴覚障害者を支援する財団法人「日本テレビ系列愛の小鳩事業団」を設立した。七六年には財団法人「日本テレビ放送網文化事業団」をつくり、世界児童画展や日仏現代美術展などを開催した。日本テレビの社史『テレビ　夢　50年』に、小林の経営姿勢をうかがわせる記述がある。

文化事業団が発足した当初、さまざまな企画にかかわった企画事業局事業部の久野蓄男は、こう語っている。何を企画しても、小林からこれはだめだと退けられたことがない、と言うのである。

「民間放送は、お国の電波を使っているのだから、ある程度の利益が出たら、それ以上はいろいろな形で社会に返すことが大事なんだ、というわけです」

小林が社長に就任した後、しばらく続いた苦境の時代を経て、ようやく先に展望が見え出したこともあるのだろう。事業部門の人間が知恵を絞って企画した美術展や展示会などについても、「赤字を出さなきゃいいよ」と許可してくれたというのである。

日本民間放送連盟会長も務めた小林は八一年、読売新聞社の社長就任に伴い、日本テレビ会長になった。この年、バチカン市国がバチカン宮殿のシスティーナ礼拝堂の壁に描かれたミケランジェロのフレスコ画修復作業に着手し、日本テレビは全面的に支援した。十三年間に及んだ修復作業は「二十世紀最大の文化事業」と世界から注目され、日本テレビの大きなイメージアップにつながった。局内では「あの大事業は小林会長の熱意から」と誰もが認めていた。

話を七三年に戻すと、この年末、第一回「日本を記録するフィルム・フェスティバル」が開催された。アマチュアを対象にした本格的な八ミリ・フィルムのコンクールだった。日本テレビや読売新聞社と並んで、日本映像記録センターも主催者に名を連ね、その事務局を担った。

五回目を終えた後、牛山は『開かれた映像　大衆に根をおろす8ミリ』と題して読売新聞（七八年一月十八日夕刊）の文化欄に寄稿している。第五回には、「社会」「伝統」「生活」「自然」「テーマ」の五部門からなる一般から三百五十八作、高校生からは三百三十一作の応募が寄せられた。応募本数は増え続け、高校生の作品は第一回の五倍を超えた。

目的は、映像制作活動を単にテレビや映画プロフェッショナルの独占物とせず、国民大衆にとっての開かれた場にしようということである。真の映像時代はテレビ、映画、学術研究、教育、市民ひとりひとりの映像制作などが活発になり、お互いの機能をあい補完しあってはじめて実現できるものである。テレビは社会生活に巨大な影響力を持っているが、社会生活の全分野に必要な映像を提供することはできないし、映画も同じである。大衆伝達という目的に応じて、表現にも一定のワクができてくる。来るべき映像時代では、映像コミュニケーションは市民の職業や生活のあらゆる分野に利用されるようになろうし、その目的に応じて多様な表現が開花することであろう。本フェスティバルは市民ひとりひとりに映像制作のきっかけを与え、真の映像時代の土台を確立することを目的としている。

八〇年代、八ミリ・フィルムに代わってビデオカメラが普及し始めると、ビデオ作品も受け付けて日本映像フェスティバルとなり、部門もノンフィクションとドラマ、「日本の伝統」をテーマにした特別部門の三つに改められた。画家の岡本太郎、映画監督の大島渚、映画評論家の佐藤忠男らが審査委員を務めた。

牛山は民生用の映像機器の発達によって、市民の誰もが映像作品を作る時代を予見していた。

デジタルビデオカメラやスマートフォンなどが一般の生活に浸透した現代からみると、「真の映像時代」の到来を見据えた牛山の先見性は際立っている。

日本映像カルチャーセンター創設

JR山手線の有楽町駅のホームに立つと、ビックカメラ有楽町店が目に入る。このビルはもともと、一九五七年に読売会館としてオープンし、デパートのそごうが出店した。

〽あなたを待てば　雨が降る　濡れて来ぬかと　気にかかる……

「低音の魅力」で知られた昭和の人気歌手フランク永井のヒット作『有楽町で逢《あ》いましょう』は、有楽町そごうのコマーシャルソングとして作られた。今も高年層にカラオケで歌い継がれている。

映像カルチャーホールは読売会館の八階にあった。九三年に幕を閉じた後、シネカノンの映画館として生まれ変わり、現在は「角川シネマ有楽町」となっている。

七九年は第二次石油危機に見舞われた年だった。イランで王制が崩壊し、宗教指導者ホメイニ師によるイラン革命が起きた。その影響で「メジャー」と呼ばれた国際石油資本が日本に原油供給量の削減を通告したからである。ガソリンスタンドは休日の休業を余儀なくされ、民放各局は深夜の放送時間短縮に踏み切る。牛山が小林與三次の賛同を得て、日本映像カルチャーセンターを創設したのはその年の十一月だった。小林が理事長、牛山は常務理事に就任した。

「日本で唯一のテレビを中心とした映像ライブラリー機関」と位置づけた構想について、牛山は『テレビ・ジャーナリズムの25年』でこう書いている。

私たちが二十五年間に記録してきた映像は一種の人類の文化遺産であると思っている。「すばらしい世界旅行」で記録した諸民族の行動パターンは、もう二度と撮影出来ないものばかりだし、「知られざる世界」の細胞のフィルムは、たとえ二、三秒のものでも、三、四時間かけてとった貴重な記録である。また、現代史を形成する重要な記録映像——たとえば東京裁判の膨大な法廷フィルム、中国の現代史に関するフィルムなどその価値ははかり知れない。にもかかわらず、一般の人は一度放送が終わると、再び見るわけにはいかない。

私はこれらのものを集大成した「ドキュメンタリーの図書館」といったものを作り上げたいと思っている。そこへ行けば、必要と思われる項目を目で見ることができる。今、多くの人々の助言を得ながら研究をすすめている段階にある。

誇大な夢、という人があるかも知れない。しかし難しいからと冒険に足を踏み出さなかったら、テレビは発展しないだろう。人類の祖先も、そして日本人の祖先も、みなこうした冒険をおのれに課することで、次の時代を創《つく》ってきた。歴史というものはそういうものであり、テレビの歴史もまたしかりである。要は、今だれかが、荒野に一歩足をふみ出すことこそ必要なのだ。

日本映像カルチャーセンターは、世界各国からドキュメンタリーの秀作を収集・保存するとともに、国内外の優れたテレビ番組を公開するという二つの目的を掲げた。映像カルチャーホールは上映の常設会場となり、ホール開きの日には、放送中止事件を招いた『ベトナム海兵大隊戦記』の総集編『南ベトナム海兵大隊戦記』が上映された。

毎週、テーマを設けて数本を上映する。非営利事業なので、映画館のように入場料という形ではなく、そのつど会費を払う会員制とした。年間で約一億円の運営費のほとんどは日本テレビが負担した。牛山は小林会長に足を向けて寝られなかったに違いない。

野口秀夫は日本映像記録センターの事業部長として、日本映像カルチャーセンターの運営を任された。日本テレビ時代は牛山の下で『ノンフィクション劇場』のディレクターを務め、日本映像記録センターを設立する際は牛山と行動をともにした七人の部下の一人だったが、ある日突然やめた。

同じく創設メンバーの一人で、後に日本映像カルチャーセンターを担当する結城利三は、野口と気が合った。「牛山さんは目をかけている人間も酷使した。野口は番組作りを続けたかったのに、それ以外のことを次々と押しつけられ、ついに我慢できなくなったんでしょう」と推し量る。郷里の龍ケ崎市に戻り、ガソリンスタンド店を営んだ野口は日本映像記録センターの集まりはおろか、日本テレビのOB会「鳩友会《きゅうゆうかい》」にもいっさい顔を出さないままと聞く。

牛山が「荒野に一歩足をふみ出す」ように事業を拡大する一方、その足元では創設以来のメンバーが去った。取締役も務めた野口の退社は、その後の牛山と日本映像記録センターに垂れこめる暗雲の兆しだったのかもしれない。

佐賀県唐津《からつ》市出身の冨田三起子は八〇年に長崎大学を卒業した翌日、何のあてもないまま上京した。浄土宗の寺院を守る両親の希望に沿って教育学部に入ったが、「卒業後は好きなように生きたい」と決めていた。貿易関係の会社などを経て翌年、英字紙の求人広告で知った日本映像記録センターの中途採用試験に合格した。

「実は、映像記録がどういう会社かもよくわかりませんでした。面接試験で『こういう仕事がやりたい』と言ったら、偉いおじいさんのような人に『仕事はそんなに甘いもんじゃない』とことごとく否定されました。それが牛山さんです。もう一人の男性と一緒に採用されたのが不思議でした。英語ができたからですかね」と、笑いながら振り返る。

当初は、番組を海外に販売する仕事と牛山の秘書を兼ねた。秘書の仕事では、牛山の口述筆記が多かった。新聞や雑誌から依頼された原稿や、社内外の会議で配布する資料などである。

「指にペンダコができるほどやらされました。牛山さんはタバコを吸いながら部屋を歩き回り、よどみなく言葉を口にしていました。でき上がった原稿に目を通す時は、それほど手を入れなかった。朝から晩まで忙しいのはよくわかっていたから、『自分で書けばいいのになあ』とは思いませんでした。執筆は孤独な作業でしょ。牛山さんは誰かと一緒にする仕事が好きだったんじゃないですか」

牛山はスタッフをしばしば夕食に誘った。冨田が「用事がありますから」と断っても、「打ち合わせだ」と引き下がらない。その席では「俺がカネを出すんだから、お前たちはアイデアを出せ」とよく言われた。冨田には、酒を飲んでもたいてい新宿の事務所に戻り、引き続き仕事をした牛山の姿が印象深い。

一年ほどして、牛山から「おい、秘書と海外セールスの両方は大変だろう。どちらかにしろ」と切り出された。「じゃあ、海外セールス」と答えると、牛山は「お前には向いていない。利益を出せると思っているのか」と声を荒げた。冨田が「わかりました。でも、秘書は絶対に嫌です」と譲らなかったため、制作管理の仕事を経て日本映像カルチャーセンター事務局に回された。

秘書専従にしたいのなら、最初からそう言えばいい。牛山は自ら二つの選択肢を示したのに、なぜ怒ったのか。冨田は「秘書を断るとは予想外だったんでしょう。牛山さんって、そういう人なんです」と冷静に振り返る。

新しい職場では、どんなプログラムを組むかという企画から調査、作品収集、著作権の処理、上映まで担当した。ゲストを呼ぶ場合もあり、大きなやりがいを感じた。冨田が大切に保管してきた上映作品のリストを見ると、日本映像カルチャーセンターでは実に多様な国内外の秀作に目配りしていたことがわかる。

海外作品では、世界で初めてシネマトグラフを発明したフランスのリュミエール兄弟、ドキュメンタリー映画史に名を刻むロバート・フラハティやジガ・ヴェルトフ、ソ連の巨匠セルゲイ・エイゼンシュテイン、ベルリン五輪を記録した『民族の祭典』で知られるドイツの女性監督レニ・リーフェンシュタールらの個人のほか、「スペイン市民戦争」や「ナチスを告発したドキュメンタリー」「アメリカ最大のネットワークCBSの築いたニュースドキュメンタリー」「英グラナダテレビ・フェスティバル」「イタリア・ドキュメンタリー祭」「中国解放軍の全貌」といったテーマでも特集を組んだ。

国内の作品はドキュメンタリーだけではなく、ドラマからアニメ、科学番組、美術番組まで幅広く、NHKと民放、ローカル局の番組を取り上げた。報道・ドキュメンタリーのジャンルでは、テレビジャーナリズムの新地平を切り開いた『NHK特集』、今も続いている日本テレビ系の『NNNドキュメント』シリーズ、TBSの『兼高かおる世界の旅』や『報道特集』、ローカル局の秀作選などである。

映画監督では、記録映画の亀井文夫をはじめ、新藤兼人、今村昌平、大島渚、土本典昭、『ねむの木の詩《うた》が聞こえる』などの宮城まり子、勅使河原《てしがはら》宏、フジテレビ出身の五社英雄、にっかつロマンポルノの旗手の神代辰巳らの作品を特集した。テレビでは、日本テレビのせんぼんよしこ、NHKの吉田直哉、和田勉、岡崎栄、個性的な作風で国際的な評価も高かった佐々木昭一郎、『私は貝になりたい』で知られたTBSの岡本愛彦や大山勝美らの名ディレクター、脚本家では平岩弓枝や早坂暁、山田太一、倉本聰らを取り上げた。

さらに、芸術祭賞や日本民間放送連盟賞、ギャラクシー賞などのほか、日本映像フェスティバルの受賞作も上映した。

『映像記録ウィークリー』のように、日本映像カルチャーセンターも『ライブラリー』と題した機関紙を月一回発行した。十一号からタブロイド判の新聞形式になり、プログラムや活動内容を伝えた。

ただし、客の入りは悪かった。ホールの定員三百人に対し、富田は「百人を超える時もありましたが、十人、二十人とガラガラの日が多かった。いい内容だったのに……」と残念がる。「牛山さんのゴーサインが出ないと企画が通らなかった。牛山さんは多忙なので、つい決定が遅れがちになり、PRをする時間が足りなくなりました。運営について考え方の違いが大きくなってしまった」ことが退社につながった。

冨田のその後の人生は、日本映像カルチャーセンターで培われた人脈が役に立った。テレビ番組のリサーチャーを経て、八九年に第一回が開催された山形国際ドキュメンタリー映画祭の創設に協力した。この映画祭は山形県上山市を活動拠点にしていた小川紳介監督が発案した。冨田は東京国立近代美術館フィルムセンターの客員研究員として映画の上映運動に携わり、国内外の映画祭にもかかわった。

一方で、仏教への関心を深めて僧籍を取り、奈良県の尼寺で三年間過ごしたこともある。東京に戻っても、髪が短いままの冨田は「映像記録にいなかったら今の私はない」と言い切った。

公共ライブラリー設立運動

テレビ放送の開始からちょうど三十年を迎えた一九八三年の七月末、「ビデオ・プールの会」がNHK放送センター内で記者会見し、「テレビ番組を開かれた文化財とするためのアピール」を公表した。テレビ番組を収集・保存し、公開する公共のビデオライブラリーの実現をめざすこの会は、NHK放送文化研究所出身の後藤和彦・常磐大学教授を代表とし、牛山とTBSプロデューサーの大山勝美、日本民間放送連盟研究所長の野崎茂（後に東京女子大学教授）、日本経済新聞編集委員の松田浩ら五人が呼びかけ人に名を連ねた。

テレビ草創期の十年間は生放送の時代で、局側にはフィルム以外の番組を保存する気はなく、〝送りっ放し〟だった。次の十年間はＶＴＲ（ビデオテープレコーダー）が普及し、残そうと思えば残せたものの、ビデオテープ自体が高価だったため、多くは放送が終わると消去された。二十年目を迎えたころから、各局とも一斉に番組の保存に乗り出した。

後藤代表は記者会見で「このままでは昔の番組が散逸し、消えてしまう恐れがある。まずそれらを発掘してリストを作成し、保存対策を講じなければいけない。その作業と並行して、すべての人に開かれたビデオライブラリーを実現するための運動を広げたい」と語った。趣旨に賛同した女優の藤村志保も同席し、出演者の立場からこう訴えた。

「テレビの初期、映画畑からテレビドラマに出演して、非常に感銘を受けました。スタッフの皆さんが新しいものを作ろうと燃えていたからです。ＮＨＫ大河ドラマの『太閤記』や『三姉妹』はそういう熱意の結晶ですが、ほとんど残っていないことにショックを受けました。ぜひこの運動をとおしてビデオライブラリーを実現してください」

ＮＨＫと民放が設立した財団法人「放送番組センター」は八五年から番組の収集・保存事業に乗り出し、八六年から毎年、公共ビデオライブラリーの実現に向けて国際シンポジウムを開いてきた。「映像で伝える未来へのメッセージ」と題した八七年の二回目では、米国議会図書館の映画・放送・録音資料部門やカナダ放送協会（ＣＢＣ）番組ライブラリーの責任者、脚本家橋田壽賀子らとともに牛山も登壇し、日本映像カルチャーセンターの取り組みを披露した。

一九五一年生まれの筧昌一《かけいまさかず》は法政大学社会学部在学中から日本映像記録センターでアルバイトをし、七五年に新卒社員の第一号として採用された。入社の際、牛山から背広の仕立券をプレゼントされたことが忘れられない。仕事は番組作りではなく、取材費の管理や航空券の確保などディレクターをサポートする「制作デスク」だった。

海外から届くはずの撮影済みフィルムが航空会社の手違いで二週間ほど遅れたことがある。その航空会社社員が世界一周の航空券を日本映像記録センターに持参して、謝りに来た。筧は牛山から「お前、海外に行ったことがないだろう」とチケットを渡され、出張扱いでパリ、ロンドン、ニューヨーク、ロサンゼルスを回る十日間の旅に出た。「牛山さんは取材で各地に散っているディレクターたちに連絡し、僕の世話をするよう手配までしてくれた。うれしさと感謝の思いでいっぱいでした」と顔をほころばせた。

筧も冨田と同様、牛山の口述筆記をよく頼まれた。夜の会合や飲食の場に同席した後、タクシーを呼ぶと、「ちょっといいか」と新宿区西落合の牛山宅までつき合わされた。そのうえ、肩や腰のマッサージまでさせられた。筧はニコニコしながら「〝おとっつぁん〟の公私混同もいいところですよねえ」と言った。

日本映像記録センターの全盛期とレギュラー番組が減る退潮期に立ち会い、牛山が誰彼を問わず怒りまくる姿も見てきた。唯一となったレギュラー番組『すばらしい世界旅行』が二十四年の歴史に幕を閉じた九〇年秋、筧は社内の会議で牛山から「やめてしまえ」と怒鳴られ、「はい、出ていきます」と答えてしまう。創設メンバーの杉山忠夫や市岡康子から電話で心配されたが、

「ここにいてもなあ」と転職先のあてもないまま、十五年いた会社に別れを告げた。

その一方では、公共ビデオライブラリーの設立機運の高まりで放送法が改正され、放送番組センターが「放送ライブラリー」を運営することが決まった。百億円の資金はNHKが三十億円、民放が六十億円を出し、残りは財界から寄付を募った。箟は放送ライブラリーの開設に向けて中途採用された。

放送ライブラリーは九一年、横浜市のみなとみらい地区にあるMM21横浜館の一角で暫定的に開設された。二〇〇〇年には、横浜市が日本大通に建設した横浜情報文化センターで本格オープンした。現在は約三万本のテレビ・ラジオ番組やCMなどを無料で一般公開している。

ライブラリー事業を育て、業務部長を務めた箟は定年退職後も、ここでの番組上映会や公開セミナーの企画に携わってきた。「映像記録での経験が放送ライブラリーの仕事に生かされた」と〝牛山学校の卒業生〟を自任している。

NHKが日本初のテレビ放送を開始してからちょうど五十周年に当たった二〇〇三年二月一日、「NHKアーカイブス」が埼玉県川口市にオープンした。アーカイブスとは英語で記録所、保管所を指す。NHKの番組をデジタル化して保存し、番組公開ライブラリーでは九千本を超えるNHKの名作やヒット作を無料で視聴できる。

日本映像カルチャーセンターの上映活動は、読売新聞出身の氏家齊一郎が社長に就任した日本テレビの全面撤退によって、九三年に幕を閉じた。しかし、放送番組を国民の文化的資産ととらえ、番組の収集・保存・公開の重要性を訴えて、自ら実践した牛山の志は、放送ライブラリーや

ＮＨＫアーカイブスなどに結実している。

大規模な回顧上映会

日本映像記録センターの番組約八百本が川崎市市民ミュージアムで保存・公開されているように、牛山と川崎市との縁は深い。

八〇年十一月、第一回「地方の時代」映像祭が川崎市市民プラザで開催された。「地方の時代」を提唱した長洲《ながす》一二《かずじ》知事の神奈川県、後に全国革新市長会会長を務める伊藤三郎市長の川崎市に加え、ＮＨＫと民放が実行委員会を組織した。伊藤市長は実行委員会を代表し、「テレビの映像をとおして、地方とは何かを自らに問い、映像を交流することで自治の基盤を強化できる」とあいさつした。ドキュメンタリーのコンクールは、二年目の八一年から始まる。牛山は早くから、この映像祭にパネリストや講演者として協力してきた。

川崎市市民ミュージアムは写真や漫画、映画、テレビ、ビデオなども対象とする「現代映像文化センター」構想に基づき、八八年十一月に開館した。その準備室は八六年から収蔵品の収集を開始し、牛山はテレビ・ビデオ関係の収集委員を委嘱された。映画の収集委員は映画評論家の佐藤忠男だった。

牛山は準備室の濱崎好治に対し、当時力を入れていたビデオライブラリー構想とその必要性を熱っぽく語った。「映画に比べて、テレビ番組の保存・収集はかなり遅れている。川崎市はビデオライブラリーの先駆けになるべきだ。アメリカのスミソニアン博物館を例に挙げるまでもなく、博物館の収集作業は百年かかる仕事だから、構想は広げるだけ広げたらいい」

　川崎市市民ミュージアム学芸員の濱崎は「牛山さんはしゃべりだしたら、もう止まらなかった。『だいたい僕はね』というのが口癖で、とにかく早口でした。別れ際にはいつも『まあ、頑張りましょうや』と笑顔を見せましたね」と振り返る。

　日本映像記録センターが制作した番組と、世界各国から収集したドキュメンタリーの秀作を合わせて約千本を納入する際、牛山は「映画は一本百万円から三百万円が相場だから、一本百万円として全部で十億円」と主張した。これには川崎市教育長が「ビデオがそんなに高いのか」と腰を抜かした。牛山は最終的に「収集委員としての責任があるから」と折れ、はるかに安い金額で手を打ったという。

　川崎市市民ミュージアムは牛山の七回忌を前にした二〇〇三年九月、「牛山純一　テレビドキュメンタリーに賭けた生涯」と題した本格的な回顧上映会を主催した。『ノンフィクション劇場』や『すばらしい世界旅行』などから計三十二本が選ばれ、七日間にわたり紹介された。

　この年は、日本でテレビ放送が始まってから半世紀という大きな節目に当たった。濱崎は当時、「博物館での大規模なテレビ番組の上映会は日本で初めてです。テレビで消費された番組も、博物館では作品として見てもらえる。テレビが五十年を迎え、『番組は時代と社会を記録した二十世紀独自の文化』とアピールしたかった。多メディア・多チャンネル化の進展で番組の質の低下が懸念され、残すべき価値のあるドキュメンタリーが減っている時期だけに、牛山さんのドキュメンタリーを再評価する必要があります」と企画意図を述べた。

初日の九月十四日の日曜日に開かれたオープニングセレモニーでは、ゆかりの深い人たちへのインタビューをまとめた映像が上映され、元首相の中曾根康弘はこう語った。

「牛山さんが日本テレビの記者になってからずっとつき合ってきた。記者らしからぬ素朴で、善良な人という印象を受けたが、後になって優れた資質を発揮させました。国内の問題だけではなく、ベトナム戦争などでも豊富な映像を撮ってくれた。歴史を公正に取り扱い、映像の歴史のみならず、戦後史にとっても豊富な材料を残したのは牛山さんの功績だと思う」

この後、土本典昭監督が「牛山純一とテレビドキュメンタリー」と題して特別講演をした。夜には武蔵小杉駅前のホテルで「牛山純一さんを偲《しの》ぶ会」が開かれ、テレビマンユニオンの今野勉、闘病中の大島渚に代わって夫人の女優小山明子ら多彩な人々が集まった。NHKでドキュメンタリーを作っている長男の牛山徹也は「テレビ界でも番組のライブラリー化が進み、放送に携わる人間だけではなく一般の人も見られるようになった。父の回顧上映会は家族としても、テレビの作り手としてもうれしい」とあいさつした。

七日間の上映会には約六百人が参加した。「丁寧に取材していたことがよくわかった。登場人物たちがいい表情をしている」(女子学生)、「牛山さんの死で日本のドキュメンタリーは終わった。NHKまでが人気取りのドキュメンタリーを作り、民放の制作者には何も伝わっていないからだ」(三十代の公務員)、「牛山さんの名前は知らなかったが、視点が優しく、確固たる信念に基づいていると感動した」(五十代の女性)、「テーマ性に優れ、人におもねらない姿勢がすばらしい。教わることが多かった。こういう作品は繰り返し上映されるべきだ」(六十代の男性)といった感想が寄せられた。

川崎市市民ミュージアムでは二〇一二年五月から一三年三月まで毎週一回、〝テレビ六十年〟のプレイベントとして牛山作品の連続上映会を開いた。以前はミニホールを会場にしたが、定員二百七十人の映像ホールでは初めてだった。「テレビ番組も大きなスクリーンで見ると、中身がもっとわかるんだよ」と語った牛山はきっと、泉下《せんか》で満足しているのではないか。

第七章　アジアと戦争

日本映像記録センターの全盛期

一九五一年生まれの映像ジャーナリスト熊谷《くまがい》博子は早稲田大学政治経済学部を卒業した七五年から十年間、日本映像記録センターで働いた。「みんな朝から仕事をして、外が暗くなっても『さあ、これからやるぞ』って異様な熱気があったのよ。人使いが荒くて、とんでもない会社だったけれど、勢いを感じましたね」と語るように、日本テレビで七五年から八六年末まで続いた『知られざる世界』の放送期間とほぼ重なる日本映像記録センターの全盛期を過ごした。

もともとは新聞記者にあこがれ、学生時代には一人でパプアニューギニアを旅し、ルポと写真が『アサヒグラフ』に掲載された行動派である。その際、持参したのが豊臣靖ディレクターの著書『東ニューギニア縦断記』だった。第一次石油危機のあおりを受けた就職難の時期に加え、新聞社やテレビ局は女性の採用枠がまだ狭かった。朝日新聞や産経新聞などの入社試験には受からず、つてを求めて会いに行ったフジテレビの『奥さまニュース』キャスター有馬真喜子（元朝日新聞記者）から、日本映像記録センターの研修生募集を知らされた。

日本映像記録センターでは、創設メンバーらの「職員」以外は「専属」か「嘱託」、非常勤の「同人」という雇用形態を取り、新卒のディレクター志望者は給料が出る一年間の研修を経て、専属契約をするシステムになっていた。熊谷は面接試験で牛山に「誰でもディレクターになれるわけじゃない」と言われ、内心で「だったら、なってみせますよ」と反発した。後に、面接に立ち会った豊臣が周囲の反対論を押し切り、採用を勧めたと聞かされた。

研修とはいえ、仕事は撮影現場の助手から事務所の掃除まで何でもする雑用だった。その夏、フリーのスタッフも交えた三泊四日の合宿があり、『ノンフィクション劇場』や『すばらしい世界旅行』などの秀作選を視聴した。熊谷は牛山の『南ベトナム海兵大隊戦記』を見て、「主人公のグエン大尉に呼びかけるナレーションも素晴らしく、これはまさに署名記事。こういう作品を作りたい」と感銘を受けた。その後、麴町にあった日本映像記録センターの事務所で何度もフィルムを見直したほどである。ほかの同期生は「仕事がきつい」と次々に去り、熊谷だけが残った。

七六年十一月、東京12チャンネルの『生きている人間旅行』で放送された『日本の教育１９７６　少年は何を殺したか』前後編は、山形県一の進学校・県立山形東高校で起きた同級生刺殺事件の背景を探り、芸術祭優秀賞を受けた。「夜十時ごろ、酒を飲んで事務所に戻った牛山さんに事件のことを話したら、『すぐやろう』と後押しされ、そのまま夜行列車で山形に向かった。即断即決が牛山さんのすごいところ」と言う熊谷はリサーチャーとして現地を取材した。

牛山はこの演出を土本典昭監督に頼んだ。熊谷は助手として、土本とともに水俣病の記録映画を撮り続ける大津幸四郎カメラマンのコンビの仕事ぶりを間近で見た。地元の高校生たちに話を聞く際、土本は「熊谷さん、あなたが質問してくれる？　僕は相手を観察しているから」と声をかけた。

大島渚の助手も務めた熊谷は「牛山さんや大島さんと違って、土本さんのチームはみんな平等なんです。撮影前、スタッフが好き勝手に議論するうち、思いがけない発見に行き着く。取材相手の顔をローアングルで撮ってから、話の流れとは関係なさそうな周囲の様子も収め、また相手の顔に戻る大津さん独特のカットにもびっくりした」と思い起こす。土本からは「ドキュメンタリーはスタッフワークが大事だよ。自分だけが頑張りすぎちゃいけない」と教わった。

フリーになってからは、内戦に苦しむアフガニスタンを取材したドキュメンタリー映画『よみがえれカレーズ』（八九年公開）を土本と共同監督し、大津とは『三池　終わらない炭鉱《やま》の物語』（二〇〇五年公開）などを作った。

熊谷は『すばらしい世界旅行』で扱う世界の民族誌には関心を持てず、もっぱら『知られざる世界』で社会問題に取り組んだ。「牛山さんに『女だから』とか『女のくせに』と言われた覚えはありません。そのディレクターに向いたネタかどうかを見極め、こういうニンジンを鼻先にぶら下げれば必ず突っ走るだろうという眼力があった」と早口で語る。その例として、タイ・バンコクのスラム街などに潜入した『追跡　麻薬のルーツ』前後編を挙げた。

牛山は当初、若い男性ディレクターにその企画を断られると、怒って「お前んちに火をつけてやる」と暴言を吐いたという。「熊谷君、この季節に行くと、ケシの花がきれいだろうな」と水を向けられた熊谷は、「危険も予想されるのに、私のような若い女を送り込むところがすごい」

と思い、「やります」と即答した。もっとも、牛山は数日後に「行きたくなかったら、無理して行かなくてもいいんだぞ」と念を押す一面もあった。これは慎重と言うべきか、深謀遠慮と言うべきか。

熊谷は戦争や原爆、中性子爆弾など硬派のテーマに取り組み続け、「活字志向があったし、ちょうど十年の節目でしたから」と、八五年に日本映像記録センターを離れた。牛山に直接話そうとしても、「時間がない」と避けられ、置き手紙で独立を伝えた。

「牛山さんはプロデューサーとしてもディレクターとしても傑出し、朝早くから夜遅くまで働いていました。『俺がこれだけやっているんだから、お前らもやれるだろう』という意識でスタッフに接し、それでつぶされた人も多かったのね。私はそんなに怒られなかったけど、しょっちゅう怒鳴られりゃあ萎縮するわよ。とにかく人の出入りは激しかったですね」

身長が百七十四センチの杉山忠夫は「ギューさんの身長は僕くらいあったから、百七十センチは超えていた」と言う。昭和一ケタ世代にしては大柄なので、威圧感も与えたのかもしれない。

熊谷は三十八歳で結婚する時、土本や大島とともに牛山にも披露宴の招待状を送った。牛山は入院中で出席できなかったが、喜んでいたと人づてに聞いた。

独立後は、『映画をつくる女たち』（二〇〇四年）などのドキュメンタリー映画だけではなく、テレビ番組も作り続けた。NHK・Eテレの『ETV特集』で一三年に放送された『三池を抱きしめる女たち～戦後最大の炭鉱事故から50年～』は、放送文化基金賞のテレビドキュメンタリー番組部門最優秀賞と制作賞に輝いた。福岡県大牟田市の三池炭鉱をめぐっては、百人以上の証言

第40回放送文化基金賞贈賞式で受賞のスピーチをする熊谷博子（2014年6月）

を基にして『むかし原発　いま炭鉱』（中央公論新社、一二年）も出版した。

　戦後七十年を迎えた一五年の夏、熊谷は長崎で被爆体験を語り続ける八十六歳の男性を主人公にした『ETV特集』を作るため、長崎市に二か月間滞在した。「住んでみないと、その土地のことはわからないでしょ。自分の意思で安いホテルに泊まり続けました。もちろん自前ですよ。住み込むのは『すばらしい世界旅行』の原点だし、土本さんもスタッフと一緒に水俣で暮らしましたからね」。『原爆にさわる　被爆をつなぐ～長崎　戦後70年を生きる被爆二世～』と題したこのドキュメンタリーは、九月十二日に放送された。

「牛山さんは動物番組から『すばらしい世界旅行』まで多くの番組を作ったが、いちばんやりたかったのは『南ベトナム海兵大隊戦記』のような硬派の作品じゃないですか。私は戦争や原爆など今の仕事につながるテーマを与えてもらった。そういう意味では、牛山さんの精神を受け継いでいると思います」

　牛山が一九九七年十月に死去して何日かたったころ、熊谷は牛山の夢を見た。新宿にある行きつけの飲み屋で「俺はまだ死んでいないぞ。よく覚えとけ」と大声を出したという。

ブラジル移住の映像作家

ブラジルの大都市サンパウロに住んでいる記録映像作家の岡村淳は一九八二年から五年間、日本映像記録センターに在籍した。やめてから三十年近くたっても、牛山の下で働いた日々を「巨大なトラウマだった」と表現する。サービス精神が旺盛らしく、牛山の物まねで『おい岡村、てめぇ、このやろ、死んじまえ』って、よく怒鳴られましたよ」と言って笑わせ、「ウシ（牛山）でトラウマ（虎馬）になった」というギャグまで飛ばした。

ブラジルを拠点とし、ドキュメンタリーの自主制作を続ける。デジタルビデオカメラを抱えて取材、撮影から編集まで一人でこなす。日本とブラジルを往復して自作の上映会に立ち会い、トークを繰り広げる。自ら「ライブ上映会」と呼んでいる。

二〇一五年一月から二月にかけて六日間、そのライブ上映会が目黒区の鷹番住区センターで開かれた。これと連動して、東急東横線学芸大学駅前にある行きつけの古書店「古本遊戯 流浪堂」では、蔵書の一部を並べる「反骨の軟体 岡村淳の脳内書棚」展が開催中だった。「反骨の軟体」と称する割には、考古学や民俗学、文化人類学関係の硬い本が目立つ。

上映会の初日には「ナメクジから大アマゾンへ」と題して、『すばらしい世界旅行』で一九八三年に放送された『ナメクジの空中サーカス　廃屋に潜む大群』など三作が上映された。シンガポールでナメクジの生態を撮ったこのドキュメンタリーは、岡村のデビュー作となった。地上から植物の幹を経て枝葉まではっていったナメクジが、自分の粘液をたらして垂直に移動する離《はな》れ業《わざ》や、アリの群れがナメクジに襲いかかる場面が圧巻である。

『すばらしい世界旅行』は動物もよく取り上げた。なかには、岡村が「ゲテモノ」と呼ぶ大蛇や毒グモ、サソリも交じっていた。意外なことに、「怖いもの見たさ」という視聴者心理からか、平均以上の視聴率を取っていたからである。牛山から有無を言わせず「どこでもいいから海外に行き、ナメクジで番組を一本作ってこい」と命じられた岡村は、あらゆるつてを頼った結果、シンガポール大学の生物学者に行き着き、成算もないままカメラマンと現地に飛んだ。

上映会では、十数人の観客に制作の舞台裏を説明した。「百匹くらいのナメクジを集めて、水槽に入れ、ホテルで接写しました。バスルームは独特の臭気に包まれました。大学構内の広大な熱帯林などで撮影し、大学の先生も驚くような発見がありました。ただ、牛山さんは『気持ち悪いから、やれ』と言っておきながら、デスクの後藤英比古さんにすべて任せ、自分は映像を見なかったんですよね」

次に上映された『アマゾンの密林が沈む！　動物2万匹救出』も、『すばらしい世界旅行』で放送された作品だった。フリーになってブラジルに移住した後、牛山に企画を出したら採用され、ダムの建設現場で野生動物を救出するスタッフに同行取材した。

一九五八年生まれの岡村は目黒区で育ち、早稲田大学文学部に進んだ。考古学を専攻し、発掘調査などのフィールドワークに参加した。もともとは映画青年で、映画監督にあこがれていたこともあり、日本映像記録センターの採用試験を受けてただ一人合格した。

時間に追われる仕事のせいか、テレビの人は概して早口だが、これほど早いのも珍しい。速射砲のように語る岡村の牛山像はワンマンを通り越して、「暴君」という言葉がふさわしかった。

初めてブラジルを訪れたのは日本映像記録センターに入って二年目の八三年で、アフリカ担当から南米担当に回った杉山忠夫ディレクターの取材班に加わった。熱帯林に住むインディオとの紛争で保護官が殺された事件を取り上げることになり、岡村は遺族や関係者への取材を任された。別の取材も終えて、数か月後に帰国すると、すでに放送された回で岡村のインタビューはまったく使われていなかった。牛山の期待に添わなかったらしく、岡村は社内の会議で「てめぇみたいな無能なディレクターは初めてだ」とさんざん罵倒された。

「牛山さんには何を言っても怒られましたよ。どうしたら怒られないで済むか、という恐怖心で動いていましたね。みんなの前でののしられたのは、後藤さんら設立メンバーも同じでした。ある会議でたまたま牛山さんと後藤さんの間に座ったら、牛山さんが突然、『おい後藤、てめぇは』と怒り出し、僕はびっくりして飛び上がりましたよ」

新宿の事務所の近くにあるホテルのラウンジで牛山と二人で打ち合わせをしていた時、シンガポールのマングローブを撮る企画を提案した。牛山は水中撮影を得意とする豪州のベン・クロップの名前を出して、「お前はクロップよりいいものを撮れる自信があるのか」と血相を変えた。いきなり立ち上がって岡村の頭をたたき、メガネが吹っ飛んだこともある。

理不尽と思われる言動も、牛山にしてみればそれだけの理由があったのだろう。

岡村は今でも後悔している仕事として、「アマゾンでピラニアが牛を襲うシーンを撮れ」という牛山の指示に逆らえず、牛を使って「再現」したことを挙げる。『すばらしい世界旅行』で八四年二月に放送された『ピラニア！　牛を襲う　アマゾン河口～源流』の回を指し、「大本営の命令に従ったBC級戦犯と同じですよ」と自嘲的に明かした。

口述筆記はもとより、酔った牛山の「おい、肩もめ」「背中をかけ」といった要求にも応えざるをえなかった。事務職の社員だった筧昌一からも、同様の話を聞かされた。

ただし、岡村の口調には不思議なことに、牛山に対する恨みつらみはみじんも感じられず、やや自虐的なユーモアすら漂わせた。

龍ヶ崎市の小学校から旧制龍ヶ崎中学校、早稲田大学でも牛山と一緒だった幼なじみの大野隆夫は大和運輸の小口集配営業部次長だった七四年、牛山から「うちに来て、総務や経理をやってくれないか」と懇請された。上司に相談すると、牛山の名前は知っていた。「信頼できる人間が必要なんだろう。これも運命かな」と待遇や条件は聞かずに承諾し、取締役・総務部長として途中入社した。

牛山の近くで接し、「あれッ、ワンマンになったな」という印象を強めた。「正力（松太郎・日本テレビ初代社長）さんの薫陶を受けたのか、プロダクションはワンマンでないと経営できないのかはわかりません。大和運輸を創業した小倉康臣《やすおみ》さんもワンマンでした。牛山は『こらッ、早くやれ』などと制作スタッフをしょっちゅう怒鳴っていた。ドスの利いた太い声だから、若いディレクターはビビリましたよね」

とはいえ、「週に何本もの番組を抱え、普通の人間だったら心身ともにもたない。それをこなすわけだから、ワンマンにならざるをえなかったんでしょう。根は優しい男です。誰かを怒った翌日には『おい、飲みに行こう』と声をかけていましたよ」と穏やかな口調で理解を示す。

みんなの前ではお互いに「牛山さん」「大野君」という呼び方で通し、二人きりになるとどちらからともなく、少年時代のように「純ちゃん」「隆《たか》ちゃん」と呼び合った。

日本映像記録センターの経営については「ずっと『すばらしい世界旅行』があったから、収支はだいたいトントンでした」と語り、放送人としての牛山を「大きな男でした。企画力と制作力はずば抜けていて、弁舌も迫力があった。仮に政治の道に進んだとしても、かなりの地位まで上ったでしょうね」と評した。

大野は還暦を迎えた八九年、会社を経営している弟から「手伝ってほしい」と頼まれ、牛山に退職を申し出た。牛山は「隆ちゃん、わかった。うちは俺一代でいいんだ」と答えた。

私が大野に会ったのは二〇一二年の晩夏だった。埼玉県草加市の自宅に近い駅前で落ち合った。大腸がんのため通院中だったが、「牛山のことはぜひ話しておきたい」と昔の写真や資料まで持参してくれた。三時間に及んだ喫茶店での取材の三か月後、その訃報に接した。八十三歳だった。

私を含めた外部の人間にとって、牛山は「懐の深い大人」という印象が強かったので、日本映像記録センターで部下たちを「てめぇ」呼ばわりしていた姿はにわかに信じがたい。外面《そとづら》と内面《うちづら》の落差の大きさに驚かされる。

岡村淳は八六年、三度目となるブラジル取材に旅立った。南米担当の杉山とも相談したうえで、北東部の大西洋岸のいかだ漁と牛追いの旅、旅芸人一座の企画を立て、三か月かけて『すばらしい世界旅行』用の三本を作るはずだった。しかし、編集段階になって牛山からいかだ漁をボツにされ、牛追いと、旅芸人の代わりに取材したサーカス一座は一本にまとめるよう指示された。

ここでの仕事に限界を感じるとともに、のべにして一年以上も滞在したブラジルへの愛着から、牛山に「ブラジルに移住して、ドキュメンタリーを作り続けたい」と申し出た。個人的には、日本で知り合った留学中の日系ブラジル人女性との結婚を考えていた。牛山からは「あと十年、俺の下で頑張ったら、望みをかなえてやろう。それが嫌なら、二度と俺の前に現れるな」と通告された。岡村は何のあてもないままブラジルに渡り、新天地で彼女と結婚した。

牛山は「てめぇなんか、ブラジルにいられないようにしてやる」という大人げない言葉まで口走った。しかし、岡村が日本に一時帰国したのを聞くと食事に誘い、『すばらしい世界旅行』でドキュメンタリーを作るよう勧めた。パリで開かれるドキュメンタリー映画祭に招待された時は、岡村に「パリに来ませんか」というFAXを送り、費用を持つから企画の打ち合わせをしようと声をかけた。部下に厳しく接した牛山には、人の心をつかむこんな一面もあった。

岡村はフリーという立場で、ブラジルの心霊画家やブラジル移民の活動(無声映画)弁士などをテーマにした四本を撮った。このほか、TBSの『新世界紀行』や日本テレビの『スーパーテレビ 情報最前線』などでも作った。やがて小型ビデオカメラを使った単独取材を開始し、制作の場をNHKの衛星放送やTOKYO MXなどにも広げた。

ドキュメンタリーの自主制作に乗り出したのは九七年からである。『郷愁は夢のなかで』『ブラジルの土に生きて』『パタゴニア 風に戦《そよ》ぐ花 橋本梧郎《ごろう》南米博物誌』といった日本人移民の物語から、ブラジルの社会問題、環境問題などをテーマにしてきた。二〇一三年には『忘れられない

日本人移民　ブラジルへ渡った記録映像作家の旅』を出版し、巻末では三島由紀夫賞や大江健三郎賞を受賞した作家の星野智幸が寄稿している。

「ブラジルでも、牛山さんに『てめぇ、このやろ』と怒られる夢をよく見ました。確かにトラウマだけど、プラスのほうが多い。ドキュメンタリーを作るのは僕の天職だし、ブラジルに渡ったのも牛山さんとの出会いからです。あの牛山さんに仕えたんだから、怖いものは何もない。牛山イズムの現場主義を受け継ぎ、一兵卒として今も戦っている感じです。終戦を知らず、一人でグアム島のジャングルに潜んでいた横井庄一さんのようにね。エリート軍人だった小野田寛郎さんじゃありませんよ」と笑みを浮かべた。

最後に積年の思いを吐き出したような表情を見せて、「これでようやく、僕のなかの牛山さんに成仏《じょうぶつ》してもらえますよ」と漏らした。

創設メンバーの相次ぐ死

岡村が日本映像記録センターに入った翌年の八三年、南米を担当していた豊臣靖ディレクターがすい臓がんのため、五十歳の若さで亡くなった。東京・信濃町の千日谷《せんにちだに》会堂で社葬として盛大に営まれた告別式では、作品のダイジェスト版が上映された。

豊臣はフリーとして『ノンフィクション劇場』の制作に参加し、牛山ら日本テレビの退社組八人とともに日本映像記録センターの創設に加わった。「水色のシャツに黄色のネッカチーフをまくなどカッコ良く、牛山さんも一目置いていたようです。豊臣さんの死後、杉山さんとサンパウロの定宿《じょうやど》を訪れたら、部屋には牛山さんとやり取りしたテレックスがたくさん残っていた。独断的な牛山さんが何度も企画の相談をしていたと知り、驚いた」とは、岡村の述懐である。

岡村より二年早くやめた熊谷博子は「映像記録で当初の勢いがなくなってきたのは、異質のタイプだった豊臣さんの死が大きい」とみる。「豊臣さんはもともとフリーのディレクターだったので、記録映画監督やテレビマンユニオンの人たちとの横のつながりがあった。私も見習って、仕事などで知り合った土本さんや小川紳介さんたちの話をよく聞きに行った。牛山さんは嫉妬深いところがあり、『土本たちといちゃいちゃしやがって』と露骨に嫌な顔をしたわよ。私の契約更改をどうするかでもめた時は、豊臣さんに助けられましたね」

日本映像記録センターが制作するレギュラー番組はピーク時で四本に上った。しかし、東京12チャンネルの『ドキュメント人生の劇場』が七八年に終わると、『すばらしい世界旅行』と『知られざる世界』の二本になった。いずれも日本テレビの三十分番組である。八三年十月から始まったテレビ朝日の『ドキュバラBEST5 OH! ワンダーランド』は、経営に資するはずだった。月曜夜八時台というゴールデンタイムのど真ん中の一時間番組だからである。

結城利三が「動物の生態をオムニバス形式で見せ、スタジオでのやり取りでつなぐ」という企画を立てた。「ドキュバラ」とはドキュメンタリーとバラエティー番組をかけ合わせた造語である。牛山は旧知の小田久榮門《きゅうえもん》・テレビ朝日編成部長に企画を持ち込み、元日本テレビ第一制作局長の井原高忠が演出することで合意した。

牛山の同期生に当たる井原は『巨泉×前武 ゲバゲバ90分!』などでヒットを飛ばし、日本テレビを代表する花形プロデューサーだった。しかし、五十歳を機に突然退職し、局内はもとより放送界を驚かせた。個人事務所を設立し、各局での番組作りやショーの演出をしていた。

テレビ朝日の新番組を担当した結城は「トヨタ自動車グループの提供だった『知られざる世界』の制作費は一本当たり五百万円ちょっとでしたが、これは一千万円と良かった。小田さんは牛山さんと気が合い、『ドキュメンタリーの映像記録とバラエティーのヒットメーカーの井原さんが組めば当たるだろう』と考えたんじゃないか」と言う。肝心の司会者には、テレビ朝日の意向で朝日新聞の科学担当編集委員だった尾崎正直が起用された。

しかし、二回目が放送された時点で早くも、テレビ朝日側から「井原さんを演出から降ろし、すでにスタジオ収録を終えた分は撮り直してほしい」と注文をつけられた。結城もプロデューサーとして「井原さんはこの企画に乗っていないようで、持ち味が生かされていない」と感じ、牛山に相談すると、「井原を切るのか」と激怒された。結局、井原とともに尾崎もわずか八回で降り、司会は落語家の古今亭志ん朝に交代した。番組名も『ＯＨ！ワンダーランド』とシンプルにしたが、視聴率は上向かずツークール（半年間）の放送予定が十八回で打ち切りとなった。

結城は「『ＯＨ！ワンダーランド』が始まる前、取締役から外されました。あの番組の一件で牛山さんとの関係は決定的に悪くなり、僕は制作スタッフがいる二階の大部屋から三階に移されました。まるで島流しでしたよ。牛山さんは見かけによらず、臆病なところがあり、それが猜疑《さいぎ》心《しん》につながる。社内で別の人と打ち合わせをしていた時、牛山さんが突然現れ、『結城、お前、俺を後ろからばっさり切るんじゃないだろうな』と言い出したことがある」と明かした。

日本映像記録センターの創設メンバーだった結城利三（中央）の歓送会を開いた牛山純一（左）（1987年）

豊臣に続いて、心臓弁膜症の持病を抱えていた後藤英比古が八七年六月十八日、五十六歳で死去した。奇《く》しくも、豊臣が亡くなったのも四年前の同じ日だった。

告別式は、東京・谷中の全生庵で日本映像記録センターと後藤家の合同葬という形で営まれた。創設メンバーのなかでは牛山に次ぐ年長の結城は本来、進行役を担うべき立場だったが、それも外された。その悔しさは固く握りしめた数珠の玉が飛び散るほどだった。

数日後、結城が牛山ら三、四人で食事をした帰り道、「ギューさん、近く辞表を出しますから、よろしく」と切り出すと、牛山は「うん、わかった」とだけ答えた。牛山の音頭で結城の歓送会がインドネシア料理店で開かれ、一緒に仕事をしてきた社外のスタッフも顔を見せた。

「ギューさんらしい配慮で、あれには感謝しています。彼には『鬼の顔』とともに『仏の顔』もあった。頼ってきた人は突き放さず、面倒を見た。自分から『やめろ』とは言わず、『やめたい』

という人は引き止めない。そういう男でした」

結城は半年後、日本テレビや日本映像記録センターでのキャリアを買われて日本テレビ系の宮城テレビ放送に招かれ、報道制作局長代理、エグゼクティブ・プロデューサーを務めた。

「僕のテレビ人生は牛山純一なしには成立しなかった。一緒に日本テレビをやめたことについて後悔はまったくありません。牛山さんとはいろんなことがあり、映像記録でも一人、また一人と去っていったけれど、牛山さんに対する敬意は僕のなかで消えない。彼の業績はもっと評価されていい」と締めくくった。

テレビ界の潮流の変化

八〇年代は、「楽しくなければテレビじゃない」というキャッチコピーを掲げたフジテレビが躍進し、テレビ界の潮流を変えた。「軽チャー路線」の二本柱となったのが、漫才ブームの絶頂期だった八一年にスタートした新感覚のバラエティー番組『オレたちひょうきん族』と、八二年から始まった昼の帯番組『笑っていいとも!』である。二つのヒット作はいずれも横澤彪《たけし》プロデューサーが手がけ、『オレたちひょうきん族』に出演したビートたけしと明石家さんま、『笑っていいとも!』の司会に起用されたタモリは、「お笑い御三家」として人気者になった。

『すばらしい世界旅行』とのかかわりでは、フジテレビで八一年にスタートした『なるほど!ザ・ワールド』が見逃せない。海外情報の映像を導入した新機軸のクイズ番組として人気を集めた。海外の情報を組み合わせる形式は八〇年代のクイズ番組の主流となり、毎日放送の『世界まるごとHOWマッチ』や日本テレビの『クイズ世界はSHOW・byショーバイ!!』が後に続く。オーソドックスなドキュメンタリー番組『すばらしい世界旅行』の視聴率が振るわなくなった理由は、「知的エンターテインメント」と呼ばれたこれらの番組の隆盛と無縁ではないだろう。

テレビマンユニオンの重延浩は、八六年から始まったTBSのクイズ番組『世界ふしぎ発見!』を手がけた。歴史をテーマにして世界各地の民族や都市、人物などにまつわるエピソードを取材した映像を見ながら、草野仁の司会で黒柳徹子、板東英二らのタレントが解答を競う。当初は土曜夜十時開始だったが、一年半後、夜九時台に繰り上がり、今も続く長寿番組となった。『すばらしい世界旅行』と同じく、日立グループが提供している。

日本映像記録センターはドキュメンタリー専門の旗を掲げていただけに、時流の変化に対応できなかった。『知られざる世界』は八六年末に終了し、『すばらしい世界旅行』も九〇年九月、千十回で幕を閉じた。

『すばらしい世界旅行』の打ち上げパーティーが十二月十日夕方、日本テレビの南本館大会議室で開催された。筧昌一が退職前、最後の仕事として作成したリストの招待者は日本映像記録センターの新旧スタッフから日本テレビの関係者、映画監督や学者、作曲家らの協力者、新聞記者、評論家まで三百人を超えた。

東京大学文学部卒の漆戸靖治《うるしどせいじ》は一九五七年、公募一期生として日本テレビに入社し、結城利三とは同期だった。編成畑が長く、八六年から八年間にわたり編成局長、編成局と制作局、報道局などを統括する編制本部長を務めた。

「『企業イメージに合うから』とずっと提供してきた日立が、家電製品の宣伝に力を入れるようになり、視聴率が振るわない『すばらしい世界旅行』をやめたがった。牛山さんには『もう少し数字を上げてよ』と言ったんですけどね。知的エンターテインメント路線が主流になり、あの題材と手法は古くなった。牛山さんはそれほど抵抗しなかったな」と終了の理由を説明する。

牛山は独立後、日本テレビの社長、会長だった小林與三次を頼りにした。「日中テレビ祭などおカネがかかる話は小林さんに直接持ち込み、それが僕らのところに降りてきた。そりゃあ、面白くなかったですよ。日本テレビにカムバックした氏家さんは牛山さんに冷たかったね」。こう語る漆戸は、九二年に社長となった氏家齊一郎の下で専務、副社長、BS日テレの初代社長、会長を歴任した。

氏家は、牛山が日本映像記録センターを設立した後に開催された「牛山純一と〝映像記録〟スタッフを励ます会」の発起人に名を連ねた。しかし、バブル崩壊後の広告不況下でリストラを断行した際、日本映像記録センターへの出資を解消した。

牛山の没後、氏家に牛山について尋ねたことがある。名前を出すや否や、「あいつは小林（與三次）さんをさんざん利用した、とんでもねぇ野郎だッ」と血相を変え、それ以上は聞けなかった。氏家は二〇〇一年に社長の座を生え抜きの萩原敏雄に譲ったものの、代表権を持つCEOや会長として君臨し続け、一一年、多臓器不全のため八十四歳で死去した。

日本映像記録センターは『すばらしい世界旅行』の終了でレギュラー番組を失った。制作体制の縮小につれて、社内外のスタッフは次々に去っていった。北極圏の取材に強かった創設メンバーの野呂進もその一人だった。

加害者としての日本

一九八九年一月七日、昭和天皇が八十七歳で逝去された。在位は六十二年余りに及んだ。NHK・民放各局は二日間、昭和を回顧する特別番組を組み、民放はCMを抜いて放送した。年号が「平成」に改まった年は、未公開株譲渡をめぐるリクルート事件の捜査が進展し、江副《えぞえ》浩正・前リクルート会長をはじめ政官財界で贈収賄容疑の逮捕者が続出、竹下登首相は政治不信の責任を取って退陣した。海外では、東欧の社会主義政権がドミノのように次々と倒れ、東西両陣営による冷戦の象徴だった「ベルリンの壁」も崩壊した。

国内外で時代の変わり目を迎えていたこの年の八月、テレビ朝日は『シリーズ真相』と題して、二時間弱の終戦関連番組三本を編成した。一本目の『あの涙を忘れない！　日本が朝鮮を支配した36年間』は、牛山が監督を務め、十四日夜八時から放送された。民放の同時間帯では、日本テレビの『歌のトップテン』やフジテレビの『志村けんのだいじょうぶだぁ』といったレギュラー番組が並んでいた。ゴールデンタイムのど真ん中で硬派のドキュメンタリーを送り出すのは、局側の並々ならぬ意気込みを感じさせた。

二本目の『ボクらの疎開戦争』は武田鉄矢主演のドラマスペシャルで、終戦記念日の十五日夜八時から放送された。同じ日の午後十一時四十分から放送された三本目の『ナチの嵐・少女たちの戦争』は、市岡康子ディレクターがリポーター役のノンフィクション作家澤地久枝とともに東ドイツを訪れ、女性たちの戦争体験や戦争の傷跡を探った。
東京新聞の長期連載『素晴らしきドキュメンタリー』でもたびたび触れたように、牛山は「アジアと戦争」を生涯のテーマに掲げた。盟友の大島渚監督とは、名作の『忘れられた皇軍』をはじめ、『大東亜戦争』や『生きている日本海海戦』『生きている玉砕の島　サイパンの海底をゆく』などを作ってきた。この連載では『あの涙を忘れない！』に言及し、「テレビ朝日の大胆な企画力によって誕生した」と書いている。

ある日、テレビ朝日の小田久栄門編成局長が「韓国人の対日感情の底をえぐるような番組をつくってみませんか」と大胆な発想を投げかけてきた。当たり前な企画ではないか、と受け止める人には言っておきたい。
昭和28年のテレビ開局以降、テレビのゴールデンアワーで、日本が朝鮮を植民地支配した歴史を真正面から取り上げた番組は皆無であったと思う。日韓近現代史を取り上げることは、テレビ界のタブーであった。しかし、日本の「戦後」は、こうしてタブーを破壊しなければ終わらない。

牛山より五歳下の小田は、名物プロデューサーとして鳴らしていた。社内外で「オダキューさん」と呼ばれ、編成局長時代には「テレビ朝日の天皇」という異名を取った。その当時から白髪で、周囲を圧する強気の発言もあって、五十代前半には見えなかった。あくが強く、実年齢より老《ふ》けていた点は牛山と共通する。

小田は新潟県の地主の家に生まれたが、戦後の農地改革で家は没落した。専修大学経済学部在学中は、TBSでアルバイトをしながら、自治会の委員長として学生運動に精を出した。

一九六〇年、NETに入社した。日本で初の生ワイド番組『木島則夫モーニングショー』で司会の木島が降板した後、十年間にわたってプロデューサーを務め、低迷していた視聴率を押し上げた。専業主婦向けに「女の学校」というコーナーを新設し、推理作家の佐賀潜《せん》、大島渚を校長に迎えた。大島とは以来、親交を結んだ。瀬戸内寂聴、宮尾登美子、有吉佐和子らの女流作家を口説き、ゲストとして引っ張りだした。

小田の名を高めたのは、八五年から始まった八十分の大型ニュース番組『ニュースステーション』だった。報道局次長としてタレントの久米宏をメーンキャスターに起用し、わかりやすい伝え方で番組を成功させた。編成局長に昇進すると、評論家の田原総一朗に「未開拓の深夜帯で新しい報道系の番組を作りたい」と持ちかけて、深夜の大討論番組『朝まで生テレビ!』を始めた。さらに、日曜午前の『サンデープロジェクト』も開発した。テレビ朝日の「報道・情報ステーション」路線を確立した立役者と言える。

軍国主義の日本は朝鮮半島や中国に侵略して日中戦争から太平洋戦争に至り、壊滅的な敗北を喫した。「加害者としての日本」を真正面から直視する『あの涙を忘れない!』は、昭和の終焉《しゅうえん》で制作されたと思われるかもしれないが、小田と牛山は以前から企画し、牛山らのチームは八八年秋から日韓両国で調査を開始していた。韓国の現地調査には、日本映像記録センターで二年間働いたソウル在住のドキュメンタリスト鄭秀雄も加わった。

早稲田大学や法政大学、東京女子大学で非常勤講師を務める神谷丹路《にじ》は、韓国文化論や日朝関係史を専門とする。彼女もリサーチャーを担当し、韓国ロケにも参加した。牛山とのかかわりは半年足らずにすぎないが、「濃密な日々で、収穫は大きかった」と振り返る。

一九五八年生まれの神谷は国際基督教大学に在学中、ソウルの延世大学に一年間留学した。民主化を要求するデモが武力で弾圧された「光州事件」を経て、軍事独裁の全斗煥が政権を握った時期で、日本からの留学生はまれだった。神谷は大学を卒業後、国書刊行会の編集者になった。都立富士高校の先輩で、ドキュメンタリー映画監督となる佐藤真と結婚し、ソウル五輪が開催された八八年にフリーのライター兼通訳として独立した。

八九年一月、知り合いの女性記者から韓国通を探していた牛山を紹介された。夫の佐藤はテレビドキュメンタリーの開拓者である牛山の名を知っており、「その仕事はぜひやったほうがいい」と背中を押した。神谷は中華料理店で「日帝（日本帝国主義）三十六年の傷跡が刷り込まれている地域を選び、そこを徹底的に掘り下げたい」などと熱っぽく企画意図を語る牛山に、「柔和な表情でよくしゃべるおじいちゃん」という印象を抱いた。佐藤に話すと、「この世界で牛山純一と言えば、泣く子も黙るような存在だ」と意外な顔をされ、世評とのギャップに驚いた。

神谷は二月に訪韓し、一か月間滞在した。韓国の地方では千円で一泊できる時代に、三十万円の取材費は破格の額だった。都市部では人の移動が激しく、昔のことを知っている人は少ない。田舎に的を絞り、ずっとその土地で暮らしているお年寄りを捜した。牛山からは毎日、調査内容をまとめ、東京の事務所にＦＡＸすることを課せられた。

撮影チームはメーンの韓国班と国内班、サハリン在住の韓国人を取材するクルーに分けられた。韓国の主な取材地域は、鄭の事前調査などを基にして京畿道《キョンギド》華城《ファソン》郡の農村部に決まった。神谷は三月から二か月余り、牛山が率いた韓国取材班にも通訳兼助手として参加した。牛山は「被害を受けた現地の人々が日本のテレビに思いのたけをぶつけてほしいから」と、韓国人の通訳や運転手以外は日本人でチームを編成した。十人前後のスタッフは発安という町の旅館を借り切り、東京との連絡用にＦＡＸも据えつけた。神谷はロケの間も調査を続けた。

「牛山さんはジャーナリストとして勘が鋭かったですね。朝鮮人が独立を求めて決起した三・一運動などについて、『ここを掘ってみろ』と指示すると、貴重な証言者が次々に見つかった。夕飯は牛山さんの独演会でした。翌日の撮影予定だけではなく、牛山さんの体験談やドキュメンタリー論にも話が広がり、私にはとても刺激的でした。（佐藤）真さんにも聞かせたかった。テープレコーダーで録音していたら、一冊の本になったでしょう。その後は、同行した秘書に東京への指令を口述筆記させていました。経営者としてもかなり有能だったんでしょうね」

神谷は牛山のキャラクターも冷静に観察していた。牛山は日本国内やサハリンの取材班の動向はいっさい話さず、神谷たちは仕入れた情報を牛山に上げるだけだった。「こわいくらい秘密主義でした。すべてが牛山さん中心に回っていた」と指摘する。また、牛山が日本映像記録センターの若いスタッフを怒鳴る場面にもしばしば立ち会った。「嫌なら出ていけばいいとでも言うように、人を育てようとする叱り方ではなかった」と感じ、いたたまれなかった。

個人的には、「神谷君、君は本を書きなさい」と勧められ、大きな励みになった。それまでは韓国の民俗に関心があったが、牛山との仕事をとおして歴史を見る目が変わった。これは『韓国近い昔の旅』『韓国歴史漫歩』といった著書に結実する。

そのころ、佐藤真は新潟水俣病の患者を出した阿賀野川流域の古い民家に移り住み、芸術選奨新人賞を受ける監督デビュー作『阿賀に生きる』（九二年公開）の準備に入っていた。神谷が時々、新潟にいる夫に国際電話をし、ドキュメンタリー作りや牛山のことを話したのは懐かしい思い出となっている。

「終戦特集」の三部作

『あの涙を忘れない！』は、ごく普通の韓国人にとっての被植民地体験や対日感情を掘り起こした。日韓併合後の土地収奪、三・一独立運動の際の弾圧と虐殺事件、民族の誇りを踏みにじった皇民化教育や日本語使用の強制……。多くの老人たちが一様に語るのは、日本がどんなにひどいことをしたかという生々しい証言だった。創氏改名を拒否して自殺した両班《ヤンバン》（朝鮮の特権階級）の遺族や、日本に強制連行され、広島で原爆に遭った人も捜し出す。過去のことを水に流したがる日本人とは対照的に、韓国では屈辱の記憶を次世代に継承していた。

スタッフの名前が流れるエンドロールには、「企画製作」として田代喜久雄と小田、牛山の名前が並んだ。田代は朝日新聞の社会部長、編集局長などを経てテレビ朝日の副社長に転じ、八九年まで六年間社長を務めた。八五年には、後押しした『ニュースステーション』の開始を目前に控えた時期、『アフタヌーンショー』のディレクターが逮捕される「やらせリンチ事件」が起き、テレビに出演して謝罪する憂き目も見た。終戦関連の特別番組とはいえ、トップが名前を出すのは極めて異例だった。

『ニュースステーション』の初代プロデューサーは、後にテレビ朝日の生え抜きとして初の社長に就任した早河洋（現・会長）である。この報道番組の準備段階から参加し、ディレクターを務めた吉田賢策は八九年春、古巣の編成部に戻ると、小田局長から終戦特番の担当を命じられた。

「『ニュースステーション』を一心同体で始めた田代社長と小田さんは、民族の問題を取り上げるこの企画に相当力を入れた。ゴールデンタイムで二時間、しかもCMは冒頭と最後の各三分間にとどめ、途中には流さなかった。社長の後ろ盾がないとできませんでしたよ」

牛山には「諄々と諭すような話し方で、非常にソフトな物腰」という印象を受けた。当初は『日本が朝鮮を支配した36年間』がメーンタイトルだったが、吉田が「それじゃあ通りません。もっと感情に訴える題名がいい」と、『あの涙を忘れない！』を提案した。牛山は「うん、そっちのほうがいいな」とうなずき、当初のタイトルを副題にした。

「完成した番組は、テロップの入れ方や『私』を前面に出すナレーションがやや古い感じがして驚いたが、逆にあれが良かったのかもしれない。牛山さんが画面に出るのも違和感はなかった。いろんなドキュメンタリーがあっていい。牛山さんじゃなければ、韓国の人たちはあそこまで口を開かなかったでしょう。歴史的事実の発掘をとおして、自分の戦争体験や歴史観をにじませた〝署名記事〟だから、文句のつけようがなかったですね」

今も昔も、テレビの終戦関連番組は東京大空襲、広島と長崎への原爆投下、旧満州からの引き揚げ、シベリア抑留など、多大な犠牲を強いられた庶民たちを「戦争の被害者」として描く視点が圧倒的に多い。それに一石を投じるこの番組に対し、左右両陣営からのリアクションはどの程度想定していたのか。吉田は「多少は心配していたが、ほとんど聞こえてこなかった。僕自身もこの番組で、日本人が朝鮮半島で何をしたかを知りました。スタッフとして放送の役割を果たせたことは誇り」と語る。これはギャラクシー賞の優秀賞や日本民間放送連盟賞テレビ報道番組の最優秀に選ばれた。

神谷も番組を見て、『加害者としての日本』の全体像がつかめた。牛山さんは『これまでやれなかったことが、ようやくやれる。自分ならできる』という自信と強い使命感を持っていました。昭和を締めくくるにふさわしい作品」と受け止めた。牛山の死後、佐藤真は「いつかはちゃんと取り上げなければいけない人物」と牛山のドキュメンタリー映画作りをめざして、講師を務めていた映画美学校で牛山研究ゼミを立ち上げる。

牛山は還暦を迎えた翌年も、テレビ朝日の「終戦特集」を手がけた。九〇年八月十五日の午後七時から二時間弱、『水曜スーパーキャスト』の枠で放送された『真相・消えた女たちの村』である。「日本は中国で何をしたか」という問題意識から黒竜江省で二か月間取材し、旧満州に渡った満蒙開拓団の悲劇を掘り起こした。

満蒙開拓とは、敗戦まで国策として推進された農業移民政策を指す。「開拓」とはいえ、実際は中国人の土地を奪っての入植だった。長野県は多くの開拓民を送り出し、旧読書《よみかき》村でも開拓団が結成された。小作人や農家の次男、三男らが「二十町歩の地主」を夢見て、大陸に渡った。一九四五年八月十五日、この開拓団の村で七十数人の女、子ども、老人が同じ村に住む顔見知りの中国人たちに殺された。牛山は襲撃に参加した中国人や開拓団の生存者を突き止め、重い口を開かせる。浮かび上がるのは日本人に対する中国人の恨みであり、「やらなければ、自分たちが殺されていた」という極限状況だった。同じ庶民同士なのに、それまでの被害者が加害者となり、加害者が被害者となるところが戦争の恐ろしさと痛感させられる。

日本の現代史の中で一番重要な日中戦争と日本の朝鮮植民地統治を、テレビは一切取り上げていない。やっぱり嫌なんでしょうねえ。まさか自分たちを勇ましく描くわけにはいかないし、自分のことを否定して描けば自らの恥部に触るようなもの。で、逃げてる。結局タブーになって一回も取り上げられていない、というのが実状ですねえ。(中略)残留孤児、残留婦女の報道をみても確かにかわいそうなんですけれども、やっぱり犠牲者としての姿だけを取り上げているんです。彼女たちを含め加害者としての日本人をあまり取り上げていない。そんなことが映像ジャーナリズムの中心であるテレビにあってはいかんのじゃないか。

牛山は九〇年八月二十五日付の毎日新聞で、二作目の狙いをこう語っている。戦争における被害と加害の関係を見通す目は鋭く、この作品はギャラクシー賞の大賞に輝いた。

テレビ朝日では、吉田賢策が引き続きプロデューサーを担当した。「番組作りの醍醐味《だいごみ》を味わえるのはやはりディレクターです。長年プロデューサーを務め、またディレクターに復帰した牛山さんがうらやましかった」と漏らす。ホテルで打ち合わせをすると、牛山はまだ外が明るいうちから日本酒を注文し、「この歳で番組を作れるのは何と楽しいことか」と顔をほころばせた様子が印象深い。吉田はその後、コンテンツ事業局長やメディア戦略室長、東日本放送（仙台市）の報道制作担当常務を歴任した。

テレビ初の戦争中継

『真相・消えた女たちの村』の放送に先立つ九〇年八月二日、サダム・フセイン大統領が率いるイラクがクウェートに侵攻し、全土を制圧した。中東では戦争の危機が一気に高まり、「湾岸危機」と呼ばれた。国連の安全保障理事会はイラクに対し、即時無条件撤退や武力行使容認を決議した。イラクは在留邦人を含む外国人を「人間の盾」として軟禁し、イラク各地に分散、収容した。NHKは人質となった日本人に向けて、国際放送で日本から家族のメッセージを伝えた。

膠着《こうちゃく》状態のまま年が明けた九一年一月十七日（日本時間）、米軍を中心とする多国籍軍はイラクの軍事拠点への攻撃に踏み切った。この「湾岸戦争」はテレビが初めてリアルタイムで報道する戦争となった。開戦の日は、日本の放送史でも歴史的な一日となった。各局は長時間の報道特別番組を組み、戦況を時々刻々と伝えた。NHKはそれ以降も連日、関連の特番を放送した。

テレビの技術革新は地球規模の情報化を進めた。衛星中継システムによって一地域で起きた出来事がすぐ全世界に広まり、受像機をとおして家庭に入ってくる。八九年の中国・天安門事件や東欧の社会主義政権崩壊がそうだったが、戦争の生中継は初めてだった。その主役はやはり米国のテレビ局で、二十四時間放送のニュース専門局CNNの活躍が目立った。

しかし、「テレビのなかの戦争」を懸念する意見も出た。多国籍軍とイラクの双方とも、徹底した情報統制やプール（代表）取材を各国のメディアに強制した。取材態勢や軍事機密などの理由からやむをえないとはいえ、多国籍軍側の取材が圧倒的に多く、情報量に格差があった。これに関連して、空からの「ピンポイント爆撃」シーンは出てきても、地上の損害や犠牲の映像は少なかった。戦闘のシミュレーションや軍事評論家の分析をめぐっても、テレビゲームをしたり、スポーツを観戦したりするような感覚を持たせかねない、という指摘があった。

戦争報道のあり方が論議を呼ぶさなか、牛山に意見を聞きに行くと、「湾岸戦争報道で三つのことがはっきりした」と話し始めた。

「大きな出来事が起こると、視聴者は報道に強い局を選ぶ。その競争に勝った局がステーションイメージを高めます。その意味でNHKはやはり強く、民放はまだ遅れを取っている。二点目は、これだけ政治や戦争が国際的な関心を持たれる時代にあって、国際化しない局は生き残れないということです。三点目としては、アメリカの三大ネットワークでも通信社でもないCNNの活躍が挙げられる。多メディア化が進むなか、ニュースをどう位置づけたらいいか、放送の将来像のある部分が見えてきたんじゃないですかねえ」

六五年にベトナムの戦場を取材した経験を踏まえ、報道の中身についてはこう指摘した。

「アメリカのホワイトハウスの発表がそのまま生で流されている。イラク側の情報不足もあるが、放送の視点が一つになっているんですね。空爆シーンなどの映像も多国籍軍が提供した材料で、悪く言えばPRビデオですよ。ハイテク兵器が効果を挙げているのかどうか、本当のところはまだわからない。記者たちが現地に入り、現場の様子や民衆の生の声などを自分で確かめた情報が少なすぎる。リアルタイムの報道は一つの側面にすぎず、当局の発表だけに頼っていては戦争の本質は見えてこない。これからは『本当はどうなんだ』と多角的に検証するドキュメンタリーが求められるでしょう」

放送界の内部でも「ゲーム感覚で見られ、戦争の悲惨さが欠落してしまう恐れがある」と自戒する声が出てきた。多国籍軍のクウェート解放によって、テレビ報道も論議を呼んだ湾岸戦争は四十三日で終結した。

牛山は、テレビ朝日の「終戦特集」の三作目として九一年八月十四日午後七時から放送された『ニューギニアに散った16万の青春』も作った。茨城県人が多かった歩兵第二連隊の百二連隊と二百三十七連隊の絶望的な戦いと飢餓地獄の道のりをたどるとともに、日本軍による現地人の虐殺事件も突き止めた。俳優佐藤慶のナレーションは最後を「復員したのは一万人あまり。まことに愚かで、みじめな戦いであった。明治以降、アジアを低く見る日本人のおごりだと思う。これからの日本は同じような傲慢による歴史の過ちを犯してはならない。それが、ニューギニアに散った十六万の青春に応えるただ一つの道である」という言葉で結んだ。

日本映像記録センターにとって唯一のレギュラー番組だった『すばらしい世界旅行』は、前年の九〇年九月に終了していた。市岡康子は「終戦特集」について「考古学のように歴史の深層を掘っていき、牛山さんの代表作に加えたいほど、いい作品」と絶賛した。『すばらしい世界旅行』で活躍した市岡は「あれがずっと続いていたら、彼は監督として現地に行けたかどうか。『終戦特集』を作れたんだから、『すばらしい世界旅行』がつぶれたのもよしとしなければ……」と前向きにとらえている。

最終章　生涯現役を貫く

スペシャル番組に活路

『ニューギニアに散った16万の青春』が放送された一九九一年、牛山純一は放送文化基金賞を受けた。「ドキュメンタリストとしてのたゆまぬ努力を続け、映像をとおして国際交流をはかるなど幅広い活動によって映像文化の向上に貢献している」というのが受賞理由だった。

その二十年前、日本テレビから独立する直前に『すばらしい世界旅行』で放送された『南太平洋』シリーズと「映像記録の国際シンポジウム」の企画推進で、七一年度の芸術選奨文部大臣賞に選ばれた。八四年には日本記者クラブ賞を受けた。いずれも制作者としてはもちろんのこと、国際交流や日本映像カルチャーセンターなどの文化活動も評価された点に注目したい。

これ以外で芸術選奨と放送文化基金賞、日本記者クラブ賞の〝三冠〟に輝いた放送人は、これまでに二人しかいない。RKB毎日放送で『苦海浄土』などドキュメンタリーの秀作を作り続けた木村栄文（芸術選奨は新人賞）と、NHKで『核戦争後の地球』や『自動車』『電子立国　日本の自叙伝』などの大型企画を手がけてきた相田洋《ゆたか》である。

牛山に贈られた個人賞はほかにもある。九三年には、放送批評懇談会とギャラクシー賞の創設三十周年を記念し、イベントプロデューサーとして鳴らした小谷正一・元会長の名前を冠した「小谷正一記念賞」とともに、紫綬褒章も手にした。

テレビ朝日の「終戦特集」の一作目『あの涙を忘れない!』でディレクターに復帰して以来、牛山は海外を飛び歩き、現場に立ち続けた。『すばらしい世界旅行』が九〇年に終了し、レギュラー番組を失った後、日本映像記録センターは得意な海外取材によるスペシャル番組に活路を見いだし、日本テレビの『ワールドスペシャル』などを手がけた。

牛山自身は九四年、この枠で二本作った。いずれも内戦で揺れるカンボジアの世界遺産アンコール・ワットなどを取材し、建国記念の日の二月十一日と春分の日の三月二十一日の午後四時から放送された。

一作目の『推理・アンコールの英雄、ジャヤバルマン七世』では、東南アジアに一大王国を築いたアンコール王国の歴史に取り組んだ。九世紀初頭に成立したこの王国の七百年間の歴史のなかで、ひときわ輝くのは十二世紀、チャンパ王国との戦いに勝ったジャヤバルマン七世の時代である。歴代の王がヒンズー教を信仰したのに対し、仏教徒の七世は壮大なバヨン寺院を建立した。作家の三島由紀夫は戯曲『癩王《らいおう》のテラス』でその半生を描いた。

番組では、この遺跡群をとおして王国の栄華と英雄の軌跡をたどった。寺院の回廊には、王の生涯と庶民の暮らしを絵巻物風に刻んだ精巧なレリーフが残っている。美しい仏像や巨大な人面像などからは、当時の文化水準の高さがしのばれる。

一作目を歴史編と呼ぶなら、二作目の『すばらしいアンコール・ワット　さとうきび上人《しょうにん》と民衆』は現代編と言える。カンボジアの人々にとってアンコール・ワットは過去の遺跡ではなく、今も篤い信仰の対象となっている。ポル・ポト派の大虐殺、ベトナムの侵攻、泥沼化する内戦がもたらした傷跡の深さと、貧困にあえぐ村の生活を直視し、平和を祈る庶民の姿を描いた。

カンボジアの歴史と厳しい現実を見据えたこの二作も、「アジアと戦争」を生涯のテーマに掲げる牛山らしかった。

「日本でテレビが始まった一九五三年から今日まで、ずっと作り続けているのは僕だけでしょう。やっぱり会社の経営より、作るほうが好きだね。今後もディレクターとして年に何本か作りたい。映画界では黒澤明監督が今も撮っている。テレビでもそういう人間がいていいんじゃないか」。牛山は当時、私の取材に対してこう語り、意気軒昂だった。

牛山はNHKにも仕事の場を広げ、衛星第二テレビで九〇年から九二年まで『牛山純一と仲間たち』の放送を実現させた。これまで制作してきた番組を二次利用し、スタッフや学者らのゲストと語り合う内容だった。

『カラハリ砂漠殺人事件　ブッシュの英雄はなぜ死んだのか』は九五年二月、衛星第二テレビで放送された。『すばらしい世界旅行』でアフリカを担当していた杉山忠夫ディレクターらは七六年、「ブッシュマン」と呼ばれた採集狩猟民が毒矢とヤリを使ったキリン狩りの撮影に成功した。その後独立したナミビア共和国では、伝統的な採集狩猟生活から農業と牧畜の生活へと急激に変化するなか、かつてのハンターたちがどんな人生をたどったかを探るため、牛山らはカラハリ砂

1995年放送の『カラハリ砂漠殺人事件』でナミビア共和国に長期滞在した牛山純一（左から３人目）と杉山忠夫（左端）ら

漠にテントを張って彼らを追い続けた。六十代半ばに差しかかっても、砂漠での長期滞在をいとわない牛山の気力と体力には敬服させられる。

これに先立ち、NHK衛星第二テレビは九四年五月、『テレビドキュメンタリー 木村栄文の世界』と題した特集を組んだ。民放を代表するドキュメンタリストの作品をそのまま放送し、本人へのインタビューなども織り交ぜる画期的な企画だった。その第二弾として八月には、広島の被爆者や中国残留婦人などを題材にして、戦争の悲惨さを見つめる秀作で知られた山口放送の磯野恭子《やすこ》ディレクターの代表作を特集した。磯野は全国の民放で初めての取締役に就任し、常務・テレビ制作局長を務めた。

九五年六月、四夜連続で放送された『テレビドキュメンタリー 牛山純一の世界』はその第三弾だった。放送中止に追い込まれた『ベトナム海兵大隊戦記』の総集編『南ベトナム海兵大隊戦記』がテレビで初めて日の目を見たほか、牛山のドキュメンタリーの処女作『特集 第十九国会』や『あの涙を忘れない！』も放送された。

ＮＨＫ衛星第二テレビでは九六年六月、『郁達夫《いくたつふ》感情紀行　ある中国人文学者の人生を追って』も放送された。中国浙江省生まれの郁は魯迅と並んで、日本を深く理解した作家である。日本で留学生活を送った後、中国に戻って抗日運動に参加する。スマトラに逃亡し、名前を変えて潜伏していた時期、日本軍の通訳として働き、終戦直後、行方不明になった。牛山は、日本と中国のはざまで波乱に富んだ生涯を送った文学者の軌跡をたどった。

ドキュメンタリージャパンの成長

民放では八〇年代に入って、ドキュメンタリー番組が退潮を強いられ、日本映像記録センターも制作体制を縮小せざるをえなかった。しかし、八一年末に設立された「ドキュメンタリージャパン」は成長を続け、今やドキュメンタリー専門の番組制作会社として確固たる地位を築いている。その初代代表取締役に就任した河村治彦と、同社の名カメラマン山崎裕《ゆたか》は若いころ、牛山と一緒に仕事をした。

一九四〇年生まれの山崎は、映画のカメラマンをめざして日本大学藝術学部に入学した。映画学科の一年先輩には杉山忠夫、同期には足立正生《まさお》がいた。

足立は六〇年代、「ピンク映画の巨匠」と呼ばれた若松孝二監督の『胎児が密猟する時』や

『犯された白衣』（唐十郎主演）などの脚本を書いた後、監督としてデビューした。後に日本赤軍と合流し、記録映画『赤軍　PFLP・世界戦争宣言』（七一年公開）を作った。

山崎は六三年に卒業した後、フリーカメラマンとしてPR映画やCMなどを撮っていた。日本テレビにも出入りし、『すばらしい世界旅行』で七〇年暮れに放送された『死者と復讐のまつり』の撮影を担当した。インドネシアのニューギニア島・西イリアンの奥地に入り、日本テレビの真野恒一ディレクターらと一か月ほど滞在した。「その部族は亡くなった家族の頭蓋骨を保管し、寝る時は枕に使っていた。『いつでも死者を思い出せるから』という理由でした。持っていた刻み煙草などと卵を物々交換するなど、現地の生活は楽しかった。真野君はマラリアにかかったけれど、僕は太って帰国し、『タフなやつだな』と言われましたよ」

フリーディレクターとして『すばらしい世界旅行』の初期から参加していた同い年の河村とは、ロンドンで取材した『バレエとロックと少女』前後編（七一年十一月放送）で初めて組んだ。

日本映像記録センターが設立されてまもない七二年四月、山崎は日本テレビで始まった『たのしい歴史旅行』のチームにも加わった。企画会議に顔を出し、人力飛行機の歴史を提案すると、牛山は「俺にとっての歴史とは、スペイン市民戦争でたとえるなら、農民が鍬《くわ》や鋤《すき》を持っていた手に銃を握り、ファシズムのフランコ軍と戦うことだ。人力飛行機に歴史の進歩や発展があるのか」とまくし立てた。ただし、「俺もテレビマンだから、人力飛行機が面白いのはわかっている」と続け、扱いを任された担当プロデューサーの結城利三が企画を通した。

その夜、山崎は河村と酒を飲み、「俺がスペイン市民戦争をテーマにするなら、どっちにつくか日和見的な農民を取り上げるよ。普通の人々を撮るのがこれからのドキュメンタリーじゃないか。牛山さんの歴史観は古く、世代の違いを感じるなあ」とオダをあげた覚えがある。山崎の話に議論の内容がよく出てくるのは、ディレクターを兼ねる場合もあり、ドキュメンタリーの演出と撮影の方法論に自覚的だからだろう。

気が合った河村の専属契約が切れると同時に、山崎も日本映像記録センターから遠ざかる。河村はフリーのディレクター集団「映像同人」をつくり、これがドキュメンタリージャパンの母体になった。山崎は個人的な事情で、七〇年代半ばから十年ほどロンドンで暮らした。

八二年四月、日本テレビは「民放のプライムタイムで初の大型ドキュメンタリー番組」と銘打った『ドキュメンタリー特集』を金曜夜十時台で始めた。松下電器グループの提供で、池松俊雄がプロデューサーを務めた。池松は、牛山が独立する際に声をかけられたが、日本テレビにとどまって優れたドキュメンタリーなどを作り続けた。

局のスタッフだけでは毎週、一時間のドキュメンタリーを作れるはずがない。池松は外部のプロダクションに参加を求め、ドキュメンタリージャパンはその一つだった。山崎は、ディレクターを務めた「オンシアター自由劇場」の劇作家斎藤憐《れん》とともに渡米し、『ザ・オーディション〜ブロードウェイ100人の踊り子たち〜』を撮り、ペルーのアンデス山脈の村で取材した『標高5000メートル　氷河上の奇祭』では演出も兼ねた。

『ドキュメンタリー特集』はこうした海外取材もふんだんに取り入れて話題を集めたが、一年半後にあえなく終了した。

ドキュメンタリージャパン代表の河村が八五年、がんで亡くなった後、帰国した山崎は創設メンバーの広瀬涼二、橋本佳子《よしこ》とともに共同代表になった。三人ともテレビ局に在籍した経験はない。日本映像記録センターやテレビマンユニオンに対し、ドキュメンタリージャパンなどは「第二世代のプロダクション」と呼ばれる。山崎が「それまでは河村のワンマン会社でした。広瀬が演出、橋本が企画と営業、僕が制作管理面というように役割を分担し、トロイカ方式で運営しました。僕はどっちかと言えば、広瀬と橋本の間の調整役でしたね」と言うところが、牛山が率いた日本映像記録センターとは違う。

新体制のドキュメンタリージャパンには、追い風が吹いていた。

NHKは八九年、衛星第一・第二テレビの本放送を開始し、衛星付加料金を設定した。NHKの衛星放送は「モアチャンネル」として地上波とは違う独自の編成方針を掲げ、外部の制作会社に門戸を開いた。この受信世帯は増え続け、慢性的な赤字体質に陥っていたNHKの財政に大きく貢献する。

九〇年代に入ると、総合テレビでも外部への委託制作が進み、看板番組の『NHKスペシャル』にも風穴が開けられた。橋本プロデューサーと広瀬の演出による『あなたの声が聞きたい・植物人間 生還へのチャレンジ』(九二年)は、重い意識障害に取り組む札幌市の看護婦たちに密着取材して、大きな反響を呼び、文化庁の芸術作品賞など多くの賞を受けた。これ以降、橋本たちは次々に『NHKスペシャル』を手がけた。

山崎は「民放のドキュメンタリー枠は減ったが、NHKがBSを始めて、『世界・わが心の旅』

などNHKでの仕事量は増えた。映像記録にも当然、声がかかるはずだったが、そのころは人が減っていた。牛山さんの映像記録はBS時代に乗り遅れたんじゃないですか」とみる。

社会派ドキュメンタリーが深夜の時間帯に追いやられた民放でも、『すばらしい世界旅行』とは異なる紀行ドキュメンタリーの新潮流が生まれていた。テレビ朝日は八五年、大物俳優が海外の大自然や辺境の地を行く大型企画『ネイチャリングスペシャル』を開始した。僻地に強い山崎が撮影した西田敏行出演の『赤道物語』は全日本テレビ番組製作社連盟主催のATP賞グランプリ、演出も兼ねた緒形拳出演の『印度漂流』は文化庁芸術作品賞に輝いた。TBSでは八七年、日本生命の一社提供による『日曜特集・新世界紀行』が日曜夜八時台で始まり、ドキュメンタリージャパンも制作に参加した。

これらの番組で橋本と広瀬、山崎はそれぞれ放送文化基金賞を個人で受賞した。ドキュメンタリージャパンでは、山崎らが代表を降りた後も「複数代表制」を続けている。

カメラマンとして山崎の仕事の場は、テレビドキュメンタリーにとどまらない。テレビドラマも撮り、映画も手がける。国際的な評価の高い是枝裕和監督とは『誰も知らない』や『歩いても　歩いても』など、河瀬直美監督とは『沙羅双樹《しゃらそうじゅ》』『2つ目の窓』で組んだ仲である。ドキュメンタリージャパンは東京都杉並区立の劇場「座・高円寺」で二〇一〇年から、テレビや映画の枠を超えた座・高円寺ドキュメンタリーフェスティバルを始め、山崎はプログラムディレクターを務めている。

牛山については「日本のドキュメンタリーが発展するうえで、大きな起爆剤の役割を果たした。

民放でNHKとは違うドキュメンタリーを定着させた。牛山さん自身は不思議な魅力があったね。実に気さくで、何とも言えない包容力があった」と評価しながらも、初期の演出手法には違和感を隠さない。『やらせ』か『再現』かはともかくとして、ドラマチックに見せる牛山さん流の作り方には抵抗を覚えた。僕はカメラマンだから、自分のイメージで作るのではなく、現場の思いがけないことを切り取るのがドキュメンタリーの面白さと考えている」と、話はドキュメンタリー論に広がった。

テレビマンユニオンとの違い

一九三三年生まれの澤田隆治《たかはる》は「プロダクション第一世代」に属する。神戸大学文学部を卒業し、大阪の朝日放送に入社した。ラジオの演芸番組のディレクターから出発し、公開コメディー『スチャラカ社員』や藤田まこと主演の『てなもんや三度笠』、公開バラエティー番組『新婚さんいらっしゃい!』などを次々にヒットさせた。七五年、朝日放送に在籍したまま、東京で制作会社「東阪企画」を設立した。関西テレビ放送の『名人劇場』を一貫して手がけ、八〇年代のマンザイ・ブームでは仕掛け人となった。日本テレビでは早朝の生番組『ズームイン!! 朝!』を成功させたように、テレビ界のヒットメーカーとして名高い。『私説コメディアン史』や『上方芸能列伝』などの著書もある。

ジャンルが違う牛山と顔を合わせる機会はなく、日本テレビの井原高忠プロデューサーとのつき合いが深かった。それでも、バラエティー番組の井原、ドラマの和田勉とともに、牛山の活躍ぶりは百も承知で、「ドキュメンタリーの巨人。ただただすごいなあ」と見上げていた。

澤田は全日本テレビ番組製作社連盟の二代目理事長を務めた後、中小プロダクションに呼びかけて「日本映像事業協同組合」（現・日本映像事業協会）を設立し、理事長に就任した。東阪企画会長を経て、現在はテレビランド社長として番組作りやイベントに携わる。

日本映像記録センターについては「テレビマンユニオンもそうですが、完全に別格ですよ」と言い切った。「牛山さんは日本テレビのレギュラー枠を抱えて、独立した。僕らは食っていくために各局からの発注をハイ、ハイって引き受け、何でもやらなしょうがなかった。単発の〝拾い仕事〟で食いつないできたんですわ。大学卒は僕だけで、あとは高卒か大学中退ですよ。大卒でテレビ局出身が多かった映像記録やテレビマンユニオンとは、その点も違いますわ」

牛山がワンマンとして振る舞った話をすると、澤田は「そりゃあ、厳しくないと番組は作れませんよ。東阪企画では、スタッフをぶん殴ったり蹴とばしたりする男がいた。スポーツのしごきと同じです。僕は手を出さないが、さんざん口を出した。仕事がきついから、次々にやめていく。その連中の多くは自分で制作会社をつくり、今は社長です。顔を合わせると、『すごく厳しかったけれど、今日あるのは澤田さんのおかげ』と感謝されますわ」と笑った。

テレビマンユニオン取締役・最高顧問の今野勉は演出家や脚本家として活躍し、「放送人の会」会長でもある。牛山とは晩年、会の設立準備でたびたび顔を合わせた。

『ＮＨＫスペシャル』で放送された『奥ヒマラヤ　禁断の王国・ムスタン』のやらせ問題が九三年に表面化し、放送界を揺るがした。民放でやらせ問題が相次ぐなか、ＮＨＫの看板番組でも起きて、社会に衝撃を与えた。「制作者として何かしなければいけない」と考えた今野、ＴＢＳ出身の大山勝美らは月一回のペースで集まり、牛山にも声をかけた。

会合の後はたいてい、牛山が参加者を飲み屋に誘った。今野は「毎回、牛山さんの一人舞台でした。学生のころの話から日本テレビ時代、『ノンフィクション劇場』の裏話まで話は面白くて、みんな大笑いしながら聞いていた。社内人事やスポンサーとのつき合い方では、政治的な動きをする人という感じがした。器が大きく、中国でいう大人の風格があり、僕は初めてそういう人に出会った。人望があり、みんなが『会長は牛山さん』と思ったね」と印象を語る。

今野はＴＢＳ時代、二十八歳で芸術祭参加ドラマ『土曜と月曜の間』を演出し、国際的に権威のあるイタリア賞を受賞した。人気ドラマ『七人の刑事』の演出陣に加わると、不条理な殺人を犯す容疑者が主役であるかのような異色作を連発し、その名を高めた。若いころから筆と弁が立ち、雑誌の対談や講演、シンポジウムなどで発言する論客だった。酒席でも熱弁を振るうのは、昔も今も変わらない。そんな今野が聞き役に回るほど、牛山は話し上手だった。

しかし、牛山が会の旗揚げを前にして入院したため、ＮＨＫ会長を退任してまもない川口幹夫に会長を引き受けてもらった。

今野は牛山作品のなかで、『ベトナム海兵大隊戦記』を高く評価する。「私の受けた衝撃を、グエン大尉、これからあなたにお伝えしたい」といった一人称のナレーションを挙げて、「牛山さんの署名性、作家性が込められている。あのセンスはずば抜けていますよ。単なる工夫や思いつきじゃなくて、牛山さんの人間性、歴史や戦争を見つめる目を感じさせた」と評した。

第二部・三部の放送中止を招いたこの作品は六五年当時、「首切りシーンは必要か、必要でないか」が論議され、政治的圧力と表現の自由という観点からも社会問題になった。今野は「権力対反権力という図式でとらえられ、作品それ自体の批評は乏しかった。僕らが書いた『お前はただの現在にすぎない』にしても、会社側対労働組合というTBS闘争の単なる記録と誤解された。僕らはあの本で、制作者はどうやって自立できるかを書いたのにね」と苦笑する。

「自立」は、「組織のために仕事をするのではなく、組織を使って仕事をする」といったスローガンを掲げたテレビマンユニオンの設立理念である。萩元晴彦と村木良彦が世を去った今、今野はその理念を体現している最古参の創設メンバーと言える。

「放送人の会」会長を務める今野勉

牛山の「終戦特集」三部作についても言及し、「プロデューサーからディレクターに戻って、本当にやりたかったことをやり始めたと思っていた。牛山さんが画面に登場するのも自然だった。映りはともかくとして、親しみやすく、何とも言えない味を醸し出していた。ディレクターが顔を出すのはそう簡単ではなく、うらやましい気もしましたね」と感想を述べた。

日本映像記録センターが牛山の死で事実上、幕を閉じたのに対し、テレビマンユニオンは世代交代しながら、現在も制作会社のリーディング・カンパニーの地位を保っているのはなぜか。

「ワンマン会社にも長所があるだろうが、テレビマンユニオンは上からの業務命令で動くピラミッド型の組織ではない。設立する時、組織や経営、人事をどうするかみんなで話し合い、社長は投票で選ぶという『メンバー制』を取り入れた。だから、ワンマン会社にはならないシステムになっているんですよ」という組織論を披露した。

今では薄れたが、出身母体である日本テレビとTBSの社風の違いも無視できないのではないか。正力松太郎のワンマン会社として出発した日本テレビは大衆性を重視し、番組も親しみやすい。社員たちはあだ名で呼び合うように家族主義的な空気がある半面、先輩と後輩の上下関係が強く、体育会的な傾向も否めない。かつての日本テレビを下町にたとえると、TBSは山の手だろう。番組も都会的で知的なセンスを漂わせ、社員の上下関係も比較的緩く、個人の自主性や個性を尊重し合う気風を感じさせた。

TBSでは、後に作家としても活躍した演出家の久世光彦や名文家の鴨下信一、そして今野や大山ら筆の立つ人たちを輩出している。

今野は「あまり考えたことはなかったなあ。そのとおりかもしれない。確かに、TBSにはいろんな個性がいたけれど、どこかにTBS風という雰囲気があるよね」とうなずいた。

牛山は番組の著作権の重要性を自覚し、七一年末に日本映像記録センターを設立する際、日本テレビとの間で番組の著作権を確保する約束を取りつけた。放送局の誰もが「番組は一回放送すれば終わり」と考え、大半の番組は保存すらされない時代だった。

今野らが著作権の重要性に気づくのは十年ほど後だった。テレビマンユニオンの若手が一年間米国に留学し、毎月、テレビ事情のレポートを送ってきた。「番組の著作権はプロダクションにあり、二次利用できる」というくだりを読んで、エーッと驚いた。それまではテレビ局との間で契約書すら交わさず、著作権のことは考えもしなかったからである。

「ずっと前から著作権のことを考えていたとは、ものすごい先見性ですよ。きっと世界に目を向けていたんだろうね。プロダクションの歴史にとっては、大きな功績だと思う。プロダクションなくしてテレビは成立しないが、権利を持たないとプロダクションはジリ貧になる。権利がないところに、新しい人材は集まらないですよ」。今野は、テレビマンユニオンでもいまだに「制作協力」というケースがあることを憂いている。

NHKに入った長男

牛山は一男一女の父親だった。一九六〇年に生まれた長男の徹也は早稲田大学政治経済学部を卒業し、NHKに入局した。現在は編成局コンテンツ開発センターのエグゼクティブ・プロデューサーとして、プロダクション制作の番組を担当している。牛山と同じテレビ界、しかもドキュメンタリー作りをめざしたのは、父親の影響が大きい。

「父は読書家で、家じゅう本だらけでした。子どものころ、休みには一緒に書店へ行き、何冊もまとめて買いながら、私がほしい本は何でも買ってくれました。私は小説より歴史、冒険、自然、社会など広い意味のノンフィクションが好きでした」

『すばらしい世界旅行』など父が作った番組は昔からよく見ていた。学生時代には、折に触れて父から番組作りの話を聞かされ、「ものを作る仕事は面白そうだな」と関心を強めた。有楽町にあった映像カルチャーホールの年間パスをもらい、時々見に行った。

進路について相談すると、「民放のディレクターはドラマかバラエティーに限られる。ドキュメンタリーを作りたいんだったら、NHKだな」と助言され、テレビ局はNHKだけに絞った。NHKでは初任地の松山放送局で五年間過ごした後、産業科学部（今は科学・環境番組部）などで『生きもの地球紀行』をはじめ、主として動物や自然を取り上げる番組を作ってきた。

わが子が同じ道を歩くのは父に対する最大の評価であり、父として本望だったに違いない。息子が作った番組については、いっさい口をはさまなかった。

徹也は「もともと私の好きにやらせるという方針があったんでしょう。顔を合わせても、番組の話は抜きで気が楽でした。でも、父が亡くなった後、『意見を聞いておけばよかった』と残念な思いもしました」と漏らす。

牛山はテレビドキュメンタリーの開拓者であり、「テレビの一期生」としてテレビの歴史とともに歩いてきた。そんな先達としての父をどうみているのか。ざっくばらんな口調で熱っぽく語った牛山に比べ、穏やかな物腰の徹也は言葉を選びながら、こう言った。

「私はこの世界に入って、番組作りの作法を先輩から教わった。父の世代はゼロから出発し、番組のジャンルから演出手法、題材まで開発してきました。企画会議でちゃんと提案できないと苦しいが、父たちはそれを乗り越えて、多くの番組を作ってきたんでしょう。そのパワーと創造力は尊敬します。テレビの草創期や成長期を生きてきたNHKの先輩たちを見ても、人間に対する幅広い関心や強い好奇心には圧倒されますね」

牛山がテレビ朝日で手がけた「終戦特集」三部作について「ああいう重たいテーマに真正面からぶつかるのはものすごいパワーが必要です。私だったらあそこまでできるだろうか。人がしゃべりたくないことを聞き出すには、相当な蓄積がないと難しい」と敬意を抱く。

父の死後、徹也は遺品や資料を整理した。番組作りの参考にした専門書には多くの付箋が貼られ、至るところに書き込みがあった。とても古書店には売れない。鉛筆と赤のサインペンで詳細なメモをつづったレポート用紙、雑誌などのコピーも大量に出てきた。

日本映像記録センターの今後をめぐっては、牛山が亡くなる二年ほど前から「七十歳になるまでに会社を整理したい。ただ、後始末は大変だ。株主におカネを返さなければいけないし、社員に退職金も払わなければいけない。会社を閉めた後は、内側から見たテレビの歴史や、ドキュメンタリーの演出論などの本を書きたい」と聞かされていた。

牛山は『あの涙を忘れない！』を作った八九年に食道がんが見つかり、東京医科大学病院で手術を受けた。九七年に入ってから、腰に痛みを覚えたため検査を受けた結果、七月に再び入院した。病院では「肝臓がんで、すでに手遅れ」と診断されたが、徹也ら家族と杉山忠夫は、本人に告知しないことにした。

病室でも編集の指示

牛山は少年時代を過ごした龍ヶ崎市への郷土愛が強く、旧制の龍ヶ崎中学、新制の竜ヶ崎第一高校の同窓生との交遊を絶やさなかった。徹也は「旧制中学で一緒だった人たちとのつき合いは深かったようですね。転地療養のため、小学五年生で親元から離れた寂しさというか、その裏返しからじゃないか。祖父と父のやり取りを見ていて、子ども心にも二人の間の微妙な距離感を感じました」と推測する。

アンコール・ワットを取り上げる新作の取材が終わった九七年二月、牛山は龍ヶ崎の仲間たち十人近くと一週間カンボジアで過ごした。龍ヶ崎市で酒店を営む後輩の海老原龍夫も、その旅行に参加した。

「牛山先生は遺跡群を案内し、いろいろ説明してくれました。ポル・ポト派による襲撃事件が起きたばかりだったので、小銃を手にした武装警官を見かけた時は緊張しました。毎晩、ワインやビールで酒盛りし、至れり尽くせりでした。ちょうど香港が中国に返還される年でして、帰りは僕らと別行動で、『返還前の様子を見ておきたい』と香港に向かった。観光旅行の僕らとは違いましたね」

新宿にあった映像記録ビルはすでに引き払い、新宿区西落合の自宅を事務所代わりにした。牛山はもともと戸山ハイツに住んでいたが、老いた母が一人になると、戸山に家族を残し、西落合の家に移った。母の死後もそこで暮らしていた。

三宅久之は「牛山はああ見えて、寂しがり屋でした」と言い、しんみりとした表情でこんなエピソードを披露した。亡くなる数年前の正月三が日、三宅の自宅に牛山から電話がかかってきた。「渋谷にいるんだけど、これから遊びに行ってもいいかい」。三宅は「いいよ。おせち料理と酒はあるから」と歓迎した。三宅の家がある祐天寺駅は渋谷駅から東急東横線で三つ目と近い。

三宅は「後から思えば、独りの正月で、最初から私のところに来るつもりだったんでしょうね。家庭の事情には『立ち入らないでくれ』とクギを刺されていました。でも、私のほうから声をかけて、呼んでやれば良かった。友達がいのないことをしたもんです」と悔いた。

もう一つ、牛山に対する心残りがあった。牛山が亡くなる二年前の九五年、長野県軽井沢町に別荘を新築した。玄関わきの日当たりのいい部屋を六畳の和室にし、「ギューさんの部屋」と名づけた。「君は和室が好きだからな。いつ泊まってもいいよ」と話すと、牛山は「そうか、いつ行ってもいいんだな」と喜んだ。しかし、実際に訪れる機会はついになかった。

三宅は毎日新聞にいた三十代のころ、牛山に声をかけて千葉県勝浦市の鵜原《うばら》海岸に小さな別荘を隣同士で建てたことがある。家族や会社の仲間たちとの海水浴などに利用し、三宅と牛山は家族ぐるみのつき合いだった。

日本映像記録センターの創設メンバーで、最後まで牛山を公私ともに支えたのは杉山忠夫だった。千葉県市川市の自宅から一時間半かけて通い続け、編集などの仕事だけではなく、食事や買い物、身の回りの世話まで焼いた。杉山が「ある朝、八時半ごろ着いたら、『遅いな』ですから、まいっちゃいますよ。『台所が汚い』と怒鳴られたこともありました。なんであんなに尽くしたのかなあ。でも、誰かが面倒を見ないわけにはいかなかったんですよ」とこぼすのも無理はない。これではまるで住み込み同然の使用人ではないか。

牛山の入院後も毎日のように、テレビとVTRを持ち込んだ個室を訪れ、新作の編集についてこと細かな指示を受けた。夕方からは、仕事を終えた徹也ら家族が交代で付き添った。

徹也は「父は昔からアンコール・ワットにあこがれ、番組にしたいと言っていました。私も母も『やりたいことを最後までやらせてあげよう』と思っていた。杉山さんは大変だったでしょうが、結果的に死ぬまで番組を作ることができた父は幸せだったと思う」と語る。

杉山は当初、牛山から「三宅には入院したことを話すな。心配するといけないから」と口止めされていた。しかし、八月に入って「やっぱり三ちゃんに伝えてくれ」と言われ、三宅の事務所に連絡すると、夫婦でカナダに旅行中とのことだった。杉山は帰国したころを見計らって電話をし、自分の一存で「実はやばいんです」と真の病状を明かした。三宅は「どうして黙っていたんだ」と声を荒げ、すぐさま新宿の病院に駆けつけた。

「顔には出さないで、知らんぷりをしてください」と杉山から頼まれたとおり、三宅は通常の見舞いのように牛山に面会した。「おい、どうしたんだよ」。「いやあ、大丈夫だよ」。廊下で二人のやり取りを聞いていた杉山は、いつものように振る舞う三宅の胸中と、自分に残された時間を知らない牛山の様子に涙を抑えられなかった。

それ以降は、三宅への連絡を欠かさなかった。

杉山は牛山から入院費の管理まで任された。「腰痛の悪化」と聞かされていた牛山は退院できると信じ、「あのなあ、杉山、ここを出たら、うちの応接間にベッドを置いて静養しよう」と退院後に思いをめぐらした。「倉庫のテープを全部売っちゃって、二人で山分けしようか」とおどけて話したこともある。倉庫とは、日本映像記録センターが制作した番組のビデオテープや海外から収集したドキュメンタリーのフィルムなどを保管する収蔵庫である。栃木県黒磯市（現・那須塩原市）で千平方メートルの土地を買い、三棟を建設した。

杉山はそれを聞いて「半分冗談で、半分は本音」と思った。

遺作となる八十五分の『推理ドキュメント　アンコール遺跡盗難事件』は、貴重な文化財の盗難が多発しているカンボジアでアシュラ像の頭部などの行方を追った。夜七時二十分からNHK衛星第二テレビで放送された九月二十八日の日曜日以降、徹也や杉山たちは医師から「ここ数日がヤマです」と告げられていた。

そしてついに、その日がやってきた。

十月六日、杉山は午前九時ごろから病室で付き添った。体のあちこちに点滴などの管をつながれ、自力ではトイレにもいけなくなった牛山は昼すぎ、「杉山、すまん、ケツ拭いてくれ」とベットで背を向けた。杉山が従うと、牛山の肩が小刻みに震えていた。一度もねぎらいの言葉をかけられなかった杉山は、その嗚咽《おえつ》を感謝の念と受け止めている。

病院側の急な指示で病室が変わることになった。顔を出した徹也と杉山が荷物を移す際、「VTRはもう必要ないから、運ばなくてもいいでしょう」と小声で話していると、新しい病室に移った牛山は「おい、VTRはどうした。ここ（テレビの下）に置いとかなきゃダメじゃないか」

と大声を出し、徹也は「すいません。すぐ持っていきます」と答えた。いったん西落合の牛山宅に向かった杉山にとっては、それが牛山の最期の言葉となった。

当日まで意識がしっかりしていた牛山は、夜九時前に息を引き取った。

記念ライブラリーの開設

牛山の告別式は十月九日、新宿の太宗寺で営まれ、通夜と併せて約八百人が参列した。喪主は徹也だった。旧制龍ヶ崎中学のOBで、牛山と親交のあった中山利生・衆議院議員が弔辞を読んだ。「どちらかが先に逝ったら、残ったほうが弔辞を読もう」と約束したとおり、三宅久之が友人代表として弔辞を捧げた。

「ギューさん、長い間お疲れ様でした」と故人に呼びかけて、早稲田大学時代からの思い出、テレビ界での牛山の軌跡を紹介したうえで、こう締めくくった。

君は若くして大人の風格がありましたが、性格はむしろ緻密にして細心、仕事に当たっては一切の手抜きを拒否し、制作者としての良心を貫き通しました。

遺作となった『アンコール遺跡盗難事件』の制作に当たっても、体調不良のかげも見せず、完璧主義に徹して作品を仕上げました。

友人として心から拍手を贈ります。

ギューさん、私は君を友としたことを終生の誇りと思っています。

ギューさん、ありがとう。

君は十分仕事をやりました。やり残したことがあれば、私たちが引き継ぎます。

どうか安らかにお休み下さい。ご苦労様でした。


政治評論家として自ら「右（保守）寄り」と認める三宅は安倍晋三を評価し、安倍が二〇〇七年、任期半ばで首相を辞任してからも激励し続けた。再登板を期して、「安倍晋三再生プロジェクト」という支援団体を立ち上げたほどである。牛山の思想的立場については「イデオロギーで論争した覚えはないが、右じゃありません。左右を問わず、幅広くつき合うのは学生時代から変わらない」と断言した。

「ギューさんは赤坂にあった私の事務所によく立ち寄った。二人で酒を飲むと、気分が落ち着きましたよ。『三ちゃん、カネ貸してくれ』と頼まれ、用立てたこともありますが、損得抜きのつき合いでした。人生のバランスシートでは、私のほうが借りが多いかもしれません」。こう故人をしのんだ三宅は毎年、命日には墓参を欠かさず、宗派を問わない長野市の善光寺には牛山の永代供養料を納めていた。

二〇一二年八月に自宅でインタビューした際、三宅は鼻に管を入れ、酸素吸入器を使いながら話し続けた。その三か月後の十一月十五日、帰らぬ人となった。八十二歳だった。

龍ケ崎では、中山利生や海老原龍夫らが中心になって「牛山純一さんの功績を龍ケ崎市に遺《のこ》す会」が発足し、「牛山映像ライブラリー」設置運動が起きた。この運動は牛山の一周忌に当たる九八年十月、市立中央図書館の一階に開設された牛山純一記念ライブラリーとして実った。

「"牛山プロダクション"だから、牛山さんが亡くなったら終わり。それは最初からわかっていた」と言う杉山忠夫と市岡康子は、日本映像記録センターの取締役として事後処理に追われた。日本映像記録センターの経営は火の車で、借金は約一億円に上っていた。非常勤取締役の三宅と相談しながら、日本映像記録センターが著作権を持っている『すばらしい世界旅行』などの番組の二次利用や国際配給権の売り込みに奔走し、何とか返済した。

杉山と市岡は、牛山とともに日本テレビを退社した七人のうち最年少だった。牛山の腹心だった後藤英比古は死去し、結城利三らは去っていった。市岡は「創設当時はみんな若く、勢いがあったけれど、幕引きは本当につらかった。杉山さんはしんがりで戦った戦友みたいなもんです。国際配給は私の人生でいちばん大変な仕事でしたね」と打ち明ける。

一方、テレビの新時代を告げるBSデジタル放送が二〇〇〇年十二月、本放送を開始した。NHKと有料放送のWOWOWに加えて、民放系の五局などが新たに参入し、BS放送は一気に多チャンネル化した。『すばらしい世界旅行』などの映像に各分野の専門家が解説をつける『世界文化見聞録　牛山純一20世紀の映像遺産』は、BS朝日で日曜夜八時から放送された。時間帯が午前中などに変わりながらも、八年以上続いた。

BS朝日の初代社長は、牛山と親しかった小田久榮門だった。東映アニメーション相談役の高橋浩は当時、テレビ朝日広報局長からBS朝日執行役員となり、開局に立ち会った。編成畑を歩き、洋画の買い付けやアニメのヒット作『ドラえもん』『クレヨンしんちゃん』などの企画を手がけた。編成部長、編成局長を歴任した小田には長く仕え、「一緒に仕事をした人が困っていると、『今度使ってやれよ』と僕らに指示することが多かった。あの番組も『牛山さんのところが大変だから、何とかしてやれよ』と言われた覚えがありますよ」と思い起こす。

二〇一四年、七十八歳で死去した小田について「あるプロダクションの社長から接待され、それに同席した時のことです。その社長はネクタイを締めていなかった。小田さんは突然、『人を招待しておいて、ネクタイもしていないのか』と激怒した。マナーを欠いた人には局への出入りを禁止した。カリスマ性のあるワンマンでしたね」と語る。

小田と牛山はともにワンマンなのに、なぜ気が合ったのか。高橋から「同じ組織にいてしょっちゅう顔を合わせるならいざ知らず、ワンマン同士だから、うまくいったんでしょう。話が決まるのも早いですからね」と聞かされて、納得がいった。

小田自身は牛山の七回忌を前にした二〇〇三年九月、川崎市で開催された「牛山純一さんを偲ぶ会」でこうスピーチした。「『あの涙を忘れない！』を放送したのは私の誇りです。テレビ界で牛山さんのように気骨のある人が少なくなったのを憂いている。若い人たちのなかから牛山さんのような人が出てきてほしい。BS朝日の番組で牛山さんの力量を感じていただきたい」

日本映像記録センターは著作権を管理するため存続し、杉山が代表を継いだ。

牛山の紹介で武蔵野女子大学や武蔵野美術大学で非常勤講師をしたことがある市岡は二〇〇一年、立命館アジア太平洋大学教授に転じた。大分県別府市で開学したばかりのこの大学は、海外からの留学生を積極的に受け入れる。市岡は『すばらしい世界旅行』でアジア太平洋地域を担当し、各民族固有の生活や文化を記録してきた経験を基にして、ドキュメンタリー史と映像人類学を講義した。

「ゼミでは、映像制作よりフィールドワークでの調査に重点を置きました。農家を戸別訪問し、細かい聞き取りをするとかで、映像はその結果にすぎませんからね。自然に囲まれ、食べ物も新鮮でおいしかった」と、六年間の地方暮らしを満喫したようである。

牛山は国内外に多彩な人脈を築き、実に多くの人々と交わった。テレビドキュメンタリーのプロデューサーとして、強烈な磁力で人を引きつけた。日本テレビで牛山とともに『ノンフィクション劇場』などの番組を作ったディレクターたち、『ノンフィクション劇場』などに外部から参加した映画監督たち、牛山と一緒に独立し、日本映像記録センターを設立したスタッフたち、そこから去っていった人たち……。いずれも、牛山が死してもなお放っている磁力をどこかに意識しながら、その後の人生を歩んだように思えてならない。

牛山純一が両親とともに眠っている墓は、父親の実家に近い埼玉県新座市の古刹・平林寺にある。墓誌には「映光院純徳報真居士《えいこういんじゅんとくほうしんこじ》」との戒名が刻まれている。「映像で真実を報じた」という意味が込められ、思う存分に生きたであろう六十七年の生涯を端的に物語っている。

あとがき——牛山純一没後二十年を前にして

やっとここまでたどり着いた、という感慨が深い。というのは、牛山純一さんが一九九七年に亡くなって以来、その評伝の企画をずっと温め続け、本格的な取材開始から数えても五年越しの仕事になったからである。

牛山さんの死後、日本映像記録センターから約八百本の作品を寄贈された川崎市市民ミュージアムでは九八年から「牛山純一レトロスペクティブ」と題した回顧上映会を定期的に開催した。そのプログラムには土本典昭監督らの関係者がメッセージを寄せ、私もこんな文章を書いた。

牛山さんのところに取材に行くと、たいてい途中から酒が入った。その語り口は率直で、具体的なエピソードに富み、実に説得力があった。ドキュメンタリー作りでも、常に事実から出発して真実に迫り、観念やイデオロギーからは自由だった。さらに、放送人として数々の先駆的な業績を残し、懐の深い、大きな人だった。私はその一端に触れたにすぎないが、多くを教わった者として、いつか牛山さんの全体像をこの手で描いてみたい。

しかし、読売新聞記者として目の前の仕事に追われ続け、日本テレビや日本映像記録センターなどの関係者への取材は手つかずのままだった。具体的な構想を練るきっかけは、ドキュメンタリー映画『テレビに挑戦した男 牛山純一』を二〇一二年に公開すべく準備を進めていた映画美学校出身の二人、藤本美津子プロデューサーと畠山容平監督と知り合ったことである。私も証言者の一人として登場するなど、映画作りへの協力を惜しまなかった。この二人から「日本テレビの中堅クラスの人に会い、牛山さんの名前を出したら、『それはどんな人ですか』ってポカンとされた。牛山さんを知らない世代が増えているんですね」と聞き、愕然《がくぜん》とした。

以前から「テレビに携わる人たちは常に前のめりで『今』を追い求めるあまり、過去の秀作や優れた先輩たちの仕事に無頓着すぎるのではないか」という感を抱いていた。「男子一生の仕事」としてテレビを愛した牛山さんと、放送史に残る番組が古巣のテレビ局でも顧みられないとしたら、泉下でさぞかし無念と思っていることだろう。関係者たちのリストを作り、まだ健在のうちに取材を進めなければいけないとの思いに駆られた。

一二年三月に読売新聞東京本社を退職し、フリーのジャーナリストとして再出発したのを機に、すぐ取材に取りかかった。一年後、放送批評懇談会が発行している月刊誌『GALAC』の一三年四月号から『テレビは男子一生の仕事　評伝・牛山純一』と題した連載を開始した。その時点では二十四回の予定だったが、連載と同時並行で取材を続けるうち、未公開資料や身近にいた人たちの思いがけない証言に接して構想が膨らみ、一六年四月号掲載の第三十一回で最終回を迎えた。連載が一年も延びてしまい、無理を通していただいた飯田みか・前編集長に感謝したい。

日本でテレビ放送が始まってから六十年以上たち、テレビは〝還暦〟を過ぎた。テレビ界は今、広告費の減少とデジタル化の進展に加え、「放送と通信の融合」が加速し、構造的な変革期のただなかにある。地上波テレビの視聴率は下がり続け、若い世代のテレビ離れが加速している。それでも、民放各局のゴールデンタイムでは相変わらず、お笑いタレントによる騒がしいバラエティー番組が全盛を極めている。

その一方、二十一世紀に入ってから、「テレビの劣化」とも言うべき事件や問題が続発している。日本テレビのディレクターによる視聴率操作事件、NHKの一連の不祥事に端を発した受信料不払いの急増と海老沢勝二会長の引責辞任、関西テレビの『発掘！あるある大事典Ⅱ』の捏造問題、NHK職員による株のインサイダー取引事件、日本テレビの『真相報道バンキシャ！』の誤報問題、NHKの『クローズアップ現代』をめぐるやらせ疑惑などは、放送界を大きく揺るがした。NHKと民放が運営する放送界の第三者機関「放送倫理・番組向上機構（BPO）」から勧告や見解などを受ける放送倫理上の問題は後を絶たない。

また、二〇一二年末、首相に返り咲いた安倍晋三政権下では、メディアに対する露骨な介入と危惧《きぐ》される事態が相次いでいる。NHKでは、安倍首相に近い作家や学者たちが経営委員として送り込まれ、籾井《もみい》勝人《かつと》・元三井物産副社長が会長に就任した。籾井会長は就任会見で国際放送について「政府が右と言っていることを左というわけにはいかない」などと発言したのをはじめ、「政府寄り」とみられるその言動が何度も物議を醸し、公共放送のトップとしての資質を問われ続けている。

自民党は一四年末の衆議院議員選挙を前にして、NHK・民放キー局に「選挙時期における報道の公正中立ならびに公正の確保についてのお願い」を示し、出演者の発言回数や時間、街頭インタビューなどまで挙げて、注文をつけた。NHKの『クローズアップ現代』の不祥事など放送内容にかかわる問題では、自民党の情報通信戦略調査会が一五年四月、NHKとテレビ朝日の幹部を呼び、個別番組について異例の事情聴取を行った。今年に入ると、「放送局が政治的公平性を欠く報道を繰り返した場合、電波法に基づき電波停止を求める可能性がある」という高市早苗総務大臣の〝停波発言〟が論議を呼び、波紋を広げた。

「メディアへの威嚇《いかく》」とも取れる安倍政権の一連の攻勢は各方面から批判を浴びたが、当事者たる放送局からはなかなか声が挙がらない。それどころか、各局の報道現場では「萎縮と（上層部の意向の）忖度《そんたく》」の空気が広がっていると聞く。

牛山さんが生きていたら、「今のテレビはますます、自分たちの世代がめざしたのとは別の方向に行っている」と苦虫をかみつぶしているに違いない。

この評伝でめざしたのは「牛山純一とその時代」を描くことだった。テレビの現状と未来を考えるためにも、牛山さんという「テレビの先達」が生涯にわたって掲げ続けた志と哲学を改めて見つめ直す必要があるのではないか。

さらに、日本の放送界にとどまらず、牛山さんと交流があった政治家や映画監督、学者ら多彩な同時代の人々にも目配りし、「地上波テレビの黄金期」でもあった「激動の昭和」という時代を背景として描きたいと考えた。その意味では、牛山純一という傑物を軸にした戦後史という色彩も帯びている。

もう一つ心がけたのは、牛山さんの人間的な魅力とその多面性を浮き彫りにすることだった。言い換えれば、牛山さんの「光」の部分だけではなく「影」の部分も見据えて、人物像を立体的に描きたいと思った。出版化に当たっては、三十一回の連載を再構成し、牛山さんと関係者たちのエピソードをかなり加筆した。

牛山さんは日本テレビ時代から若くして、番組の全責任を負うプロデューサーを務めた。日本映像記録センターを設立してからもそれは変わらず、経営者としての重責も加わった。ディレクターとして現場を取材し、自らドキュメンタリーを作るのはなかなか難しかった。しかし、還暦の前後に手がけたテレビ朝日での「終戦特集」三部作でディレクターに復帰し、海外を飛び回った。「監督」として作品を仕上げると、番組案内とそのビデオテープが私のところに送られてきた。東京新聞で長期連載した『素晴らしきドキュメンタリー』が終了すると、きちんととじられた全回のコピーが届いた。恐縮しながらも、何かを託されたような気がして、ビデオテープやコピーの束を自宅でずっと保存してきた。

執筆に際し、これらのビデオテープを見直すとともに、放送ライブラリーや川崎市市民ミュージアム、龍ケ崎市立中央図書館に何度も足を運び、牛山さんがかかわった番組を視聴した。

取材に応じていただいた人たちは五十人を超える。なかでも、日本テレビ時代の部下で、日本映像記録センターの創設に参加した結城利三さん、杉山忠夫さん、市岡康子さんの三人へのインタビューはそれぞれ合計で十数時間に及んだ。日本映像記録センターの番組の著作権を管理している杉山さんには、写真の使用などでもお世話になった。政治評論家の三宅久之さんのように、取材後に亡くなられた方もいる。みなさんにお礼を申し上げたい。

一三年に刊行した『わが街再生――コミュニティ文化の新潮流』（平凡社新書）に続いて、今回も平凡社の金澤智之・新書編集長には大変お世話になった。本書にも登場する演出家の今野勉さんと作家・映画監督の森達也さんには、初校のゲラに目を通していただいて過分な推薦の言葉を頂戴し、ありがたかった。

来年は、牛山さんの没後二十年に当たる。節目の年を前にして何とか出版にこぎ着けられたことで、故人に対する一方的な約束をようやく果たせた思いがする。この拙著が牛山さんの再評価の機運につながれば本望である。

鈴木嘉一

二〇一六年六月八日

牛山純一の年譜

元号(年)	西暦(年)	年齢	事項	国内外の主な出来事
昭和5	1930		2月4日、東京で牛山栄治・貞の長男として生まれる	11月、浜口雄幸首相が東京駅で右翼青年に狙撃され、重傷を負う
11	1936	6歳	4月、東京市立番町尋常小学校に入学	2月、2・26事件が起こる
15	1940	10歳	番町尋常小学校5年生の時、肺浸潤のため茨城県大宮村に転地療養し、大宮尋常小学校に転校	9月、ベルリンで日独伊三国軍事同盟調印
17	1942	12歳	4月、茨城県立龍ヶ崎中学校に入学	6月、ミッドウェー海戦で日本軍が大敗
20	1945	15歳	8月、龍ヶ崎中学4年生として終戦を迎える	10月、国際連合発足
21	1946	16歳	4月、繰り上げ卒業の道は選ばず、5年生に進級する。復活した野球部で主将と捕手を務める	11月、日本国憲法公布
22	1947	17歳	3月、龍ヶ崎中学を卒業、東京・戸山の両親宅に戻る	4月、六・三制教育開始
24	1949	19歳	4月、早稲田大学第一文学部史学科に入学し、三宅久之、土本典昭と知り合う	11月、湯川秀樹博士のノーベル物理学賞受賞決定
27	1952	22歳	5月、早大事件が起きる。文学部自治会委員長の牛山は教授会に対し、無届け集会の責任を問われた土本を処分しないよう働きかけたが、土本は除籍処分を受ける	4月、対日講和条約、日米安全保障条約が発効 5月、血のメーデー事件起こる

昭和	西暦	年齢		
28	1953	23歳	3月、早稲田大学第一文学部を卒業 4月、日本テレビ放送網に新卒の一期生として入社 7月、編成局報道部に配属され、政治記者として出発 8月28日、日本テレビが開局、放送を始める	2月、NHKがテレビ放送を開始。吉田茂首相が国会でバカヤローと暴言を吐き、衆議院解散
29	1954	24歳	6月、ドキュメンタリーの処女作『特集　第十九国会』が放送される	3月、米国のビキニ水爆実験で第五福竜丸が被曝
31	1956	26歳	8月、NHK、KRTに先駆けた朝の放送開始に携わる	12月、国連総会で日本の加盟可決
33	1958	28歳	4月、植竹真理子と結婚	1月、米国が初の人工衛星打ち上げに成功
34	1959	29歳	4月10日、皇太子ご成婚のパレード中継で総指揮に当たる 10月、新番組『ニュースデスク』のプロデューサーを務める 12月31日、輪番制の民放共同企画『ゆく年くる年』の総合プロデューサーを務める	1月、NHK教育テレビが開局 2月、日本教育テレビが開局 3月、フジテレビジョンが開局
35	1960	30歳	報道局に新設された社会部に異動し、「六〇年安保」取材班の責任者となる。『日本の空白をどうする』『後継首班を追って』などの特別番組を制作する 9月、長男徹也が生まれる	5月、自民党が衆議院で新安全保障条約を強行採決 6月、日米新安保条約が自然成立、岸信介首相が退陣を表明 10月、浅沼稲次郎社会党委員長が立

昭和	西暦	年齢		
37	1962	32歳	1月、社会教養部プロデューサーとして『ノンフィクション劇場』を始めるが、4月に打ち切られる。2回目の『老人と鷹』がカンヌ国際映画祭でユーロビジョン・グランプリを受ける。『ノンフィクション劇場』は第1回ラジオ・テレビ記者会賞を受賞	会演説中、右翼少年に刺殺される 2月、東京都が世界初の1000万人都市になる 5月、国鉄常磐線三河島駅で二重衝突事故が発生し、160人死亡
38	1963	33歳	4月、『ノンフィクション劇場』が再開され、1作目の『軍鶏師』がベルリン国際映画祭テレビ部門の最優秀芸術作品賞を受賞 8月、『ノンフィクション劇場』で大島渚演出の『忘れられた皇軍』が放送される 11月、牛山演出の『水と風』が放送され、カンヌ国際映画祭テレビ部門審査員特別賞、文化庁芸術祭奨励賞を受賞	4月、NHK大河ドラマの第1作『花の生涯』が開始 5月、狭山事件 11月、ケネディ米大統領暗殺
40	1965	35歳	5月、『ノンフィクション劇場』で土本典昭演出の『水俣の子は生きている』が放送される。その1週間後、『ベトナム海兵大隊戦記』第1部が放送されたが、第2部・3部は放送中止となる 6月、市岡康子演出の『多知さん一家』が放送され、民放大会賞テレビ教養番組部門で最優秀に選ばれる。『中央公論』七月号に『「ベトナム海兵大隊戦記」始末記』を発表	2月、米軍がベトナム戦争で北爆開始 6月、新潟県の阿賀野川流域で有機水銀中毒患者がみつかり、後に「新潟水俣病」として問題化する 12月、日韓基本条約批准

昭和	西暦	年齢	事項	社会の出来事
41	1966	36歳	報道局社会部長に就任し、10月から『すばらしい世界旅行』を始める 6月、金沢覚太郎、根岸巌との共著『テレビ放送読本』を実業之日本社から刊行	5月、中国で文化大革命が始まる
42	1967	37歳	3月、長女朝子が生まれる	4月、東京都知事選で美濃部亮吉が当選し、初の革新系都知事が誕生
43	1968	38歳	3月、『ノンフィクション劇場』が終わる 7、8月、世界初の東ニューギニア縦断に成功した豊臣靖演出の『ニューギニア古代探検』シリーズが『すばらしい世界旅行』で放送される 11月、社会教養局次長として『20世紀アワー』を始め、大島渚演出の『大東亜戦争』前後編などが話題を呼ぶ	8月、札幌医科大学の和田寿郎教授が日本で初の心臓移植手術 9月、厚生省が熊本と新潟の水俣病を公害として認定 12月、3億円事件発生
44	1969	39歳	10月、『われら地球家族』を始める	7月、米アポロ11号が月面着陸に成功
46	1971	41歳	5月、制作局次長として日本テレビ主催の「映像記録の国際シンポジウム」の開催にこぎ着け、『南ベトナム海兵大隊戦記』などを上映 10、11月、市岡康子が南太平洋でクラの撮影に成功	5月、群馬県警が女性8人の連続殺人容疑で大久保清を逮捕 6月、沖縄返還協定調印 7月、岩手・雫石上空で全日空機と自衛隊機が衝突し、乗客ら162人が全員死亡 8月、ニクソン米大統領が金とドル

	昭和				
	47	48	49	50	51
	1972	1973	1974	1975	1976
	42歳	43歳	44歳	45歳	46歳
した『南太平洋』シリーズが『すばらしい世界旅行』で放送される。牛山はこれと国際シンポジウムの企画で芸術選奨文部大臣賞を受賞 12月、日本映像記録センターを設立、代表取締役社長に就任	4月、日本テレビの新番組『たのしい歴史旅行』を制作する 10月、日本テレビの新番組『ナブ号の世界動物探検』と東京12チャンネルの新番組『生きている人間旅行』を制作する	9月、米シカゴで開催された第9回国際人類学・民族学会議に参加し、『テレビ報道にとっての映像人類学』を発表 12月、第1回「日本を記録するフィルム・フェスティバル」を開催する。後に日本映像フェスティバルと改称される	10月、日本テレビの新番組『冒険者たち』を制作する	4月、日本テレビの新番組『知られざる世界』を制作する。この番組は86年末まで続く	
の交換一時停止を発表（ニクソン・ショック） 12月、インドとパキスタンが全面戦争に突入	2月、連合赤軍による浅間山荘事件 9月、日中共同声明で国交が正常化	3月、米軍がベトナムから撤退 8月、金大中が東京で誘拐され、5日後にソウルで解放 10月、第4次中東戦争が始まり、第一次石油危機	8月、ニクソン米大統領がウォーターゲート事件で辞任を発表	8月、日本赤軍がクアラルンプールの米、スウェーデン両大使館を占拠	2月、米上院でロッキード事件が表面化

昭和				
			11月、土本典昭演出の『日本の教育1976 少年は何を殺したか』が『生きている人間旅行』で放送され、芸術祭優秀賞を受賞	7月、東京地検がロッキード事件で田中角栄・前首相を逮捕
52	1977	47歳	4月、東京12チャンネルの新番組『ドキュメント人生の劇場』を制作する	9月、日本赤軍がダッカ事件を起こす
53	1978	48歳	6月、『世界』七月号に『テレビ・ジャーナリズムの25年』を発表	5月、探検家の植村直己が単身犬ぞりで北極点に到達
54	1979	49歳	9月、映像記録選書『世界ドキュメンタリー史』を刊行 6月、映像記録選書の2冊目『映像人類学』を刊行 11月、日本映像カルチャーセンターを創設し、常務理事に就任する。国内外のドキュメンタリーなどを収集・保存し、映像カルチャーホールで上映する	1月、イラン国王が亡命、第二次石油危機 3月、米スリーマイル島の原発事故 10月、朴正熙・韓国大統領暗殺事件
58	1983	53歳	7月、「ビデオ・プールの会」をつくり、公共ビデオライブラリーの設立運動を始める 10月、テレビ朝日の新番組『ドキュバラBEST5 OH!ワンダーランド』を制作する	4月、東京ディズニーランド開園 10月、東京地裁が田中角栄・元首相に懲役4年の実刑判決
59	1984	54歳	5月、日本記者クラブ賞を受賞 11月、提唱した日中テレビ祭の第1回が北京で開催され、93年まで続く	3月、グリコ・森永事件始まる
60	1985	55歳	11月、講談社から刊行された『言論は日本を動かす』第7巻『言論を演出する』で、正力松太郎の項目を	3月、ソ連共産党書記長にゴルバチョフが就任

昭和	63	1988	58歳	執筆 11月、ビデオ関係の収集委員を委嘱された川崎市市民ミュージアムが開館	8月、日航ジャンボ機墜落事故 6月、牛肉とオレンジの貿易自由化が決まる
平成	元	1989	59歳	8月、監督を務めた『あの涙を忘れない！　日本が朝鮮を支配した36年間』がテレビ朝日で放送される。ギャラクシー賞優秀賞や日本民間放送連盟賞テレビ報道番組の最優秀に選ばれる	2月、リクルート事件で江副浩正・前会長が逮捕 6月、北京で天安門事件
	2	1990	60歳	6月、東京新聞で『素晴らしきドキュメンタリー』と題した長期連載を始める。92年1月まで155回続く 8月、『真相・消えた女たちの村』がテレビ朝日で放送され、ギャラクシー賞の大賞を受ける 9月、『すばらしい世界旅行』が24年の歴史に幕を閉じる	2月、ソ連共産党が一党独裁を放棄 8月、イラク軍がクウェートに侵攻、湾岸危機が起こる 10月、統一ドイツ誕生
	3	1991	61歳	6月、放送文化基金賞を受賞 8月、『ニューギニアに散った16万の青春』がテレビ朝日で放送される	1月、湾岸戦争始まる 4月、自衛隊初の海外派遣
	5	1993	63歳	ギャラクシー賞の小谷正一記念賞と紫綬褒章を受ける	5月、サッカーのJリーグが開幕
	6	1994	64歳	2月、『推理・アンコールの英雄、ジャヤバルマン7世』が日本テレビで放送	1月、政治改革関連4法が成立

平成				
			3月、『すばらしいアンコール・ワット　さとうきび上人と民衆』が日本テレビで放送 7月、日本経済新聞で『地球儀の旅』と題した週1回の連載を始める。95年12月まで77回続く	6月、松本サリン事件
7	1995	65歳	2月、『カラハリ砂漠殺人事件　ブッシュの英雄はなぜ死んだのか』がNHK衛星第二テレビで放送 6月、NHK衛星第二が『テレビドキュメンタリー牛山純一の世界』を4夜連続で放送	1月、阪神・淡路大震災発生 3月、地下鉄サリン事件 5月、オウム真理教の松本智津夫（麻原彰晃）代表らを逮捕
8	1996	66歳	6月、『郁達夫感情旅行　ある中国人文学者の人生を追って』がNHK衛星第二で放送	12月、在ペルー・リマの日本大使公邸占拠事件
9	1997	67歳	9月28日、『推理ドキュメント　アンコール遺跡盗難事件』がNHK衛星第二で放送され、遺作となる 10月6日、肝不全のため死去	5月、総会屋への利益供与事件で野村證券元社長を逮捕。4大証券と第一勧銀の幹部らが逮捕される事件に発展 11月、北海道拓殖銀行が清算を発表
10	1998		6、7月、放送人の会が「放送人の世界」の第1回として「牛山純一・上坪隆　人と作品」を6回にわたり開催 10月、龍ケ崎市立中央図書館が牛山純一記念ライブラリーを開設	7月、和歌山カレー事件 9月、映画監督の黒澤明が死去
12	2000			3月、ロシア大統領選でプーチンが初当選

平成	15	2003		12月、BS朝日が開局と同時に『世界文化見聞録　牛山純一20世紀の映像遺産』の放送を始める 9月、川崎市市民ミュージアムが「牛山純一　テレビドキュメンタリーに賭けた生涯」と題した回顧上映会を7日間開催	4月、介護保険制度スタート 3月、米英軍がバグダッドへの空爆を開始、イラク戦争始まる
	24	2012		2月、畠山容平監督の『テレビに挑戦した男　牛山純一』が公開される	7、8月、ロンドン五輪で日本勢が史上最高となる38個のメダルを獲得

参考文献

市岡康子『KULA——貝の首飾りを探して南海をゆく』コモンズ、二〇〇五年
牛山栄治『修行物語』春風館、一九七七年
牛山栄治『定本山岡鉄舟』新人物往来社、一九七六年
牛山栄治編著『山岡鉄舟の一生』春風館、一九六七年
エリック・バーナウ『世界ドキュメンタリー史』日本映像記録センター、一九七八年
大島渚『大島渚著作集 第二巻——敗者は映像をもたず』現代思潮新社、二〇〇八年
大島武、大島新『君たちはなぜ、怒らないのか——父・大島渚と50の言葉』日本経済新聞出版社、二〇一四年
岡村淳『忘れられない日本人移民——ブラジルへ渡った記録映画作家の旅』港の人、二〇一三年
小田久榮門『テレビ戦争 勝組の掟』同朋舎、二〇〇一年
KAWADE夢ムック『文藝別冊 大島渚』河出書房新社、二〇一三年
『講座 日本映画』第七巻『日本映画の現在』岩波書店、一九八八年
今野勉『テレビの嘘を見破る』新潮新書、二〇〇四年
今野勉『テレビの青春』NTT出版、二〇〇九年
佐藤忠男『大島渚の世界』筑摩書房、一九七三年
佐藤忠男『日本記録映像史』評論社、一九七七年
佐藤忠男『テレビの思想 増補改訂版』千曲秀版社、一九七八年

佐藤真『ドキュメンタリー映画の地平』上下　凱風社、二〇〇一年
佐藤真『映画が始まるところ』凱風社、二〇〇二年
佐野眞一『巨怪伝』文藝春秋、一九九四年
柴田秀利『戦後マスコミ回遊記』上下　中公文庫、一九九五年
鈴木嘉一『大河ドラマの50年』中央公論新社、二〇一一年
『大衆とともに25年』日本テレビ放送網、一九七八年
『チャレンジの軌跡』テレビ朝日、二〇一〇年
土本典昭フィルモグラフィ展2004実行委員会編『ドキュメンタリーとは何か——土本典昭・記録映画作家の仕事』現代書館、二〇〇五年
『TBS50年史』東京放送、二〇〇二年
『テレビドラマ』一九六五年八、九月号、ソノレコード株式会社
『テレビマンユニオン史』テレビマンユニオン、二〇〇五年
『テレビ　夢　50年』日本テレビ放送網、二〇〇四年
「特集　大島渚2000」『ユリイカ』二〇〇〇年一月号、青土社
豊臣靖『東ニューギニア縦断記』筑摩書房、一九七二年
『20世紀放送史』上下巻・年表　日本放送協会、二〇〇一年
『20世紀放送史』資料編　NHK放送文化研究所、二〇〇三年
日本女性放送者懇談会編『放送ウーマンの70年』講談社、一九九四年
日本放送出版協会編『「放送文化」誌にみる昭和放送史』日本放送出版協会、一九九〇年
萩元晴彦、村木良彦、今野勉『お前はただの現在にすぎない——テレビになにが可能か』田畑書店、一九六九年
『日立製作所宣伝部史』日立製作所宣伝部、一九八七年

『フジテレビジョン開局50年史』フジ・メディア・ホールディングス、フジテレビジョン、二〇〇九年
放送批評懇談会『放送批評の50年』学文社、二〇一三年
ポール・ホッキングズ、牛山純一編『映像人類学』日本映像記録センター、一九七九年
水俣病50年取材班『水俣病50年――「過去」に「未来」を学ぶ――』西日本新聞社、二〇〇六年
三宅眞『愛妻 納税 墓参り 家族から見た 三宅久之回想録』イースト・プレス、二〇一四年
『民間放送50年史』日本民間放送連盟、二〇〇一年
メディア総合研究所編『放送中止事件50年――テレビは何を伝えることを拒んだか』花伝社、二〇〇五年
森達也『ドキュメンタリーは嘘をつく』草思社、二〇〇五年
山口周三『資料で読み解く 南原繁と戦後教育改革』東信堂、二〇〇九年
読売新聞芸能部編『テレビ番組の40年』日本放送出版協会、一九九四年
読売新聞編集局「戦後史班」『戦後50年にっぽんの軌跡 上』読売新聞社、一九九五年
四方田犬彦『大島渚と日本』筑摩書房、二〇一〇年
龍ケ崎市編さん委員会編集『龍ケ崎市史 近現代編』茨城県龍ケ崎市教育委員会、二〇〇〇年
龍ケ崎中学校卒業記念40周年記念文集『石段登る六十余』第二号、一九八六年

このほか、朝日新聞、東京新聞、東京中日スポーツ、日本経済新聞、毎日新聞、読売新聞、『世界』、『GALAC』、『放送研究と調査』、『放送文化』を参考にした。

鈴木嘉一（すずき　よしかず）
一九五二年千葉県生まれ。放送評論家・ジャーナリスト。七五年早稲田大学政治経済学部を卒業、読売新聞社に入社。文化部主任、解説部次長、編集委員などを経て二〇一二年に退社。一九八五年から放送界の取材を続け、文化庁芸術祭賞審査委員や放送文化基金賞専門委員、日本民間放送連盟賞審査員などを務める。放送倫理・番組向上機構（BPO）の放送倫理検証委員会委員。放送批評懇談会理事。放送人の会理事。日本記者クラブ会員。著書に『大河ドラマの50年』（中央公論新社）、『桜守三代　佐野藤右衛門口伝』『わが街再生——コミュニティ文化の新潮流』（いずれも平凡社新書）などがある。メールアドレス：s-kaichi@marble.ocn.ne.jp

テレビは男子《だんし》一生《いっしょう》の仕事《しごと》　ドキュメンタリスト牛山純一《うしやまじゅんいち》

二〇一六年七月一三日　初版第一刷発行

著者　鈴木嘉一
発行者　西田裕一
発行所　株式会社平凡社
〒一〇一-〇〇五一　東京都千代田区神田神保町三-二九
電話　〇三-三二三〇-六五八〇〔編集〕
　　　〇三-三二三〇-六五七三〔営業〕
振替　〇〇一八〇-〇-二九六三九
平凡社ホームページ　http://www.heibonsha.co.jp/
印刷所　星野精版印刷株式会社＋株式会社東京印書館
製本所　大口製本印刷株式会社
DTP　平凡社制作

ISBN978-4-582-83732-2 C0023 NDC分類番号 289.1
四六判（19.4cm）総ページ 360